典型国家（地区）碳中和战略与实施路径研究

中国科学院文献情报中心

科学出版社

北 京

内 容 简 介

本书聚焦全球主要国家（地区）碳中和目标的政策与实践路径研究，系统梳理和分析美国、加拿大、欧盟、英国、德国、日本、韩国、澳大利亚和中国的碳中和相关政策文本与行动实践，揭示碳中和从气候愿景向法律约束转型的全球趋势。本书从法律保障、技术创新、市场机制等维度剖析各国（地区）差异化路径并总结国际发展经验，针对中国"双碳"目标实现，提出强化政策引领、加大科技投入、推动产业转型等五大战略建议，为构建低碳发展政策工具箱提供理论支撑与实践借鉴。

本书可为公共管理、政府部门、行业机构、科学研究等诸多领域内从事碳中和相关工作的人员提供参考。

图书在版编目(CIP)数据

典型国家（地区）碳中和战略与实施路径研究／中国科学院文献情报中心主编 . -- 北京：科学出版社，2025. 6. -- ISBN 978-7-03-080706-9

Ⅰ. X511

中国国家版本馆 CIP 数据核字第 2024D6U757 号

责任编辑：张　菊　祁惠惠／责任校对：樊雅琼
责任印制：徐晓晨／封面设计：无极书装

科 学 出 版 社 出版
北京东黄城根北街 16 号
邮政编码：100717
http://www.sciencep.com
北京九州迅驰传媒文化有限公司印刷
科学出版社发行　各地新华书店经销
*
2025 年 6 月第　一　版　开本：720×1000　1/16
2025 年 8 月第二次印刷　印张：16 3/4
字数：340 000
定价：228.00 元
（如有印装质量问题，我社负责调换）

编 委 会

前　言

实现碳中和不仅是应对全球气候变化的关键举措，更是推动经济社会向绿色低碳转型、实现可持续发展的必由之路。截至 2024 年底，全球已有 147 个国家（地区）以不同形式提出了碳中和目标，这些国家（地区）合计覆盖了全球 87% 的碳排放、88% 的人口以及 93% 的 GDP（按购买力平价计算）。欧美日等发达国家（地区）以此为契机，纷纷出台全面的碳中和战略和行动计划，旨在抢占碳中和技术的全球制高点，把握新一轮绿色产业革命的先机。全球绿色转型的步伐正在加速推进，低碳技术和绿色经济已成为国际竞争的新焦点。

作为全球最大的碳排放国之一，中国在实现碳中和的道路上肩负着重要责任，同时也面临着前所未有的挑战与机遇。深入研究发达国家（地区）在碳中和领域的战略行动与实践经验，对于我国科学制定政策、优化路径具有重要的借鉴意义。本书遴选美国、加拿大、欧盟、英国、德国、日本、韩国、澳大利亚、中国九个典型国家（地区）的碳中和政策进行全面而系统的梳理和分析。一方面，这些国家和地区具有较高的经济发展水平与社会治理水平，在全球经济、贸易、科技等领域具有重要的影响力，其战略选择和实践探索对于全球碳中和进程具有重要的示范作用。另一方面，碳中和进程推动着国际绿色科技与产业格局的深刻重塑，我国与诸多典型国家（地区）在政策行动层面展开着复杂多变的合作与博弈。我国亟须全方位、系统性地洞察国际形势与动向，精准把握各国（地区）在碳中和领域的战略意图与行动轨迹。

本书利用政策路径、政策语义、案例分析等研究方法，深入挖掘并整合海量一手调研信息，进而展开全方位、系统性剖析。在对典型国家（地区）碳中和战略进行全面梳理的基础上，本书深入分析这些国家（地区）实现碳中和目标的路径，涵盖政策制定、技术创新、产业转型、金融支持等方面的行动举措，并重点分析科技在支撑碳中和进程中的布局与思路。通过总结不同国家（地区）碳中和战略部署的特点，揭示不同国家（地区）以及不同资源禀赋地区在政策部署和实施上的共性与差异。这些国家（地区）的经验充分表明，实现碳中和绝非一蹴而就，需要政府、企业以及社会各界的共同努力，必须在技术、政策、产业和金融等多个关键层面进行系统性、全方位的精心布局。同时，各国（地区）在碳中和战略实施过程中也面临着诸多不容忽视的挑战，如政策稳定性不足、技术成熟度较低、产业转型难度大、资金投入有限等问题，这些问题亟待在战略制定和实施过程中予以充分考量，并针对性地加以解决。

因此，本书旨在从国际经验的视角，为我国碳中和行动的制定和实施提供科学依据与决策参考。通过对典型国家（地区）碳中和政策的系统梳理与分析，结合我国国情实际，提出进一步完善我国碳中和政策行动的建议，助力我国积极拓展国际合作领域，挖掘合作潜力，推动互利共赢；同时，筑牢自身利益防线，确保在激烈的国际竞争中占据主动地位。

为有力支撑我国"双碳"科技战略布局，由中国科学院文献情报中心体系各单位组建的"双碳"情报研究团队启动"双碳"行动战略研究任务。该任务聚焦全球碳达峰、碳中和行动的国际共识/价值体系、行动方案、政策/技术路线图与具有竞争力或潜在价值的行动选项，开展实时动态情报监测与信息推送服务，并在系统性监测基础上，开展国际经验分析和碳达峰与碳中和路径研究、碳达峰碳中和颠覆性技术识别与技术竞争力分析、情报数据感知分析平台建设、未来零碳社会的科技情景预见研究等，形成系列情报研究产品。

本书由刘细文、曲建升负责总体设计、策划和组织工作，曲建升、孙玉玲负责内容框架构建和统稿。各章节的撰写人员分工如下。

第一章，曲建升、曾静静、陈伟、陈方、孙玉玲；第二章，赵佳敏、孙玉玲、秦阿宁、滕飞；第三章，刘燕飞、曾静静；第四章，廖琴、刘燕飞、秦冰雪、刘莉娜、裴惠娟、董利苹、曾静静；第五章，李岚春、陈伟、岳芳、汤匀；第六章，李岚春、陈伟；第七章，李扬、孙玉玲、陈丹；第八章，邓诗碧、陈方、张辰；第九章，徐英祺、陆颖；第十章，刘莉娜、刘燕飞、秦冰雪、曾静静、孙玉玲、曲建升。此外，崔雪宁参与了本书的编辑校对工作。

本书的研究工作得到中国科学院发展规划局和科技基础能力局的支持与指导，中国科学院文献情报中心、成都文献情报中心、武汉文献情报中心、西北生态环境资源研究院文献情报中心相关领导、专家及团队也提供了大量支持和帮助，在此一并致谢！

本书可为公共管理、政府部门、行业机构、科学研究等诸多领域内从事碳中和相关工作的人员提供参考。碳中和目标的实现是经济社会的系统性变革过程，涉及能源、工业、交通、建筑、农业等多部门的转型发展，以及科技、贸易、金融、市场等政策体系要素的复杂联动。相关研究工作艰巨而复杂，加之研究团队水平有限，书中难免存在不足之处，敬请读者批评指正。

中国科学院文献情报中心"双碳"情报研究团队
2025 年 1 月

目录

第一章 | 绪 论

第一节 典型国家（地区）碳中和目标

作为全球应对气候变化的重要国际条约，《巴黎协定》设定的温升目标是在 21 世纪内将全球平均气温升高限制在工业化前水平的 1.5℃以内，这需要所有缔约国长期、共同的努力。随着联合国政府间气候变化专门委员会（Intergovernmental Panel on Climate Change，IPCC）《全球升温 1.5℃特别报告》的发布，全球碳中和承诺蔚然成风，作出碳中和承诺国家的 GDP 占全球 GDP 的比例从 2018 年的不到 20% 增长到 2022 年的 90% 以上[①]。

2014～2023 年，气候政策和清洁能源部署使全球排放量出现结构性放缓，全球排放量增长速度为 21 世纪 20 年代以来最慢的十年[①]。尽管还无法看出下降趋势，但发达国家在 2023 年的排放量已降至 1973 年以来的最低水平[②]。随着包括中国在内的全球碳排放接近临界点，所有国家削减碳排放的能力都将增强，碳中和进程势不可挡。

美国、加拿大、欧盟、英国、德国、日本、韩国、澳大利亚和中国 9 个典型国家（地区）合计碳排放、GDP 和人口分别占全球的 62%、61% 和 32%。梳理这些典型国家（地区）碳中和目标可以发现（表 1-1），英国提出碳中和目标的时间最早（2019 年），多数国家集中在 2021 年作出碳中和相关承诺，并将目标年确定为 2050 年，且主要以立法形式呈现，即将实现碳中和确立为具有法律约束力的目标。

表 1-1 典型国家（地区）碳中和目标简介

国家（地区）	提出时间	目标年	呈现形式	核心文件及基本内容
美国	2021 年 11 月 1 日	2050 年	政策文件	《迈向 2050 年净零排放的长期战略》：不迟于 2050 年实现全经济领域的零排放

---

① Net Zero Tracker. 2024. Net Zero Stocktake 2024. https://ca1-nzt. edcdn. com/Reports/Net _ Zero _ Stocktake_2024. pdf？v＝1732639610［2025-01-10］.

② IEA. 2023. CO_2 Emissions in 2022. https://www. iea. org/reports/co2-emissions-in-2022［2025-01-10］.

续表

国家（地区）	提出时间	目标年	呈现形式	核心文件及基本内容
加拿大	2020 年 11 月 19 日	2050 年	立法	《加拿大净零排放问责法案》：在 2050 年前实现净零排放
欧盟	2021 年 6 月 30 日	2050 年	立法	《欧洲气候法》：到 2050 年实现气候中和
英国	2019 年 6 月 26 日	2050 年	立法	《2008 年气候变化法案（2050 年目标修正案）》：到 2050 年实现净零排放
德国	2021 年 5 月 12 日	2045 年	立法	《联邦气候保护法（2021 年修订）》：到 2045 年实现净零排放
日本	2021 年 5 月 26 日	2050 年	立法	《全球变暖对策推进法》修正案：到 2050 年实现碳中和
韩国	2021 年 8 月 31 日	2050 年	立法	《应对气候危机的碳中和与绿色增长基本法》：到 2050 年实现碳中和
澳大利亚	2022 年 7 月 27 日	2050 年	立法	《气候变化法案 2022》：到 2050 年实现净零排放

美国作为全球累计碳排放最多的国家，其排放水平也一直处于较高的水平，已于 2007 年实现碳达峰。美国将气候危机置于其外交政策和国家安全的中心，并建立了应对气候危机的"全政府"模式，在国内政策和外交政策上共同推进气候战略部署，在技术上推进科技创新，加速清洁能源技术和减排技术的开发与应用。拜登执政后立即宣布美国重返《巴黎协定》，并于 2021 年 11 月 1 日发布《迈向 2050 年净零排放的长期战略》①，提出美国不迟于 2050 年实现全经济领域的零排放，以及实现净零排放的主要路径和战略支柱。

加拿大作为全球人均排放量最高的国家之一，已于 2007 年实现碳达峰。为实现《巴黎协定》气候目标，加拿大从制定相应的低排放发展战略、颁布相关法案、发布行动计划等方面推动碳中和的实现，投入大量资金进行碳中和科技研发部署。2020 年 11 月，加拿大通过《加拿大净零排放问责法案》，要求在 2050 年前实现净零排放②，并要求加拿大政府为 2030～2050 年的每个五年设定与《巴黎协定》的国家自主贡献（NDC）保持一致的排放目标。

欧盟自 1990 年实现碳达峰以来，碳排放整体呈下降趋势，尤其是 2005 年以

---

① United States Department of State and the United States Executive Office of the President. 2021. The Long-term Strategy of the United States: Pathways to Net- zero Greenhouse Gas Emissions by 2050. https://www.whitehouse.gov/wp-content/uploads/2021/10/US-Long-Term-Strategy.pdf[2025-01-12].

② Parliament of Canada. 2020. Canadian Net- zero Emissions Accountability Act. https://www.parl.ca/LegisInfo/BillDetails.aspx?Mode=1&billId=10959361&Language=E[2025-01-12].

来更是大幅下降。作为全球率先提出气候中和目标的大型经济体，欧盟构建了较完善的碳中和政策体系。2018 年 11 月，欧盟首次提出 2050 年实现气候中和的愿景①。2019 年 12 月，欧盟发布《欧洲绿色协议》②，提出到 2050 年实现气候中和的目标，并制定了能源、工业、建筑、交通、农业、生态和环境等领域的转型路径。2021 年 6 月，随着《欧洲气候法》的通过，欧盟气候中和目标正式由承诺转变为具有法律约束力的目标。

作为世界上最早实现工业化的国家，英国历史累计排放量及人均排放量均较高，并于 1973 年实现碳达峰，脱碳速度快于七国集团（G7）其他国家。2019 年 6 月，英国政府完成对气候变化法的修订③，成为全球首个立法承诺 2050 年实现净零排放的主要经济体。2021 年 10 月，英国碳中和综合战略——《净零战略》④发布，从电力、燃料供应及氢能、工业、供热及建筑、交通、温室气体去除、自然资源、废物和含氟气体等方面，制定了经济全领域减排计划，支持英国向清洁能源和绿色技术转型。

作为全球第六大碳排放国家和第四大经济体，德国已于 1973 年实现碳达峰。2019 年 12 月 12 日，德国联邦议会通过《联邦气候保护法》⑤，强调鉴于全球气候变化对当前和未来构成的巨大挑战，基于《巴黎协定》提出加快实现 2050 年碳中和目标；2021 年 5 月德国再次修订法案，将实现碳中和期限提前至 2045 年⑥，进一步强化各年度减排任务。

日本已于 2013 年实现碳达峰，恰巧是日本经济从高速增长转为中低速增长的转型期。2020 年 10 月，时任首相菅义伟宣布日本力争 2050 年实现碳中和⑦。

① European Commission. 2018. A Clean Planet for All: A European Strategic Long-term Vision for a Prosperous, Modern, Competitive and Climate Neutral Economy. https://ec. europa. eu/clima/sites/clima/files/docs/pages/com_2018_733_en. pdf[2025-01-12].

② European Commission. 2019. The European Green Deal. https://eur-lex. europa. eu/legal-content/EN/TXT/? uri=CELEX%3A52019DC0640[2025-01-11].

③ Department for Business, Energy and Industrial Strategy. 2019. The Climate Change Act 2008 (2050 Target Amendment) Order 2019. https://www. legislation. gov. uk/uksi/2019/1056/contents/made[2025-01-12].

④ Department for Business, Energy & Industrial Strategy. 2021. Net Zero Strategy: Build Back Greener. https://www. gov. uk/government/publications/net-zero-strategy[2025-01-12].

⑤ Federal Ministry for the Environment, Nature Conservation, Nuclear Safety and Consumer Protection. 2019. Federal Climate Change Act (Bundes-Klimaschutzgesetz, KSG). https://www. bmu. de/fileadmin/Daten_BMU/Download_PDF/Gesetze/ksg_final_en_bf. pdf[2025-01-12].

⑥ Bundesministeriumfür Wirtschaft und Klimaschutz. 2023. Habeck: "Klimaschutzziele rücken erstmals in Reichweite". https://www. bmwk. de/Redaktion/DE/Pressemitteilungen/2023/06/20230621-habeck-klimaschutzziele. html [2025-01-15].

⑦ 首相官邸. 2020. 第二百三回国会における菅内閣総理大臣所信表明演説. https://www. kantei. go. jp/jp/99_suga/statement/2020/1026shoshinhyomei. html[2025-01-15].

2021 年 4 月，日本政府确定了到 2050 年要使碳排放总量降低至能够完全被吸收的水平，最终实现碳中和目标。2021 年 5 月，日本国会参议院正式通过修订后的《全球变暖对策推进法》，以立法的形式确定到 2050 年实现碳中和的目标。

韩国碳排放自 1990 年来整体呈现波动上升趋势，并于 2018 年实现碳达峰。2020 年 10 月，韩国宣布 2050 年实现碳中和目标[①]，制定并发布《2050 碳中和战略》[②]。2021 年 8 月，韩国将 2010 年出台的《低碳绿色增长基本法》更新为《应对气候危机的碳中和绿色增长基本法》，并于同年在韩国国会表决通过[③]，使韩国成为全球第 14 个将 2050 年碳中和愿景及其实施机制纳入法律的国家。

澳大利亚碳排放总体保持平稳态势，尚未实现碳达峰，但人均碳排放自 2017 年开始逐步下降。2022 年，澳大利亚正式通过了《气候变化法案 2022》[④]，确立了明确的减排目标：至 2030 年，将温室气体排放量较 2005 年基准削减至少 43%，并致力于到 2050 年实现净零排放。

中国以煤为主的能源结构短期内难以根本改变、产业升级难度加大，是碳排放尚未达峰的原因所在，但从人均碳排放量视角，中国还远低于发达国家[⑤]。中国正为迈向碳中和社会积极行动。

第二节 典型国家（地区）碳中和政策行动

主要国家（地区）结合自身国情和发展实际制定碳中和战略政策，虽然路径各有不同，但共性特点是普遍采取法律保障、顶层设计、技术创新、市场机制等多元化政策工具。

一、将碳中和行动目标写入法律

一是多个国家（地区）相继制定专门的碳中和法律，以保持目标的长期稳

---

① European Parliament. 2021. South Korea's Pledge to Achieve Carbon Neutrality by 2050. https://www.europarl.europa.eu/RegData/etudes/BRIE/2021/690693/EPRS_BRI（2021）690693_EN.pdf#：～：text=In%20October%202020，%20South%20Korea's［2025-01-15］.

② United Nations Climate Change. 2020. 2050 Carbon Neutral Strategy of the Republic of Korea. https://unfccc.int/documents/267683#：～：text=2050%20Carbon%20Neutral%20Strategy%20of%20the［2025-01-15］.

③ IEA. 2021. Carbon Neutrality and Green Growth Act for the Climate Change. https://www.iea.org/policies/14212-carbon-neutrality-and-green-growth-act-for-the-climate-change［2024-08-20］.

④ Parliament of Australia. 2022. Climate Change Bill 2022. https://www.aph.gov.au/Parliamentary_Business/Bills_Legislation/Bills_Search_Results/Result？bId=r6885［2025-01-15］.

⑤ 丁仲礼，张涛，等. 2022. 碳中和：逻辑体系与技术需求. 北京：科学出版社.

健性，为宏观战略规划和具体领域政策举措的部署提供法律保障。英国是全球首个将 2050 年净零排放目标纳入本国法律的国家，2019 年 6 月修订气候变化法，为后续的 "1+1+N+X" 政策体系部署奠定基础。德国政府高度重视能源与气候立法，多次修法并将实现碳中和的期限提前至 2045 年，这一目标是发达国家最具雄心的气候承诺之一。日本修订《全球变暖对策推进法》，提出到 2050 年实现碳中和目标。

二是明确关键节点的减排任务和实施路径，并加强政府、行业、企业、社会等各利益相关方协同。欧盟通过《欧洲气候法》，建立了明确的温室气体减排目标分解机制，每五年评估欧盟及其成员国的实施进展。加拿大发布的《加拿大净零排放问责法案》提出在 2030～2050 年，每五年须制定与《巴黎协定》的国家自主贡献保持一致的排放目标。韩国将 2010 年出台的《低碳绿色增长基本法》更新为《为应对气候危机之碳中和与绿色增长基本法》，制定了气候影响评估、气候应对基金和公正转型等方面的政策措施。

三是制定相关配套法律，对具体行业的减排行动作出明确规定，为碳中和战略政策的具体实施提供全方位、多层次依据。欧盟在气候目标框架下推出 "Fit for 55"（"减碳 55%"）的一揽子气候方案，制定了能源、交通、林业、减排责任、资金支持等方面的具体举措。德国先后针对性修订了可再生能源、海上风电、建筑能源等具体领域单行法。加拿大通过颁布《泛加拿大碳污染定价方法》《温室气体污染定价法》等相关法案，对碳排放定价系统作出规范与要求。

二、制定系统的碳中和政策体系

一是加强顶层设计，制定碳中和行动总体战略，确保政策一致性。美国拜登政府将气候问题上升至 "国策" 高度，确定了以气候安全为核心的施政方向，相继出台《迈向 2050 年净零排放长期战略》《美国国家自主贡献：2035 年温室气体减排目标》《国家气候性框架》等政策，明确气候行动路线图，明确 2030 年减排 50%～52%、2035 年实现零碳电力、2050 年前实现净零排放节点目标，以及近、中、远期关键举措。欧盟发布《欧洲绿色协议》，阐明了欧洲迈向碳中和循环经济体的政策框架，提出了减排行动、能源安全、清洁能源、循环经济、交通、建筑、农业、生态八大主题行动。英国出台《绿色工业革命十点计划》，作为未来数十年重振全球工业中心和经济绿色增长的纲领性计划，其核心主题是绿色技术变革、经济振兴、创造就业、吸引投资。澳大利亚制定《净零计划：澳大利亚之路》等，刻画了各产业部门碳中和实施路径。

二是出台综合性政策框架，持续加大资金投入力度。日本经济产业省发布

《2050碳中和绿色增长战略》，针对新一代可再生能源、氢/氨燃料、新一代热能等14个产业提出具体的发展目标和重点发展任务，并设立"绿色创新基金"以撬动大量社会资金投入，激励科技领军企业联合高校、科研机构等，持续开展碳中和技术研发、示范应用直到社会推广。美国颁布《两党基础设施法案》《芯片与科学法案》《通胀削减法案》等综合性政策推动"投资美国"重大议程，在能源、国防、工业、交通、建筑、生态、农业等领域，垂直一体化实施全方位、多领域、跨部门的"绿色新政"，试图主导重构国际能源与气候新秩序。韩国颁布《韩国新政：国家大转型战略》，旨在依靠"数字新政""绿色新政"探索疫后经济复苏的新方式，加速向数字化、低碳经济转型，并制定《2050碳中和战略》以推进社会转型和绿色技术创新。

三是制定具体领域脱碳战略或路线图，明晰未来减排路径。欧盟陆续制定能源、工业、交通、建筑等重点领域中长期转型发展战略，部署了重点鲜明的领域减排政策措施。英国密集发布《净零战略》《工业脱碳战略》《交通脱碳计划》《氢能战略》《净零研究与创新框架》等一揽子体系化政策。德国重点加快能源系统碳中和转型，构建"可再生能源—氢能—聚变能"的未来能源供应体系，推动建筑、工业、交通、农业等终端消费场景脱碳。

三、建立全领域跨部门协同机制

一是深化战略决策制度。美国拜登政府修复气候领导机制，恢复内阁级总统气候问题特使，负责领导气候外交政策，并将气候外交正式纳入国家安全委员会的职责范围；在国务院内设临时组织——气候变化支持办公室，将气候作为外交和国际合作的关键要素。英国构建了"咨询—决策—执行—评估"战略决策推进体系，由智库机构提供科学建议，国家决策机构制定总体纲领，多个政府职能部门和监管机构制定分部门行动计划和路线图，第三方专业机构实时监测和评估行动绩效。德国设立气候问题专家委员会，成立气候中和政府协调办公室，进一步为联邦政府决策提供咨询建议。

二是新设或重组碳中和行动管理体系。德国组建全新的经济事务与气候保护"超级部"，融合了经济、气候保护、能源、环境等相关职能，一体化推进德国气候与能源转型路径。韩国政府整合成立总统直属的2050碳中和绿色增长委员会，负责全面统筹、审议和推进社会各领域应对气候变化及碳中和政策，并对韩国环境部进行机构改革，成立气候变化与碳中和政策室。澳大利亚政府成立能源和气候变化部长理事会（ECMC），旨在推动国家能源转型伙伴关系协议。

三是建立跨部门协调机制。美国拜登政府建立决策—实施—监督全环节的管理体系，成立国家气候特别行动工作组，全面组织协调气候政策的部署与实施；设立白宫气候政策办公室，开展政策决策与评估。德国成立了专门的气候中和政府协调办公室，进一步发挥联邦政府机构在迈向碳中和路径上的示范作用，推动政府部门实现 2030 年碳中和目标。

四、加强新兴前沿技术研发投入

加快绿色低碳技术研发创新是实现碳中和目标的关键核心手段。从主要国家（地区）碳中和战略部署来看，关注的主要科技问题包括可再生能源、先进储能、清洁氢能、绿氨、先进核能、电网，以及工业脱碳、低碳供热制冷、碳循环、数字孪生、下一代气候模型、气候变化与健康等。美国强化科技支撑碳中和目标，启动系列化"能源攻关计划"（Energy Earthshots），期望在未来 10 ~ 15 年突破能源若干领域关键挑战，抢占未来科技制高点。加拿大重视支持低碳技术的研发与创新，特别是在燃料转换、智能电网、零排放汽车、清洁氢能、小型模块化反应堆（Small Modular Reactor，SMR）和负排放技术等方向。欧盟部署"地平线欧洲"计划、创新基金等，支持清洁能源、工业转型、低碳建筑和智能交通等研发示范。英国把科技创新作为碳中和行动的关键支撑，制定首个《净零研究与创新框架》，启动 10 亿英镑投资组合计划。德国出台"第 8 期能源研究计划"以技术应用为导向，提出能源系统、供热、电力、氢能、转型五大使命任务。日本政府设立了 2 万亿日元的绿色创新基金，围绕能源、交通制造等重点产业持续发布多项长周期大型资助计划。韩国发布《碳中和绿色增长技术创新战略》等，以构建碳中和研发全周期体系为重点，精准定位碳中和核心技术。

五、创新实施多元化政策工具包

一是主要国家（地区）加强政策激励力度和广度，充分发挥市场主体作用，推动气候政策的稳步推进。美国强调政府引导与市场需求双向拉动，通过政府投资、税收优惠、绿色融资、技术支撑、政府采购等刺激市场绿色投资和消费。德国改革国家气候专项基金，重点用于高效建筑、电动汽车、充电基础设施、氢能产业、能效提升及可再生能源利用等领域。日本大力发展绿色金融和碳金融，通过调整预算、税收优惠、金融体系、监管改革、制定标准以及国际合作等措施，推动企业研发创新，实现产业结构和经济社会转型。

二是主要国家（地区）持续加强碳交易市场建设，扩大涵盖行业范围。欧盟正式推出碳边境调节机制，要求境内外企业实现对等减排，对进口商品增加碳管制成本，以保障欧盟减排目标实现，并激励贸易伙伴采取更强有力的减排措施。德国启动国家碳排放交易系统，其适用于能源行业、能源密集型行业和航空业，并在供热、交通、建筑部门引入碳定价。日本提出通过建立碳排放交易市场、完善碳市场信用制度来帮助企业尽快实现脱碳。韩国碳市场已正式进入第三阶段，73.5%的温室气体排放纳入碳排放权交易，市场配额方式逐渐从全面免费配额发展到以免费分配为主、有偿拍卖为辅的方式。

第三节　国际经验及对我国的启示

典型国家（地区）在制定和实施碳中和战略方面，从顶层设计到协调推进，形成了一定程度的共识和经验做法。

一、国际经验总结

（一）政策体系构建

各个国家（地区）都建立了较为完善的政策框架体系，从顶层战略、政策法规到具体行动计划，层层递进，为碳中和目标的实现提供了全方位的政策支持和保障。例如，美国的跨领域协同和多主体推进机制、加拿大的完善政策框架体系、欧盟的气候立法和政策框架、英国的全方位规划政策举措、德国的"四位一体"政策体系、日本的低碳技术研发示范推广体系、韩国的顶层设计与战略规划、澳大利亚的规划先行目标明确等，都体现了政策在推动碳中和进程中的关键作用。

（二）科技创新驱动

各个国家（地区）普遍重视科技创新在碳中和中的核心地位，加大对清洁能源、低碳技术、数字化技术等领域的研发投入，设立专门的科研机构、项目和资金支持，推动技术突破和应用推广。例如，美国的高级研究计划局模式、欧盟的大型资助计划和研发项目、英国的净零研究与创新框架、日本的数字化技术支撑、韩国的科技创新与产业转型融合、澳大利亚的政府牵引市场为主等，都旨在通过科技创新为碳中和提供技术解决方案和动力支撑。

（三）多领域协同推进

各个国家（地区）普遍认识到，碳中和是一个系统工程，需要在能源、工业、交通、建筑等多个领域协同发力，采取综合性的减排措施。例如，美国的大规模减少行业碳排放、英国的全方位规划政策举措、德国的能源系统碳中和转型和碳中和工业价值链重构、日本的多领域技术路线拓展等，都体现了多领域协同的重要性，实现整体减排效益的最大化。

（四）国际合作与交流

碳中和与气候变化等重要问题密切相关，各个国家（地区）都在积极寻求国际合作，与其他国家（地区）和国际组织建立战略伙伴关系，共享减排技术和经验，参与全球气候治理。例如，G7 国家的《工业脱碳议程》，美欧筹建的跨大西洋绿色技术联盟、美日印澳四方气候工作组等，拟通过合作实现整合资源和优势互补，共同应对气候变化挑战，提升在全球气候治理中的话语权和影响力。

（五）公众参与和社会动员

为加快实现碳中和社会转型，各个国家（地区）强调全社会的参与和动员，通过宣传教育、政策引导、公众参与机制等，提高公众的环保意识和参与度，形成全社会共同推进碳中和的良好氛围。例如，美国的气候正义理念、韩国的公众参与社会动员等，公众的支持和参与是碳中和战略成功实施的重要基础。

二、启示借鉴

综合分析典型国家（地区）在碳中和与实施路径方面的经验和做法，对于我国实现"双碳"目标、迈向碳中和社会，具有一定的启示和借鉴意义。

（一）强化政策引领

政府应发挥主导作用，制定清晰、连贯、具有约束力的碳中和政策体系，明确目标、任务和时间表，为各行业、各领域提供明确的行动指南和发展方向。同时，要注重政策的协调性和一致性，避免政策冲突和资源浪费，确保各项政策措施能够相互配合、协同推进。

（二）加大科技投入

将科技创新作为实现碳中和的关键支撑，持续增加对清洁能源、储能技术、碳捕集与封存（Carbon Capture and Storage，CCS）、数字化技术等关键领域的研发投入，鼓励企业、高校和科研机构开展产学研合作，加速科技成果转化和应用。此外，要关注前沿技术和颠覆性技术创新，提前布局，抢占未来低碳技术制高点。

（三）推动产业转型

以碳中和为契机，加快产业结构调整和转型升级，培育和发展低碳、零碳产业，如新能源、节能环保、绿色建筑、电动汽车等，形成新的经济增长点。同时，要推动传统产业的绿色化改造，提高能源利用效率，降低碳排放强度，实现经济发展与环境保护的良性互动。

（四）促进协同合作

加强不同领域、不同部门、不同地区之间的协同合作，打破壁垒，形成合力。在能源转型方面，要统筹考虑能源生产、传输、消费等环节，实现能源系统的优化配置；在产业减排方面，要推动上下游企业协同减排，形成完整的低碳产业链；在区域发展方面，要加强区域间的合作与交流，实现优势互补、共同发展。此外，还要积极参与国际合作，加强与其他国家的技术交流、项目合作和经验分享，共同推动全球碳中和进程。

（五）注重公众参与

提高公众对碳中和的认知度和参与度，通过教育、培训、宣传等方式，普及气候变化知识和低碳生活理念，引导公众改变消费习惯和生活方式，积极参与节能减排行动。同时，要建立健全公众参与机制，鼓励公众参与碳中和政策的制定、实施和监督，发挥公众的监督作用，促进政策的有效执行。

（六）加强监测评估

建立完善的碳中和监测评估体系，对碳排放数据进行准确统计和监测，定期评估政策实施效果和目标完成进度，及时发现问题并调整优化政策措施。此外，要加强对碳中和技术研发、项目实施等过程的监测评估，确保资金的有效利用和技术的可靠应用，提高碳中和工作的科学性和有效性。

| 第二章 | 美国碳中和战略与实施路径

第一节 引 言

美国是全球累计碳排放最多的国家，其排放一直处于较高的水平。从变化趋势来看，美国已于 2007 年实现碳达峰（图 2-1），之后一直处于下降趋势，2020 年的碳排放量甚至达到 20 世纪 70 年代的排放水平。相较于 2020 年，近两年的排放量有所上升，这与 2020 年经济受到疫情冲击有关，且 2022 年受世界政局动荡及能源危机的影响，碳排放量显著上升，可见碳排放量极易受政治和经济等影响。

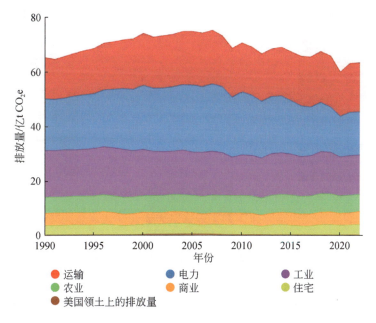

图 2-1　1990～2022 年美国各经济部门温室气体排放量
资料来源：美国环保署

在美国的能源结构中，石油、天然气、煤炭等化石能源仍占主导地位（合计占比高达 82.2%）（图 2-2），核能和可再生能源等仅占 17.8%，美国未来能源转型面临较大挑战。能源相关二氧化碳排放源主要是交通运输、电力、工业、住宅四大部门（图 2-3）。

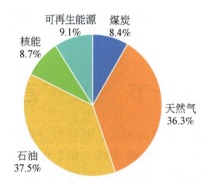

图 2-2　2024 年美国能源消费结构（数据来源：美国能源信息署）

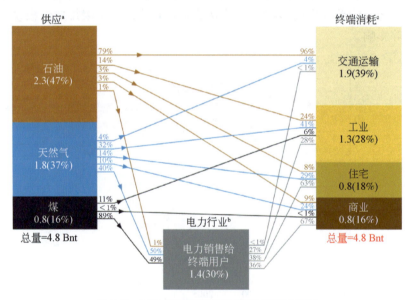

图 2-3　2023 年美国能源的供应与消耗情况

资料来源：美国能源信息署

由于独立四舍五入，各成分的总和可能不等于 100%。

a. 一次能源消费产生的二氧化碳排放量。每种能源都用不同的物理单位来衡量，并转换成吨二氧化碳（tCO_2）。

b. 电力部门包括纯电力和热电联产（CHP）电厂，其主要业务是向公众出售电力或电力和热量。向每个最终用途部门的最终客户销售电力的二氧化碳排放量等于用于发电的燃料的加权平均值，并按比例分配给每个最终用途部门的销售额。

c. 工业和商业部门包括热电联产的一次能源消耗和该部门的纯电力工厂，包括分配给每个最终用电行业的电力销售产生的二氧化碳排放量

与 2022 年相比，2023 年美国能源相关部门的二氧化碳排放量总体上略有下降，且 80% 以上发生在电力部门，原因主要是燃煤发电减少、天然气和太阳能在发电组合中所占的比例增大。此外，住宅和商业部门二氧化碳排放量明显减少，但工业和交通运输部门的二氧化碳排放量仍保持相对不变（表 2-1）。

表 2-1　2019～2023 年美国能源相关部门二氧化碳排放量[①]　（单位：亿 tCO_2）

部门	2019 年	2020 年	2021 年	2022 年	2023 年
住宅	3.47	3.19	3.25	3.39	3.11
商业	2.55	2.33	2.45	2.61	2.50
工业	10.07	9.52	9.77	9.60	9.63
交通运输	19.21	16.30	18.07	18.40	18.56
电力	16.18	14.50	15.51	15.42	14.27
总计	51.47	45.84	49.05	49.41	48.07

注：因四舍五入，能源相关部门二氧化碳排放总量与各部门二氧化碳排放量加和存在 ±0.01 的误差

纵观全球主要经济体应对气候变化政策的发展历程，欧盟、英国、日本等的气候政策框架构建基本呈现稳步推进的趋势，美国气候政策因两党博弈多次出现反复。特朗普第一任期宣布退出《巴黎协定》，2021 年拜登执政后第一时间宣布重返《巴黎协定》并提出碳中和目标，通过发布总统命令、制定多项减排战略以及前所未有的气候投资法案等行动加快推动美国碳中和进程，力图恢复并强化美国在全球应对气候变化舞台的领导者地位。美国碳中和政策在民主、共和两党交替执政中呈现显著的周期性波动，这种"钟摆效应"对我国构建具有政策延续性的碳中和战略体系具有警示价值。拜登执政后推出前所未有的清洁技术投资，展现出政策创新性和执行力。然而 2025 年，特朗普再次就任总统并宣布退出《巴黎协定》以及废除百余项环保法规、全面重启传统化石能源等举措，致使美国零碳低碳发展路径再次出现阶段性倒退，在可预见的未来 3～5 年时间里美国碳中和发展进程将受到明显遏制。但从全球范围看，绿色低碳发展的长期趋势不会因某个政党和个人的政治意愿而改变。

本章系统梳理拜登政府的碳中和政策目标和体系，分析美国重点领域政策部署和实施路径，总结美国碳中和跨领域协同和多主体共同推进的作用机制，以期为我国碳中和政策体系的完善提供借鉴。

---

① U. S. Energy Information Administration. 2024. U. S. CO_2 emissions from energy consumption by source and sector, 2023. https://www.eia.gov/totalenergy/data/monthly/pdf/flow/CO2_emissions_2023.pdf[2024-09-20].

第二节　美国碳中和战略顶层设计

拜登政府将碳中和目标视为打造"世界清洁能源超级大国"并"重振美国制造业"的重要契机，十分重视碳中和战略的顶层设计。拜登执政后立即宣布美国重返《巴黎协定》，签署《关于应对国内外气候危机的行政命令》[①]，提出将气候危机置于美国外交政策与国家安全的中心，在全社会范围内采取措施应对气候危机，并对能源、交通、建筑等关键领域减排行动进行规划，强调环境公正的重要性。随后发布《迈向 2050 年净零排放的长期战略》[②]，提出美国到 2030 年和2050 年的减排目标，以及实现净零排放的主要路径和战略支柱。政府还通过《联邦可持续发展计划》[③]，在联邦运营和采购方面以身作则实施绿色采购。总体来看，美国政府建立了应对气候危机的"全政府"模式，经济上加强交通、建筑、清洁能源等领域的持续投入，政治上内政外交同步进行，即在国内政策和外交政策上共同推进气候战略部署，在技术上推进科技创新，加速清洁能源技术和减排技术的开发和应用。

一、总体目标

（一）政策目标

美国将气候危机置于美国外交政策和国家安全的中心，将与其他国家和伙伴进行双边和多边合作，以使世界走上可持续气候之路；不迟于 2050 年实现全经济领域的零排放；在国内外提升应对气候危机、抵御气候变化影响的能力；保护公众健康，保护土地、水域和生物多样性，实现环境正义；通过创新、商业化以及部署清洁能源技术和现代化可持续的基础设施来刺激经济增长，并创造高薪工作机会。

---

① The White House. 2021. Executive order on tackling the climate crisis at home and abroad. https://www. whitehouse. gov/briefing- room/presidential- actions/2021/01/27/executive- order- on- tackling- the- climate-crisis- at- home- and- abroad/［2024-09-20］.

② United States Department of State and the United States Executive Office of the President. 2021. The Long-term Strategy of the United States: Pathways to Net- zero Greenhouse Gas Emissions by 2050. https://www. whitehouse. gov/wp-content/uploads/2021/10/US-Long-Term-Strategy. pdf［2024-09-20］.

③ The White House. 2021. Federal Sustainability Plan. https://www. sustainability. gov/pdfs/federal-sustainability-plan. pdf［2024-09-20］.

（二）减排目标

到 2030 年确保新销售的轻型和中型车辆实现零排放，对所有新的商业建筑物制定零排放标准，将美国温室气体排放量较 2005 年水平减少 50%～52%；到 2035 年实现电力部门的碳中和，即 100% 清洁电力，并将建筑库存的碳足迹减少 50%；到 2050 年实现净零排放经济，确保美国实现 100% 的清洁能源，并将联邦气候和清洁能源投资的 40% 收益提供给弱势社区。

二、碳中和政策框架

拜登政府的应对气候危机战略是一个综合性战略，涵盖内政外交的各个领域和实施主体。其中，总统是应对气候危机战略的总指挥，代表美国政府对碳中和目标的态度；下设白宫气候政策办公室、国家气候工作组、白宫煤炭和电厂社区与经济振兴跨部门工作组、白宫环境正义跨机构委员会和白宫环境正义顾问委员会等，负责国内碳中和政策的制定和组织；同时下设总统气候问题特使办公室，推动国际相关气候工作，争夺国际应对气候危机的领导权。政策落实由多个部门负责实施，包括能源部、环境保护署、交通部、农业部、国防部等，并涉及各个州政府层面（图 2-4）。

（一）政府层面的部署和行动计划

白宫气候政策办公室负责制定总统的国内气候议程，协调全政府应对气候危机的方法，创造高薪工作机会，并促进环境正义。2021 年拜登政府成立新的国家气候工作组，由国家气候顾问主持，成员包括国防部、内政部、农业部、交通部、能源部等 21 个部门和机构负责人，主要职责是协助组织和部署全政府应对气候危机的方法，包括在各项工作中优先考虑应对气候变化的行动。相关目标和计划包括以下方面。

（1）联邦政府以身作则，制定清洁能源电力和汽车的采购计划以推动 2035 年前电力部门实现零碳排放，将各级政府用车替换为清洁和零排放车辆，采购"美国制造"产品。

（2）发展可再生能源，到 2030 年将海上风能增加一倍，暂停在公共土地和近海水域的所有新石油和天然气资产租赁许可，并审查现有的租赁许可，消除化石燃料补贴，优先考虑清洁能源技术和基础设施的创新、商业化和部署；制定气候行动计划并发布数据和信息产品，以提高适应能力和增强抵御力，提升面向公众的气候预报能力，以及优化信息产品。

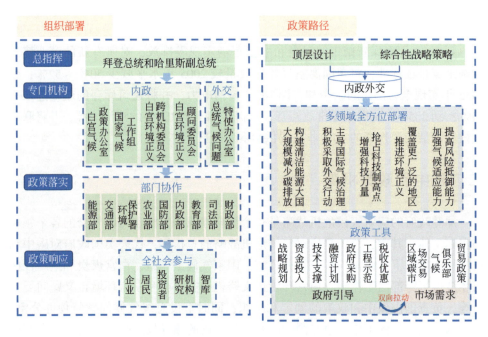

图 2-4 美国碳中和政策框架

（3）建立新的美国基础设施和清洁能源经济，推动可持续发展并创造工作机会，以环境稳定的方式加快清洁能源和输电项目的部署。

（4）加强国土和水域保护，制定农业和林业气候战略（气候智能型），改进渔业管理和保护措施，提高农业、林业、渔业对气候的适应能力，实现到 2030 年保护至少 30% 的土地和水域的目标。

（5）建立一个"平民气候行动计划"，使新一代美国人致力于保护和恢复公共土地和水域、植树造林、增加农业部门碳汇、保护生物多样性。帮助能源社区实现经济振兴并为工人提供高薪工作机会。

（6）保护环境正义并确保经济机会。设立气候变化和健康公平办公室，以解决气候变化对美国人民健康的影响；设立白宫环境正义跨机构委员会和白宫环境正义顾问委员会；通过在环境保护署、司法部和卫生与公众服务部设立新的办公室或扩建办公室，来加强环境司法监督和执法，以解决当前和历史遗留的环境不公正问题。确定新的气候战略和气候创新技术，最大限度改善空气和水环境质量。

（二）外交层面的部署和行动计划

美国重新设立新的总统任命职位，即总统气候问题特使，将气候问题上升到国家安全高度。主办领导人气候峰会，召开能源与气候主要经济论坛，探索全球能源绿色低碳转型的发展路径。推进美国的气候外交，在包括七国集团（G7）、二十国集团（G20）在内的广泛的国际论坛上呼吁加强气候雄心。制定气候融资计划，战略性地利用多边和双边渠道与机构，协助发展中国家实施雄心勃勃的减排措施。重新评估气候变化对国土安全、美国国际合作的机构、北极地区的风险和影响。

第三节　美国碳中和政策部署与实施路径

一、发布多个领域脱碳战略或路线图，明晰未来减排路径

（一）能源领域

实现碳中和必须攻关能源变革，美国将能源转型作为重点，提出将在2035年实现电力脱碳的目标。美国在《迈向2050年净零排放的长期战略》中提到，为满足各个领域的电力需求增长，清洁能源发电投资必须持续到21世纪中叶。到2050年太阳能和风能发电规模将继续扩大，到2030年将太阳能成本降低一半[1]。现有的核电仍会运行，并可能在21世纪30~40年代出现增长；化石燃料发电（未配有碳捕集与封存技术）减少，现有电厂开始安装碳捕集装置；未来美国将继续制定减少发电厂污染的激励措施和标准，进一步加大清洁能源的发展力度；投资电力系统灵活性技术，如输配电、能源效率、储能、智能建筑和无排放燃烧等技术；部署碳捕集与封存技术以及核能技术；加大对零碳电力软硬件技术研发与示范的投资力度，支持向零排放、可负担的弹性电力系统转型。

2021年以来，美国显著加强清洁能源战略部署，陆续在储能、电网、海上风能、氢以及清洁能源供应链等领域发布战略或路线图，规划未来10年或30年的发展路径。2021年，由美国能源部、国防部、商务部、国务院四部门联合组建的联邦先进电池联盟（Federal Consortium for Advanced Batteries，FCAB）发布了《国家锂电池蓝图2021~2030》，这是第一份由政府主导制定的美国锂电池发展政策，提出美国国内建立锂电池制造价值链。2023年，Li-Bridge[2]发布《旨在塑造稳定、可持续的美国锂电池供应链》（*Building a Robust and Resilient*

---

① Department of Energy. 2021. DOE Moves at lightning speed toward clean energy goals. https://www. energy. gov/articles/2021-doe-moves-lightning-speed-toward-clean-energy-goals[2024-09-20].

② Li-Bridge 是由美国能源部阿贡国家实验室联合美国先进动力电池联盟（NAATBatt）、纽约电池和储能技术联盟（NY-BEST）、新能源联盟（New Energy Nexus）这三大产业联盟共同组建的联盟，旨在通过召集北美锂电池领域顶尖专家，为美国政府提供相关发展建议。

U. S. Lithium Battery Supply Chain）研究报告，清晰阐述了塑造美国稳定、可持续锂电池供应链的发展目标、制约因素和解决方案，提出实现到 2030 年美国本土锂电池自给率达 60%、2050 年达 100% 的目标。2022 年 1 月，白宫发布"建设更好电网"倡议①，提出升级电网，修建长途输电线路，增加资金投入以加强电网弹性②。2022 年 1 月，美国能源部发布《海上风能战略》③，提出到 2030 年美国海上风电装机容量达到 30GW、到 2050 年达到 110GW 的目标；2023 年 6 月发布《国家清洁氢能战略和路线图》，提出加速清洁氢能生产、加工、交付、存储和使用的综合发展框架。到 2030 年，清洁氢产量将从当前几乎为零增至 1000 万 t/a，到 2050 年将增至 5000 万 t/a（比去年氢战略草案中目标增加 2000 万 t）。明确氢应用的重点脱碳领域及阶段性细化目标，包括氢冶金、氢基燃料、工业供热等工业部门，氢燃料电池长途运输重型卡车和可持续航空燃料等交通部门，以及长期氢储能、氢氨混烧等电力部门，以实现 2030 年将清洁氢成本降至 1 美元/kg 以下；发布新版《2024 年聚变能战略》④，指出将与私营部门合作，进一步加强对聚变能发展的共同认识并加速聚变能商业应用。签署《加速部署多功能先进核能以促进清洁能源法案》⑤，全面推动美国先进核能发展。通过清洁能源并网技术路线图⑥，加快太阳能、风能和电池存储等清洁能源项目与国家电网的互联。

在清洁能源技术部署方面，美国出台多项优惠政策，包括批准公共土地上创纪录水平的太阳能和其他可再生能源的使用⑦，并发起一项在弱势群体中部署分

---

① Office of Electricity. 2022. DOE launches new initiative from President Biden's Bipartisan Infrastructure Law to modernize National Grid. https://www. energy. gov/oe/articles/doe- launches- new- initiative- president- bidens-bipartisan-infrastructure-law-modernize［2024-09-20］.

② Department of Energy. 2022. DOE, DHS, HUD launch joint effort with Puerto Rico to modernize Energy Grid. https://www. energy. gov/articles/doe-dhs-hud-launch-joint-effort-puerto-rico-modernize-energy-grid［2024-09-20］.

③ Department of Energy. 2022. Offshore Wind Energy Strategies. https://www. energy. gov/sites/default/files/2022-01/offshore-wind-energy-strategies-report-january-2022. pdf［2024-09-20］.

④ Department of Energy. 2024. DOE announces New Decadal Fusion Energy Strategy. https://www. energy. gov/articles/doe-announces-new-decadal-fusion-energy-strategy［2024-09-20］.

⑤ Environment & Public Works. 2024. SIGNED：Bipartisan ADVANCE Act to Boost Nuclear Energy Now Law. https://www. epw. senate. gov/public/index. cfm/2024/7/signed- bipartisan- advance- act- to- boost- nuclear-energy-now-law［2024-09-20］.

⑥ Department of Energy. 2024. DOE releases First- ever Roadmap to accelerate connecting more clean energy projects to the Nation's Electric Grid. https://www. energy. gov/articles/doe-releases-first-ever-roadmap-accelerate-connecting-more-clean-energy-projects-nations［2024-09-20］.

⑦ The White House. 2022. Fact sheet：Biden- Harris Administration races to deploy clean energy that creates jobs and lowers costs. https://www. whitehouse. gov/briefing-room/statements-releases/2022/01/12/fact-sheet-biden-harris-administration-races-to-deploy-clean-energy-that-creates-jobs-and-lowers-costs/［2024-09-20］.

布式能源的新举措①。投资农村电力基础设施，扩大智能电网技术投资②，帮助农业生产者和农村小企业安装清洁能源系统。推动清洁能源技术突破并显著降低关键技术成本，支持美国各地的清洁能源项目③。

（二）工业领域

美国经济总产值的 1/5 来自工业，工业碳排放（包含直接和间接排放）约占美国碳排放总量的 1/3。2020 年底，美国颁布《2020 年能源法案》④，提出工业和制造业脱碳的主要技术路径。2022 年 9 月，美国能源部发布《工业脱碳路线图》，确定美国制造业碳减排的五个关键支柱，即提高工业能效，推进工业用能电气化，加大部署碳捕集、利用与封存技术（Carbon Capture, Utilization and Storage, CCUS），加强低碳原料燃料替代，以及创新制造技术。2022 年 10 月，美国还发布了《国家先进制造业战略》，明确：①发展先进的国内清洁制造业⑤，包括使用贸易政策激励美国清洁钢铁和铝制造，联邦成立专门部门采购清洁低碳建筑材料，启动全面建设能源部门产业基地的计划；②部署碳捕集、利用与封存技术⑤，提供技术指导以帮助相关机构采取对环境无害的措施，创造就业机会，并在"负责任碳管理倡议"（Responsible Carbon Management Inititative, RCMI）框架下出台"负责任的碳管理倡议原则"，激励参与者在碳管理项目中实现安全、环境管理、责任追究、社区参与及社会效益等方面的最高标准⑥；③扩大合作伙

---

① The White House. 2022. Fact sheet：A year advancing environmental justice. https://www. whitehouse. gov/briefing-room/statements-releases/2022/01/26/fact-sheet-a-year-advancing-environmental-justice/#：~：text = Delivering%20Clean%2C%20Affordable%20Energy［2024-09-20］.

② U. S. Department of Agriculture. 2021. USDA invests ＄464 million in renewable energy infrastructure to help rural communities，businesses and Ag producers build back better. https://www. usda. gov/media/press-releases/2021/09/09/usda-invests-464-million-renewable-energy-infrastructure-help-rural［2024-09-20］.

③ Department of Energy. 2021. DOE establishes new office of clean energy demonstrations under the Bipartisan Infrastructure Law. https://www. energy. gov/articles/doe-establishes-new-office-clean-energy-demonstrations- under-bipartisan- infrastructure-law［2024-09-20］.

④ The House Committee on Natural Resources. 2020. Division Z- Energy Act. https://republicans- science. house. gov/sites/republicans. science. house. gov/files/Division%20Z%20-%20Energy%20Act. pdf［2024-09-20］.

⑤ The White House. 2022. Fact sheet：Biden- Harris Administration advances cleaner industrial sector to reduce emissions and reinvigorate American manufacturing. https://www. whitehouse. gov/briefing- room/statements-releases/2022/02/15/fact-sheet-biden-harris-administration-advances-cleaner-industrial-sector-to-reduce-emissions-and-reinvigorate- american-manufacturing/［2024-09-20］.

⑥ Office of Fossil Energy and Carbon Management. 2024. U. S. Department of Energy announces principles to guide excellence and accountability in carbon management. https://www. energy. gov/fecm/articles/us- department-energy- announces-principles-guide- excellence-and-accountability-carbon［2024-09-20］.

伴关系以减少工业排放，启动"更好的建筑，更好的工厂"① 计划，覆盖的 3500 个设施占美国工业碳足迹的近 14%，并启动低碳试点项目以支持更大的目标。

（三）交通领域

交通领域归美国交通部管理，当前任务是推动美国的基础设施现代化，以提供更安全、更清洁和更公平的交通系统。此外，能源领域与交通领域密不可分，美国能源部和交通部建立了一个能源和交通联合办公室，以促进两个部门之间的紧密合作，部署零排放、便捷、无障碍、公平的交通基础设施。美国总统签署《加强美国在清洁汽车和卡车方面领导地位的行政命令》②，设定到 2030 年电动汽车、氢燃料电池汽车和插电式混合动力汽车占美国汽车销量 50% 的目标，并要求相关部门制定 2027 年及以后轻型、中型和部分重型车辆的多污染物排放和燃油经济性新标准。美国交通部发布《美国交通 2022~2026 年战略计划》③，明确将"气候与可持续性"作为其战略目标之一，通过确保交通在解决方案中发挥核心作用来应对气候危机；大幅减少温室气体排放和交通相关污染，并建立更具弹性和可持续性的交通系统，以造福和保护社区。2023 年，美国政府发布《交通部门脱碳蓝图》，明确到 2050 年减少交通部门温室气体排放的里程碑式战略。在航空业推广生产可持续航空燃料的新技术，并通过 2022 年发布的《可持续航空燃料大挑战路线图》④ 作了详细部署。2024 年，《国家零排放货运走廊战略》发布⑤，指导 2024~2040 年零排放中型和重型车辆充电和氢燃料基础设施的部署，重点关注公用事业和监管能源规划，协调行业活动，改善受柴油排放严重影响的当地社区的空气质量。

美国在交通领域实现碳中和的重要举措包括：①召集汽车制造商和汽车工人

① Department of Energy. 2021. DOE's better plants industry partners save $9 billion in energy costs. https://www.energy.gov/articles/does-better-plants-industry-partners-save-9-billion-energy-costs[2024-09-20].

② The White House. 2021. Executive Order on Strengthening American Leadership in Clean Cars and Trucks. https://www.whitehouse.gov/briefing-room/presidential-actions/2021/08/05/executive-order-on-strengthening-american-leadership-in-clean-cars-and-trucks/[2024-09-20].

③ U.S. Department of Transportation. 2022. Strategic Plan 2022~2026. https://www.transportation.gov/sites/dot.gov/files/2022-04/US_DOT_FY2022-26_Strategic_Plan.pdf[2024-09-20].

④ Department of Energy. 2022. DOE releases roadmap to achieve carbon neutral aviation emissions. https://www.energy.gov/articles/doe-releases-roadmap-achieve-carbon-neutral-aviation-emissions[2024-09-20].

⑤ Department of Energy. 2024. Biden-Harris Administration releases First-ever National Strategy to accelerate deployment of zero-emission infrastructure for freight trucks. https://www.energy.gov/articles/biden-harris-administration-releases-first-ever-national-strategy-accelerate-deployment[2024-09-20].

共同行动，实现到 2030 年电动汽车销售份额达到 50% 的全国目标①，刺激对美国新工厂的投资②，以生产电动汽车、电池和充电器等，打造美国制造；②启动电动汽车充电行动计划，构建方便、可靠和公平的国家充电网络③；③制定严格的乘用车温室气体标准④，减少温室气体排放，保护社区免受污染；④加大清洁电动车投资，包括公共汽车、校车、货车和港口运营车等⑤，以减少污染排放；⑤加强电池供应链，并启动国内电池制造和回收项目⑥；⑥推进美国航空业的未来碳减排，在 2030 年将航空排放量减少 20%⑦，并大力推广生产可持续航空燃料的新技术⑧。

（四）农业领域

农业领域归美国农业部管理，农业在提供气候变化解决方案方面同样也发挥着关键作用，而应对气候变化也已经被农业部列为优先任务之一。美国农业部在减少温室气体排放、封存碳和为气候危机提供持久解决方案方面具有巨大的潜力。美国农业部发布的《美国农业部 2022-2026 年战略计划》⑨ 指出，美国农业

①　The White House. 2021. Fact sheet：President Biden announces steps to drive American leadership forward on clean cars and trucks. https：//www. whitehouse. gov/briefing- room/statements- releases/2021/08/05/fact- sheet- president-biden- announces- steps- to- drive- american- leadership- forward- on- clean- cars- and- trucks/［2024-09-20］.

②　The White House. 2022. Fact sheet：Biden- Harris Administration ensuring future is made in America. https：//www. whitehouse. gov/briefing- room/statements- releases/2022/02/08/fact- sheet- biden- harris- ad-ministration- ensuring- future- is- made- in- america/［2024-09-20］.

③　The White House. 2021. Fact sheet：The Biden- Harris Electric Vehicle Charging Action Plan. https：//www. whitehouse. gov/briefing- room/statements- releases/2021/12/13/fact- sheet- the- biden- harris- electric- vehicle-charging- action- plan/［2024-09-20］.

④　United States Environmental Protection Agency. 2021. EPA finalizes Greenhouse Gas Standards for Passenger Vehicles，Paving Way for a Zero- Emissions Future. https：//www. epa. gov/newsreleases/epa- finalizes- greenhouse-gas- standards- passenger- vehicles- paving- way- zero- emissions［2024-09-20］.

⑤　The White House. 2022. Fact sheet：Vice President Harris announces actions to accelerate clean transit buses，school buses，and trucks. https：//www. whitehouse. gov/briefing- room/statements- releases/2022/03/07/fact- sheet- vice-president- harris- announces- actions- to- accelerate- clean- transit- buses- school- buses- and- trucks/［2024-09-20］.

⑥　Department of Energy. 2022. Biden Administration，DOE to invest ＄3 billion to strengthen U. S. supply chain for advanced batteries for vehicles and energy storage. https：//www. energy. gov/articles/biden- administration- doe- invest- 3-billion- strengthen- us- supply- chain- advanced- batteries#：～：text＝President％20Biden's％20Bipartisan％20Infrastructure％20Law，sourcing％20materials％20for％20domestic％20manufacturing［2024-09-20］.

⑦　The White House. 2021. Fact sheet：Biden Administration advances the future of sustainable fuels in American aviation. https：//www. whitehouse. gov/briefing- room/statements- releases/2021/09/09/fact- sheet- biden-administration- advances- the- future- of- sustainable- fuels- in- american- aviation/［2024-09-20］.

⑧　Department of Energy. 2022. Biden- Harris Administration releases bold agenda to reduce emissions across America's industrial sector. https：//www. energy. gov/articles/biden- harris- administration- releases- bold- agenda-reduce- emissions- across- americas［2024-09-20］.

⑨　U. S. Department of Agriculture. 2022. Strategic Plan Fiscal Years 2022- 2026. https：//www. usda. gov/sites/default/files/documents/usda- fy- 2022-2026- strategic- plan. pdf［2024-09-20］.

部将建立公平和气候智能型粮食和农业经济，保护和改善所有美国人的健康、营养和生活质量。2024 年发布的《构建韧性生物质供应链：美国生物经济发展计划》① 提出，构建有韧性的生物质供应链，发展国内生物经济；并指出未来要将环境可持续性作为发展生物经济的首要目标，提高生物质产能。

美国在农业领域实现碳中和的重要举措包括：①推进气候智能型农业和林业②，在土壤、草、树木和其他植被中封存碳，采购可持续的生物制品和燃料，以及建立更具弹性的地方和区域粮食生产，并促进公平；②推动公私合作伙伴关系③，应对气候变化，改善国家水质，抗击干旱，增强土壤健康，支持野生动物栖息地，并通过自然资源保护服务区域保护伙伴关系计划保护农业可行性④；③开展农场保护创新试验，推进新方法和新技术的应用，帮助农业生产者减轻气候变化的影响，提高运营弹性，促进土壤健康；④投资农业温室气体测量、监测、报告和核查，2023 年 7 月，美国农业部宣布拨款 3 亿美元，改进对农林业温室气体排放与碳封存的测量、监测、报告和核查，以评估气候智能型缓解措施的减排有效性，主要资助数据收集与管理、模型和工具两个领域。

（五）建筑领域

美国在建筑领域的重要战略措施部署具体表现为：①投资家庭房屋改造，启动"绿色弹性改造计划"（Green and Resilient Retrofit Program，GRRP）以降低家庭能源成本⑤；②更新节能电器和设备标准，制定到 2022 年底 100 项行动的路线

---

① U. S. Department of Agriculture. 2024. USDA Outlines Vision to Strengthen the American Bioeconomy through a More Resilient Biomass Supply Chain. https：//www. usda. gov/media/press- releases/2024/03/14/usda-outlines- vision- strengthen- american- bioeconomy- through- more［2024-09-20］.

② U. S. Department of Agriculture. 2022. Biden- Harris Administration announces historic investment in partnerships for 70 climate- smart commodities and rural projects. https：//www. usda. gov/media/press- releases/2022/09/14/biden- harris- administration- announces- historic- investment［2024-09-20］.

③ U. S. Department of Agriculture. 2022. USDA invests ＄50 million in partnerships to improve equity in conservation programs, address climate change. https：//www. usda. gov/media/press- releases/2022/01/10/usda-invests-50- million- partnerships- improve- equity- conservation［2024-09-20］.

④ Natural Resources Conservation Service. 2020. Regional Conservation Partnership Program. https：// www. nrcs. usda. gov/wps/portal/nrcs/main/national/programs/financial/rcpp/［2024-09-20］.

⑤ The White House. 2023. Fact sheet：Biden-Harris Administration announces new actions and investments to lower energy costs, and make affordable homes more energy efficient and climate resilient for hard- working families. https：//bidenwhitehouse. archives. gov/briefing- room/statements- releases/2023/05/11/fact- sheet- biden-harris- administration- announces- new- actions- and- investments- to- lower- energy- costs- and- make- affordable- homes-more- energy- efficient- and- climate- resilient- for- hard- working- families/［2025-04-03］.

图，通过使用更高效的空调、炉灶、冰箱等设备实现家庭平均每年节省 100 美元的目标[1]；③支持地方行动，启动新建筑性能标准联盟，以减少建筑排放，在能源效率和电气化方面创造高薪工作机会，降低能源费用[2]；④投资学校设施升级改造，通过能源升级节省学校投入资金[3]；⑤加快创新，启动"能源、排放和公平倡议"［Energy，Emissions and Equity（E3）Initiative］[4]，推进清洁供暖和制冷系统的研发，以支持可持续建筑，并更新"能源之星"[5] 标准以推广创新的热泵技术并鼓励使用电器；⑥2022 年，启动气候智能型建筑倡议（Climate Smart Buildings Initiative）[6]，利用公私合作伙伴关系对联邦建筑进行现代化改造，预计将在 2030 年之前促成超过 80 亿美元的私营部门投资，创造和支持近 8 万个美国高薪工作岗位，到 2030 年每年减少多达 280 万 t 温室气体排放，实现到 2032 年将联邦建筑的排放量减少 50%，到 2045 年实现净零排放。2024 年，美国发布《到 2050 年使美国经济脱碳：建筑行业国家蓝图》综合发展计划[7]，明确到 2035 年建筑物温室气体排放量将减少 65%、到 2050 年将减少 90% 的目标（与 2005 年相比）。

---

① Department of Energy. 2022. DOE releases energy-saving rules for federal buildings and proposes new standards for consumer appliances. https：//www. energy. gov/articles/doe-releases-energy-saving-rules-federal-buildings-and-proposes-new-standards-consumer［2024-09-20］.

② The White House. 2022. Fact sheet：Biden-Harris Administration launches coalition of states and local governments to strengthen building performance standards. https：//www. whitehouse. gov/briefing-room/statements-releases/2022/01/21/fact-sheet-biden-harris-administration-launches-coalition-of-states-and-local-governments-to-strengthen-building-performance-standards/［2024-09-20］.

③ The White House. 2022. Fact sheet：The Biden-Harris Action Plan for Building Better School Infrastructure. https：//www. whitehouse. gov/briefing-room/statements-releases/2022/04/04/fact-sheet-the-biden-harris-action-plan-for-building-better-school-infrastructure/［2024-09-20］.

④ Department of Energy. 2021. Energy，Emissions and Equity（E3）Initiative. https：//www. energy. gov/eere/buildings/energy-emissions-and-equity-e3-initiative［2024-09-20］.

⑤ United States Environmental Protection Agency. 2021. Through public-private partnerships, EPA helps to advance efficiency and reduce emissions of American homes and buildings. https：//www. epa. gov/newsreleases/through-public-private-partnerships-epa-helps-advance-efficiency-and-reduce-emissions［2024-09-20］.

⑥ The White House. 2022. Fact sheet：White House takes action on climate by accelerating energy efficiency projects across federal government. https：//www. whitehouse. gov/briefing-room/statements-releases/2022/08/03/fact-sheet-white-house-takes-action-on-climate-by-accelerating-energy-efficiency-projects-across-federal-government/［2024-09-20］.

⑦ Department of Energy. 2024. DOE releases First Ever Federal Blueprint to decarbonize America's buildings sector. https：//www. energy. gov/articles/doe-releases-first-ever-federal-blueprint-decarbonize-americas-buildings-sector［2024-09-20］.

（六）环保领域

环保领域归美国环境保护署管理，致力于保护人类健康和环境。美国环境保护署发布的《美国环境保护署 2022—2026 战略计划》① 新增了一个战略目标，专注于应对气候变化和促进环境正义。此外，为保证环境正义，美国司法部成立了气候变化和健康公平办公室。

美国在环保领域推进碳中和目标的重要举措包括：①发起"美丽美国"挑战②，通过提高地方经济和推进地方主导的环境保护，到 2030 年实现保护美国 30%的土地和水域的目标；②发起气候变化监管行动和倡议，制定了新的机动车辆③、飞机④等的温室气体排放标准等；③重新制定美国水环境保护的法规⑤，以确保社区的健康、安全和经济活力；④扩大环境保护投资，包括重点保护区域、敏感地区、户外休闲地区等；⑤发起"好邻居"计划⑥，以减少有害烟雾，保护数百万人的健康免受发电厂和工业空气污染的影响。

（七）关键原材料

2022 年以来，美国将保护清洁能源转型供应链安全上升到国家战略高度。2022 年，美国能源部发布《美国实现清洁能源转型的供应链保障战略》，确定了清洁能源供应链的关键技术领域，既有美国具有竞争优势的领域，也包括最脆弱的供应链和技术。具体包括：碳捕集材料、电网（包括变压器和高压直流电）、储能、燃料电池和电解槽、水力发电、钕磁铁、核能、铂族金属等催化剂、半导体、太阳能光伏发电以及风能。这份文件明确提出美国将实施多重战略，建立不

① United States Environmental Protection Agency. 2022. EPA Strategic Plan FY 2022-2026. https://www.epa.gov/system/files/documents/2022-03/fy-2022-2026-epa-strategic-plan.pdf[2024-09-20].

② U. S. Department of the Interior. 2021. America the Beautiful. https://www.doi.gov/priorities/america-the-beautiful[2024-09-20].

③ United States Environmental Protection Agency. 2024. Final Rule to Revise Existing National GHG Emissions Standards for Passenger Cars and Light Trucks Through Model Year 2026. https://www.epa.gov/regulations-emissions-vehicles-and-engines/final-rule-revise-existing-national-ghg-emissions[2024-09-20].

④ United States Environmental Protection Agency. 2024. Regulations for Greenhouse Gas Emissions from Aircraft. https://www.epa.gov/regulations-emissions-vehicles-and-engines/regulations-greenhouse-gas-emissions-aircraft[2024-09-20].

⑤ United States Environmental Protection Agency. 2021. EPA and Army take action to provide certainty for the definition of WOTUS. https://www.epa.gov/newsreleases/epa-and-army-take-action-provide-certainty-definition-wotus[2024-09-20].

⑥ United States Environmental Protection Agency. 2023. EPA announces final "Good Neighbor" plan to cut harmful smog, protecting health of millions from power plant, industrial air pollution. https://www.epa.gov/newsreleases/epa-announces-final-good-neighbor-plan-cut-harmful-smog-protecting-health-millions[2024-09-20].

依赖中国的太阳能供应链，探索建立能源转型关键材料的自发储备多边协调机制。2023 年，美国能源部发布《2023 关键材料评估》，将关键原材料定义从初始矿物扩展到一些工程材料（如电工钢和碳化硅），并确定 7 种短期内（2020 ~ 2025 年）以及 13 种中期内（2025 ~ 2035 年）的关键材料。2023 年 8 月，美国能源部又将铜添加到其关键原材料清单中。2023 年以来，美国陆续与澳大利亚、日本、英国达成加强清洁能源关键矿产供应链的双边合作协议，并试图通过 G7 集团建立一个 G7 国家和一些原材料资源丰富国家组成的联盟，G7 将通过提供技术、资金、市场等支持，帮助原产国提升原材料的附加值。2023 年 9 月，能源部启动关键材料合作组织（Critical Materials Collaborative，CMC）[①]，整合能源部和联邦政府的关键材料应用研究、开发和示范，以建立关键材料研究的创新生态系统、加速国内关键材料供应链发展。2023 年 12 月，美国能源部成立关键和新兴技术办公室（Office of Critical and Emerging Technology，CET）[②]，其使命在于利用能源部及 17 个国家实验室的专业知识，确保美国在人工智能、生物技术、量子计算和半导体等领域的科学投资，支持国家能源安全和科技安全战略，维持和扩大美国在这些技术领域的全球领导地位，目标是加速关键和新兴技术的科学新发现、新突破，加强国家安全风险的应对能力，实现清洁、可靠、可负担的能源供应。

（八）非二氧化碳减排

美国十分重视非二氧化碳排放控制。2021 年，美国白宫发布《甲烷减排行动计划》[③]，旨在领导一项"全球甲烷承诺"，到 2030 年将甲烷总排放量比 2020 年的水平减少30%。2023 年 7 月 26 日，美国政府召开首次白宫甲烷峰会，讨论大幅减少甲烷排放的行动方案，特别是石油和天然气行业的甲烷泄漏（占甲烷排放量的30%）。峰会提出建立一个新的内阁级甲烷特别工作组，推进全政府参与，以主动检测甲烷泄漏和提高数据透明度，支持州和地方制定甲烷减排相关法规。该工作组将加速推进《甲烷减排行动计划》的实施。另外，部署尖端技术，专注甲烷监测技术创新，从源头识别甲烷排放量。

---

① Office of Energy Efficiency & Renewable Energy. 2023. DOE launches critical materials collaborative to harness and unify critical materials research across America's innovation ecosystem. https://www.energy.gov/eere/articles/doe-launches-critical-materials-collaborative-harness-and-unify-critical-materials［2024-09-20］.

② Department of Energy. 2023. DOE launches new office to coordinate critical and emerging technology. https://www.energy.gov/articles/doe-launches-new-office-coordinate-critical-and-emerging-technology［2024-09-20］.

③ The White House. 2021. U. S. Methane Emissions Reduction Action Plan. https://www.whitehouse.gov/wp-content/uploads/2021/11/US-Methane-Emissions-Reduction-Action-Plan-1.pdf［2024-09-20］.

2021年9月，白宫通过了一项新计划和历史性承诺，以打击超级污染物并支持国内制造业，重点推进减少高污染的氢氟碳化合物①，在15年内将冰箱、空调和其他设备中氢氟碳化合物排放量减少85%，并加强替代品制造。2023年11月，美国能源部宣布成立国际工作组以促进天然气供应链中的温室气体减排②，发布《推进美国温室气体综合测量、监测和信息系统的国家战略》③，旨在加强美国对温室气体测量和监测的能力，提供更全面、更细致和更及时的数据，以支持气候行动。

二、提供前所未有的规模性投资，推动全领域碳中和行动

美国以财政预算、税收制度和创新金融体系为绿色转型提供支持，包括加大基础设施投入，为低碳产业和公正转型提供资金支持，以及向碳中和相关产业提供税收优惠政策等。2021年和2022年，美国分别通过《基础设施投资和就业法案》（简称《两党基础设施法案》）和《通胀消减法案》两部综合性法案，加大对清洁技术的投资，涉及能源、交通、农业、建筑、工业、环保等各个领域。其中，《两党基础设施法案》的1.2万亿美元用于部署电动汽车充电桩、电网升级和清洁能源示范项目资助等；《通胀削减法案》的3690亿美元用于气候和清洁能源，重点覆盖清洁能源制造业，包括鼓励购买电动汽车和氢燃料电池汽车，以及部署充电站等。两项投资相加使美国在应对气候变化和能源领域的投资金额全球领先。2023年8月，在《通胀削减法案》实施一周年之际，美国能源部政策办公室发布《投资美国能源：<通减削减法案>和<两党基础设施法案>对美国能源经济和减排的重大影响》报告，基于情景分析结果，指出这两项法案将为美国经济的整体减排做出重大贡献，有助于确保美国到2030年在经济发展和能源安全方面保持强劲势头。

---

① The White House. 2021. Fact sheet：Biden Administration combats super-pollutants and bolsters domestic manufacturing with new programs and historic commitments. https：//www. whitehouse. gov/briefing-room/statements-releases/2021/09/23/fact-sheet-biden-administration-combats-super-pollutants-and-bolsters-domestic-manufacturing-with-new-programs-and-historic-commitments/［2024-09-20］.

② Office of Fossil Energy and Carbon Management. 2023. DOE announces global collaboration to reduce methane emissions. https：//www. energy. gov/fecm/articles/doe-announces-global-collaboration-reduce-methane-emissions［2024-09-20］.

③ The White House. 2023. National Strategy to Advance An Integrated U. S. Greenhouse Gas Measurement, Monitoring, and Information System. https：//www. whitehouse. gov/wp-content/uploads/2023/11/NationalGHGM-MISStrategy-2023. pdf［2024-09-20］.

三、通过积极外交，试图重建美国全球气候治理的领导力

美国回归全球气候治理对世界各国的影响深远，拜登执政期间，通过积极外交快速恢复美国影响力，试图重建全球气候治理的领导力，带领主要发达经济体加大气候融资力度，通过多种渠道寻求清洁能源和低碳技术合作。

重建美国领导力是拜登政府对外气候政策的首要目标，标志性举措是召开首届领导人气候峰会①，拜登在会上宣布了美国的气候目标，强调了美国对领导清洁能源革命和创造高薪工作机会的承诺。美国还通过双边、多边等渠道同欧洲盟友、印度等主要经济体进行清洁能源和低碳技术的合作。一方面，美国借助全球应对气候变化缔约方会议②推进一系列重大国际合作，包括"全球甲烷承诺"、先行者联盟等；与美日印澳四方气候工作组在四方领导人峰会上启动了"绿色航运网络"、清洁氢合作伙伴关系和其他行动。另一方面，通过建立双边关系如"美印清洁能源战略伙伴关系"③"美德气候和能源合作伙伴关系"④"美日气候伙伴关系"⑤"澳美净零技术加速伙伴关系"⑥"美加应对气候危机伙伴关系（PACC 2030）"⑦等，加快新能源前沿技术开发和清洁能源转型及部署。

2023 年 5 月，G7 发布《七国集团（G7）清洁能源经济行动计划》联合声明，旨在通过加强研究创新合作、激励措施、公私投资、公平贸易等方法，构建

---

① The White House. 2021. Fact sheet: President Biden's Leaders Summit on Climate. https://www.whitehouse.gov/briefing-room/statements-releases/2021/04/23/fact-sheet-president-bidens-leaders-summit-on-climate/［2024-09-20］.

② The White House. 2021. Fact sheet: Renewed U.S. leadership in glasgow raises ambition to tackle climate crisis. https://www.whitehouse.gov/briefing-room/statements-releases/2021/11/13/fact-sheet-renewed-u-s-leadership-in-glasgow-raises-ambition-to-tackle-climate-crisis/［2024-09-20］.

③ Office of International Affairs. 2022. U.S.-India Strategic Clean Energy Partnership Ministerial Joint Statement. https://www.energy.gov/ia/articles/us-india-strategic-clean-energy-partnership-ministerial-joint-statement［2024-09-20］.

④ The White House. 2021. Fact sheet: U.S.-Germany Climate and Energy Partnership. https://www.whitehouse.gov/briefing-room/statements-releases/2021/07/15/fact-sheet-u-s-germany-climate-and-energy-partnership/［2024-09-20］.

⑤ The White House. 2022. Fact sheet: U.S.-Japan Climate Partnership. https://www.whitehouse.gov/briefing-room/statements-releases/2022/05/23/u-s-japan-climate-partnership-fact-sheet/［2024-09-20］.

⑥ Department of Energy. 2022. Australia and U.S. join forces on the path to net-zero. https://www.energy.gov/articles/australia-and-us-join-forces-path-net-zero［2024-09-20］.

⑦ The White House. 2022. Fact sheet: Vice President Harris launches the U.S.-Caribbean Partnership to Address the Climate Crisis 2030（PACC 2030）. https://www.whitehouse.gov/briefing-room/statements-releases/2022/06/09/fact-sheet-vice-president-harris-launches-the-u-s-caribbean-partnership-to-address-the-climate-crisis-2030-pacc-2030/［2024-09-20］.

安全、韧性、可负担和可持续的清洁能源供应链与强大的工业基础，以应对全球气候危机，推动全球清洁能源转型①。提出最大化发挥激励措施作用，降低全球能源转型成本；通过贸易政策减排，将与国际组织合作，探讨建立必要的碳排放计算方法工具，促进清洁能源技术发展。通过国际合作，使清洁能源技术和可持续解决方案，特别是可再生能源技术，成为全球最易获取、最具吸引力、最具成本的选择。促进清洁能源产品、服务的贸易和投资，为清洁能源技术提供额外资金，同时防止脆弱供应链带来的经济和安全风险。

2023 年 9 月 9 日，在新德里举行的二十国集团（G20）峰会期间，印度总理莫迪宣布与美国、新加坡、孟加拉国、意大利、巴西、阿根廷、毛里求斯和阿拉伯联合酋长国等国成立全球生物燃料联盟（Global Biofuels Alliance，GBA）。该联盟将致力于提高生物燃料供应，通过促进技术进步、加强生物燃料可持续利用以及广泛利益相关方的参与，加快全球生物燃料的发展和应用。

四、区域碳市场与"碳基"贸易政策

拜登执政期间，美国在碳贸易政策方面拟提了多个版本的法案，但都没有提交到国会。早在拜登此前的气候计划中，他就表示要对那些"未能履行气候和环境义务"国家的商品征收"费用"，美国贸易代表办公室曾发布议程指出，拜登政府正考虑征收"碳关税"/"边境调节税"，对应对气候变化不力的国家加征进口货物关税；美国民主党曾公布了一项名为《2021 年公平转型和竞争法案》的立法草案，主张对进口的碳密集型商品征碳关税；2023 年 11 月，共和党参议员比尔·卡西迪（Bill Cassidy）在参议院提出了一项《外国污染费法案》立法提案，这既是一个毫不掩饰的、直指中国产品的美国"碳关税"新方案，也是一个"绿色贸易俱乐部"的新方案。在第 26 届联合国气候变化大会（COP26）期间，美国国会民主党参议员曾表示，白宫和至少 49 名参议员都支持碳税，拟每吨征收近 20 美元；在第 28 届联合国气候变化大会（COP28）期间，一个由发达国家发起、注重工业转型的"气候俱乐部"正式启动，其涵盖贸易、发展和技术等多个方面，其中最关键的是贸易政策。而一直以来，拜登及其白宫团队更倾向于使用清洁电力绩效计划中包括的方式来减排，而非使用碳税，因为碳税的征收与拜登许下的对低收入群体不加税的承诺相悖。

美国并未形成全国性的碳贸易体系，目前主要是各州市政府牵头的区域性碳

---

① The White House. 2023. G7 Clean Energy Economy Action Plan. https://www.whitehouse.gov/briefing-room/statements-releases/2023/05/20/g7-clean-energy-economy-action-plan/[2024-09-20].

交易市场，如区域温室气体倡议、西部气候倡议、芝加哥气候交易所、加利福尼亚州碳市场等。2022 年 2 月，美国政府正式推进"碳基"贸易政策①，以激励美国的清洁钢铁和铝制造商，这也是美国和欧盟宣布的全球首个基于碳排放的钢铁和铝的贸易政策的调整，它将推动美国、欧洲和世界各地对绿色钢铁和铝生产的投资，确保未来几十年美国钢铁和铝工业的竞争力。2022 年 6 月，美国参议员谢尔登·怀特豪（Sheldon Whitehouse）联合其他三位参议员克里斯·库恩斯（Chris Coons）、布莱恩·沙茨（Brian Schatz）和马丁·海因里希（Martin Heinrich）在国会上提出了一项基于窄幅边界调整的碳税立法，也就是美国版的碳边境调节机制（Carbon Border Adjustment Mechanism，CBAM），该法案名为《清洁竞争法》（Clean Competition Act，CCA）。CCA 是 CBAM 的一种形式，旨在减少气候污染，同时通过新的激励措施加强美国清洁制造业的竞争力。与欧盟CBAM 类似，CCA 对进口商品征收二氧化碳排放费用，并将收入提供给发展中国家。但由于美国没有统一的碳价，该法案并未取得进一步的进展。CCA 的独特之处在于：公司将只为超过行业平均水平的排放量支付碳费，征收的对象不仅是进口商，还包括美国国内生产商。

第四节 美国碳中和科技创新行动

拜登政府十分重视碳中和科技创新战略的顶层设计。通过颁布总统行政命令，明确了通过尖端科学、技术和创新实现碳中和目标的基本路径，以及科技创新的目标，即培育面向 2030 年后可负担的颠覆性技术，建立国内清洁能源供应链并加强制造业竞争力。

一、创新碳中和研发组织模式，加速清洁技术大规模部署

（一）新设国家气候工作组

为强化政府对气候科技创新的领导和组织，美国在国家气候工作组框架下建立了气候创新工作组，由白宫气候政策办公室、科学和技术政策办公室以及管理和预算办公室共同主持。工作组负责统一协调和组织联邦政府范围内科技力量，

---

① The White House. 2022. Fact sheet: Biden- Harris Administration advances cleaner industrial sector to reduce emissions and reinvigorate American manufacturing. https://www. whitehouse. gov/briefing- room/statements-releases/2022/02/15/fact-sheet-biden-harris-administration-advances-cleaner-industrial-sector-to-reduce-emissions-and-reinvigorate- american-manufacturing/［2024-09-20］.

确定服务碳中和目标的创新议程并推动实施。

（二）顶层设计明确重点布局领域

围绕《关于应对国内外气候危机的行政命令》《迈向 2050 年净零排放的长期战略》两项顶层设计战略，为集聚优势创新力量并引导研发资源配置，美国从国家层面确立了碳中和创新重点领域，包括零碳能源和电力、重点行业碳减排以及技术固碳三个创新方向，涉及十大创新技术，即氢、先进能源管理工具、储能、工业清洁供热和过程脱碳、零碳建筑、零碳空调和热泵、零碳交通、新型碳中性燃料、生态和农业碳汇，以及碳捕集、利用与封存（CCUS）。在碳中和目标驱动下，美国持续巩固在清洁能源和燃料等领域的优势地位，重点培育面向未来的可负担的颠覆性技术——氢、储能等，如明确储能成本要降低到当前的十分之一。另外，重视制造业竞争力的培育和源头创新，在工业、建筑和交通等重点行业减碳中重视关键设备和材料的研发。

（三）建立多部门联动的研发和创新组织模式

在组织模式上，美国能源部作为零碳和负碳技术领域研究和创新的战略力量，在服务碳中和目标的科技创新中发挥关键作用。在政府主导下，美国形成以能源部为核心，自然科学基金会、交通部、农业部、内政部等多个利益相关部门联动的研发和创新部署合作机制。能源部牵头设计和组织从基础研究、技术攻关、早期示范到推广部署整个创新链的核心任务，其他联邦机构除了开展与本机构相关的气候适应科学和清洁技术研究，还配合能源部进行清洁技术部署和基础设施建设。为推动跨部门的协同研究，美国以能源部为主、7 个联邦机构参与的气候高级研究计划局（Advanced Research Projects Agency-Climate，ARPA-C），类似美国国防部高级研究计划局（Defense Advanced Research Projects Agency，DARPA）模式，支持高风险、高回报的研究，推动气候创新的突破性解决方案（但并未实质性启动）。

（四）改革重组能源部，优化从技术研发到商业化的机制

为促进科技与市场的高效衔接，进一步提升碳中和创新体系整体效能，2022年初，美国对能源部各个办公室进行了优化重组，旨在改进研发、测试、部署大规模新兴清洁技术的机制，加强创新技术生命周期中从研发到商业化的薄弱环节建设。新设两名副部长，分别专注于基础科学和清洁能源创新、部署清洁基础设施。加强清洁能源规模化示范和早期部署能力，在清洁能源示范办公室基础上，

新设电网基础设施办公室、州和社区能源计划办公室、制造和能源供应链办公室[①]，旨在加速部署、市场应用以及向脱碳能源系统的公平过渡，其示范项目包括清洁氢、碳捕获、先进核反应堆、电网规模储能、工业减排、农村地区，以及现有和以前的矿区示范等。能源部通过改革重组加速清洁能源技术突破和基础设施建设、支持市场储备解决方案服务碳中和目标。

二、依托多个重大科技计划，开展碳中和科技攻关

美国能源部是实施碳中和科技攻关的核心战略科技力量。2021 年以来，能源部依托"能源攻关计划"、"工业减排技术发展计划"（TIEReD）、"CCUS 研发与示范计划"和"氢计划"[②] 等推进碳中和科技研发与示范。同时，美国国家科学基金会（National Science Foundation，NSF）、农业部等也发布了相关研究项目，详见表 2-2。

表 2-2　大型科技计划的目标和重点布局领域

大型科技计划	提出时间	目标	重点布局领域
工业减排技术发展计划	2020 年12 月	①提高美国工业的技术和经济竞争力；②提高美国工业技术出口的可行性和竞争力；③实现非电力工业部门的碳减排	①工业生产过程碳减排技术；②使用低碳替代材料；③开发净零排放燃料；④航运、空运和长途运输的碳减排；⑤工业过程的碳捕集技术；⑥在非电力工业部门实现净零排放的其他技术；⑦开发先进材料和制造工艺
颠覆性技术计划	2007 年	能源高级研究计划局（ARPA-E）	先进核能、低碳建筑、先进节能技术、海上风电、乏燃料回收技术、甲烷减排、脱碳技术等
	2021 年12 月	基础设施高级研究计划局（ARPA-I）	通过开发创新的科学和技术解决方案，来推进美国的交通基础设施建设

---

① Department of Energy. 2022. DOE optimizes structure to implement ＄62 billion in clean energy investments from Bipartisan Infrastructure Law. https：//www. energy. gov/articles/doe-optimizes-structure-implement-62-billion-clean-energy-investments-bipartisan［2025-04-03］.

② Hydrogen and Fuel Cell Technologies Office. 2024. Hydrogen and Fuel Cell Technologies Office Multi-Year Program Plan. https：//www. energy. gov/eere/fuelcells/hydrogen-and-fuel-cell-technologies-office-multi-year-program-plan［2024-09-20］.

大型科技计划	提出时间	目标	重点布局领域
氢计划	2020 年	提出了未来十年及更长时期氢能研究、开发和示范的总体战略框架	明确了氢能发展的核心技术领域、需求和挑战以及研发重点，并提出了氢计划的主要技术经济指标
CCUS 研发与示范计划	2007 年启动，2021 年更新	明确未来的研究重点是降低 CO_2 捕集成本、探索 CO_2 利用方法，以及提高 CO_2 封存的安全可靠性	重点布局 CO_2 转化、CO_2 输送与封存、化石能源耦合 CCUS 制氢。2021 年，碳捕集计划修改为点源碳捕集（PSC），并增加碳去除（CDR）计划
能源攻关计划			
氢能	2021 年 6 月	未来十年使清洁氢成本降低 80% 至 1 美元/kg，以加速氢能技术创新并刺激清洁氢能需求	①低温或高温电解制氢；②与 CCS 相结合的热化学制氢；③太阳能热化学或光电化学水分解制氢；④辐射辅助水、甲烷或其他化学品分解制氢；⑤评估地质氢作为氢源的可行性；⑥制氢的环境和安全评估研究
长时储能	2021 年 7 月	未来十年内，将数百吉瓦的清洁能源引入电网，将储能时间超过 10 小时的系统成本降低 90%	①电化学储能；②电热储能；③基于载体的化学储能；④机械储能
负碳技术	2021 年 11 月	从空气中去除 10 亿 tCO_2，并将捕集和封存 CO_2 的成本降至 100 美元/t 以下	①CO_2 生物封存；②CO_2 非生物封存；③耦合实验和计算的 CO_2 矿化及反应性基础动力学研究；④测量、监测和验证
增强型地热系统（EGS）	2022 年 9 月	到 2035 年将增强型地热系统技术成本大幅降低 90% 至 45 美元/（MW·h），使 EGS 成为美国广泛使用的可再生能源	①降低钻井、水泥、套管和其他材料与设备的成本；②开发先进工程技术，钻探更多地热井；③地热钻探最佳位置的精准预测；④确保新储层和所有地热流体都处在特定地下区域
浮动式海上风电	2022 年 9 月	通过推动美国在浮动式海上风电设计、开发和制造方面的领导地位，到 2035 年将海上风电成本降低 70% 以上，达到 45 美元/（MW·h）	①开发具有成本效益的浮动式海上风电技术；②支持供应链发展；③扩大风电关键设施国内制造能力；④设计并优化电力传输网络和传输配置；⑤解决能源争议并尽量减少影响；⑥推进经济范围内的脱碳行动
工业供热	2022 年 9 月	推进开发具有成本竞争力的工业供热解决方案，到 2035 年实现将工业供热的温室气体排放降低 85%	①电加热操作；②整合低排放热源；③开发创新低热或无热加工技术

大型科技计划	提出时间	目标	重点布局领域
能源攻关计划	清洁燃料和产品 2023年5月	到2050年，清洁燃料和产品将满足100%的航空燃料需求，50%的海运、铁路和非道路燃料需求，以及50%的碳基化学品需求	①生物质和废物原料规模化减碳的低成本新技术；②高效的碳捕集与催化转化新技术；③耦合绿电和绿氢使用的低碳新工艺过程；④集成过程示范等
	建筑脱碳节能 2023年10月	未来十年将房屋脱碳成本降低至少50%，用能成本降低至少20%	①建筑改造；②高效电气化；③智能控制

（一）投资碳中和关键领域，启动七项能源攻关计划

"能源攻关计划"① 由美国能源部在2021年6月推出，计划在未来10~15年集中各方力量攻关，推进能源若干关键领域的科学和技术创新，以降低成本、提高性能，为实现清洁能源的规模化部署扫清关键障碍。截至2024年9月，能源部在该框架下已经推出了8个领域的攻关计划。其中，2021年启动了三个领域的攻关计划，分别是：①氢能攻关计划，将资助制氢、氢源及氢排放量化相关基础科学研究；②长时储能攻关计划，将资助电化学储能、电热储能、基于载体的化学储能、机械储能研究；③负碳技术攻关计划，将资助 CO_2 生物封存、CO_2 非生物封存、耦合实验和计算的 CO_2 矿化及反应性基础动力学研究，以及测量、监测和验证研究。2022年，能源部又启动了三个领域的攻关计划：④增强型地热系统（EGS）攻关计划，将资助 EGS 环境中地下本构力学和流体注入响应的实验和计算研究，EGS 数据收集和分析的创新方法，以及 EGS 井筒环境中的材料行为和地球化学/地质力学过程研究；⑤浮动式海上风电攻关计划，将资助浮动式风力涡轮机材料、建模和控制，风电场及周边环境的建模和测量，以及输电、热电联产和储能；⑥工业供热攻关计划，将资助降低工业供热碳足迹、开发热工艺过程的替代技术或减少热量需求，以及热回收和利用研究。2023年，能源部再次启动了两个领域的攻关计划：⑦清洁燃料和产品攻关计划和⑧建筑脱碳节能攻关计划，分别针对工业、航运和建筑领域脱碳开展应用研究和示范，将资助低碳工作过程创新、低碳原料和燃料开发，以及先进低碳建筑材料研发。

---

① Department of Energy. 2021. Energy Earthshots Initiative. https://www.energy.gov/policy/energy-earthshots-initiative[2024-09-20].

从 2023 财年开始，能源部科学办公室在其年度预算申请①中为"能源攻关计划"专门设定了预算经费（2023 年为 2.04 亿美元）。能源部认为，"能源攻关计划"相关基础研究跨越多个主题，需要在发展基础科学的同时，开发多尺度计算和建模工具、人工智能和机器学习、实时表征等技术，实现过程和系统的协同设计，而非单个材料、化学物质和组件的创新。因此，除了进行清洁能源关键技术的基础研究外，还提出将启动"能源攻关研究中心"（EERC），直接对接当前正进行的相关技术研发及示范工作，利用科学办公室的基础研究设施和能力解决应用研究和示范活动中最具挑战的科学问题。

2022 年，能源部投资 1.5 亿美元用于减少能源技术和制造业对气候的影响，涉及化学和材料科学研究，以推进太阳能、下一代电池以及碳捕集与储存等清洁能源技术。2023 年 1 月 19 日，科学办公室宣布未来 4 年共计投入 2 亿美元启动能源攻关研究中心②，支持当时已经部署的 6 项"能源攻关计划"基础科学研究；3 月 21 日，科学办公室再发布资助公告③，未来 3 年资助 1.5 亿美元（2023年资助 5000 万美元），支持各项"能源攻关计划"交叉领域的基础科学研究，作为对能源攻关研究中心资助主题的补充；9 月 29 日，能源部宣布为 29 个项目未来 4 年投入 2.64 亿美元，推进基础研究以解决实现"能源攻关计划"面临的关键科学挑战④。2024 财年，能源部科学办公室针对"能源攻关计划"的预算拨款为 1.75 亿美元⑤，将资助新的研发主题和交叉领域研究。

（二）依托《国家清洁氢能战略和路线图》，大力推动清洁氢产业技术研究与示范

2023 年 6 月，美国在《国家清洁氢能战略和路线图》中提出了未来氢在深度脱碳领域的关键作用和高影响力用途，并提出未来关键目标之一是降低清洁氢

---

① Department of Energy. 2022. Department of Energy FY 2023 Congressional Budget Request：Science. https：//www. energy. gov/sites/default/files/2022-05/doe-fy2023-budget-volume-5-science-v2. pdf[2024-09-20].

② Office of Science. 2023. Department of Energy announces $200 million for Energy Earthshot Research Centers in support of the Energy Earthshots™. https://www. energy. gov/science/articles/department-energy-announces-200-million-energy-earthshot-research-centers-support[2024-09-20].

③ Office of Science. 2023. Department of Energy announces $150 million for research on the science foundations for Energy Earthshots. https://www. energy. gov/science/articles/department-energy-announces-150-million-research-science-foundations-energy[2024-09-20].

④ Department of Energy. 2023. DOE announces $264 million for basic research in support of Energy Earthshots™. https://www. energy. gov/articles/doe-announces-264-million-basic-research-support-energy-earthshotstm [2024-09-20].

⑤ Department of Energy. 2023. Department of Energy FY 2024 Congressional Budget Request：Science. https：//www. energy. gov/sites/default/files/2023-06/doe-fy-2024-budget-vol-5-v4. pdf[2024-09-20].

成本。依托 2020 年提出的"氢能计划发展规划"和 2021 年提出的"氢能攻关计划",不断开展氢产业技术研发和示范。重点布局的方向包括低成本清洁氢制备技术、燃料电池、氢与其他领域耦合应用等。其中,重大投资涉及两项:①2023 年 3 月 17 日,能源部投入 7.5 亿美元推进清洁氢能技术研发和示范,包括电解槽制造、组件和供应链开发,燃料电池组件、电堆制造,以及电解槽和燃料电池回收再利用等;②2023 年 10 月 13 日,能源部宣布投入 70 亿美元在美国启动 7 个区域清洁氢能中心(H2Hub),加快低成本清洁氢生产。7 个中心将建立一个包括氢气生产商、消费者、基础设施网络的全国性系统,支持清洁氢的生产、存储、交付和终端应用。

（三）加大投资工业减排技术发展计划,启动 60 亿美元工业示范计划

工业减排技术发展计划(TIEReD)是美国在《2021 年综合拨款法案》中提出来的,并将其作为未来长期指导工业减排技术创新的具有法律效力的一项计划纳入《2007 年能源独立和安全法案》(简称法案)。该计划规定了美国工业减排技术的发展目标、技术领域和实施机制,针对工业碳减排的基础科学、研究、开发、示范和商业应用,提出开发各行业减排的全套技术,并将侧重各种行业共性技术方法。工业减排技术发展计划提出了 7 个重点关注的技术领域,涉及工业生产过程碳减排技术,使用低碳替代材料,开发净零排放燃料,航运、空运和长途运输的碳减排,工业过程的碳捕集技术,在非电力工业部门实现净零排放的其他技术,以及开发先进材料和制造工艺。2022 年,能源部发布的《工业脱碳路线图》进一步明确了工业碳减排五大技术路径和重点布局领域,包括六大能源密集型行业(化工、钢铁、食品饮料、水泥、炼油和造纸、林产品和炼油等)的行业变革性碳减排技术及跨行业的共性技术,如工业热泵等创新脱碳技术。

2022 年以来,能源部分五批次资助了大型工业脱碳项目:①1.04 亿美元用于资助"工业能效与脱碳"项目,旨在推动关键行业变革性脱碳技术的规模化部署,资助主题聚焦钢铁、水泥、化工、炼油等具体行业多种变革性脱碳技术,如氢基炼钢、铁矿石电解、先进低能耗分离、先进反应器、下一代水泥/混凝土组成和生产、低碳烷烃生产等;②1.35 亿美元用于资助 40 个具体的工业脱碳项目,这些项目也同时推进"能源攻关计划"下工业供热攻关计划与清洁燃料和产品攻关计划的脱碳目标;③1.56 亿美元的后续投资用于高影响力工业脱碳技术的应用研究、开发和示范项目,侧重跨行业方法;④1.21 亿美元投资跨产业部门基础科学研究、中试示范以及技术援助和人力资源开发,以减少工业部门碳排放,该计划同时支持"能源攻关计划"下的 2 个攻关计划——"工业供热攻关计划"和"清洁燃料和产品攻关计划";⑤2024 年还先后资助 2.54 亿美元用于工业部门脱碳和国

内制造业振兴、4.25 亿美元用于减少工业排放和推进清洁能源制造，并启动了美国最大的工业脱碳计划——"工业示范计划"[1]，投资 60 亿美元用于将成熟的创新工业碳减排技术推向市场，涵盖化工和精炼、水泥和混凝土、钢铁、铝和其他金属、食品和饮料、玻璃、供热、纸浆和造纸灯等高排放行业。

（四）通过能源高级研究计划局支持能源转型变革性技术

2021 年，能源高级研究计划局（ARPA-E）分两阶段共投资 2 亿美元用于变革性能源技术的研究，包括电力、可再生能源、核能、氢、工业和交通脱碳关键技术，第一阶段的 1 亿美元资助变革性能源技术的早期研究，第二阶段的 1 亿美元投资种子计划、清洁能源领域，持续加强太阳能、海上风电、核能等清洁能源优势领域研究。此外，ARPA-E 大约每三年定期发布一次开放式项目征集（OPEN FOA），以此来识别高潜力项目，涵盖所有能源相关技术，2022 年 2 月 14 日，ARPA-E 宣布为开放式招标（OPEN 2021）计划的 68 个研发项目提供 1.75 亿美元，旨在开发能源领域颠覆性技术，包括更高效燃料电池、颠覆性高功率密度电机、电网规模浮动式风力涡轮机和流体动力系统，以及镁电池替代锂电池建立快充交通解决方案等。2023 年，ARPA-E 投资近 9000 万美元支持开发经济安全的地下电力传输技术、"从矿石到钢铁全过程中影响排放的革命计划"、开发下一代高性能储能解决方案，以及从海洋大型藻类中提取稀土元素（REE）和铂族金属（PGE）等关键矿物的可行性研究等；2024 年，ARPA-E 投资近 1.15 亿美元支持促进长寿命先进可充电材料循环使用的创新研究计划[2]、下一代高能量密度储能[3]、勘探地质氢[4]、变革性核废料嬗变技术等[5]。2025 财年，联邦研发

---

① Department of Energy. 2024. Biden-Harris Administration announces ＄6 billion to transform America's industrial sector, strengthen domestic manufacturing, and slash planet-warming emissions. https://www.energy. gov/articles/biden-harris-administration-announces-6-billion-transform-americas-industrial-sector［2024-09-20］.

② ARPA-E. 2024. U. S. Department of Energy announces ＄30 million to develop technologies to enable circular electric vehicle battery supply chain. https://arpa-e. energy. gov/news-and-media/press-releases/us-department-energy-announces-30-million-develop-technologies-enable［2024-09-20］.

③ ARPA-E. 2024. U. S. Department of Energy announces ＄15 million for 12 projects developing high-energy storage solutions to electrify domestic aircraft, railroads & ships. https://arpa-e. energy. gov/news-and-media/press-releases/us-department-energy-announces-15-million-12-projects-developing-high［2024-09-20］.

④ ARPA-E. 2024. U. S. Department of Energy announces ＄20 million to 16 projects spearheading exploration of geologic hydrogen. https://arpa-e. energy. gov/news-and-media/press-releases/us-department-energy-announces-20-million-16-projects-spearheading［2024-09-20］.

⑤ ARPA-E. 2024. ARPA-E announces ＄40 million to develop technologies to alleviate the impact of used nuclear fuel storage. https://arpa-e. energy. gov/news-and-media/press-releases/arpa-e-announces-40-million-develop-technologies-alleviate-impact［2024-09-20］.

预算计划投入 4.5 亿美元用于 ARPA-E[①]。

SCALEUP 计划建立在 ARPA-E 研发基础上，支持从概念验证原型过渡到商业上可扩展和可部署的技术。美国能源部已启动了四轮投资，共计投入约 3.6 亿美元，其中首轮资助（2019 年）支持电网可靠性和弹性的技术、甲烷减排技术、下一代电池技术、电网储能和电动汽车的采用，第二轮资助（2021 年）支持混合动力飞机、高功率密度磁性元件、美国制造的电动汽车充电设备、地质机械抽水蓄能等，第三轮资助（2023 年）支持清洁能源技术商业化，第四轮资助（2024 年）支持变革性能源技术商业化[②]，包括高效绝缘玻璃单元的气凝胶试点制造设施、热电池技术、下一代固态锂金属电池、脱碳水泥生产设施。

2023 年 11 月，ARPA-E 宣布启动新计划——迅速推进能源研究和知识的刺激计划（Spurring Projects to Advance energy Research and Knowledge Swiftly, SPARKS)[③]。该计划将持续 18 个月或在更短的时间内进行，以探索具有促进能源技术转型和颠覆性变化潜力的创新概念，这一能源新概念如果成功，将代表美国创新能源技术的新模式，有可能对减少能源相关排放、提高能源独立性以及增强美国的经济和能源安全产生重大影响。同时，ARPA-E 宣布提供 1000 万美元的资金以支持 SPARKS 计划。

（五）持续推进 CCUS 研发与示范

2021 年，美国能源部更新多年期 CCUS 研发与示范计划，将碳捕集计划修改为点源碳捕集（PSC），加强对天然气和工业设施等点源碳捕集技术的研发，并增加碳去除（CDR）计划。点源碳捕集（PSC）计划拟在未来十年内加速天然气发电和工业等点源碳捕集技术的部署和规模化扩大，将专注于先进的溶剂、低成本、高吸附性、耐氧化且多次再生循环损耗少的吸附剂，新型膜分离系统、复合系统，以及其他创新技术（如低温捕集系统）。碳去除（CDR）计划拟开发多样化的 CDR 技术——直接空气捕集（DAC）、持久储存的直接海洋捕获、生物质能碳捕集与封存（BECCS）、增强矿化等。

---

① The White House. 2024. Fact sheet: President Biden's 2025 Budget invests in science and technology to power American innovation, expand frontiers of what's possible. https://www.whitehouse.gov/ostp/news-updates/2024/03/13/fact-sheet-president-bidens-2025-budget-invests-in-science-and-technology-to-power-american-innovation-expand-frontiers-of-whats-possible/[2024-09-20].

② Department of Energy. 2024. U. S. Department of Energy announces over $63 million to support commercialization of transformative energy technologies. https://www.energy.gov/articles/us-department-energy-announces-over-63-million-support-commercialization-transformative[2024-09-20].

③ ARPA-E. 2023. U. S. Department of Energy announces $10 million to provide flexible, rapid support for transformational energy research. https://arpa-e.energy.gov/news-and-media/press-releases/us-department-energy-announces-10-million-provide-flexible-rapid[2024-09-20].

2022 年 12 月 13 日，能源部宣布启动四项新计划，由《两党基础设施法》资助 37 亿美元，旨在建立一个商业上可行、公正和负责的二氧化碳去除行业。具体包括：①能源部化石能源和碳管理办公室（FECM）设立总额 1.15 亿美元的直接空气捕集奖，以促进直接空气捕集的方法多样化，其中的 1500 万美元用于孵化和加速突破性 DAC 技术的研发，1 亿美元用于直接空气捕集的设施；②能源部清洁能源示范办公室（OCED）与 FECM 合作投资 35 亿美元开发四个国内区域直接空气捕集中心①，每个中心都将展示一种 DAC 技术或商业规模的技术套件，其中 12 亿美元将用于概念化、设计、规划、建造和运营直接空气捕集中心；③FECM 设立碳利用采购补助金，支持减少碳排放的技术商业化，同时采购和使用从捕集的碳排放中开发的商业或工业产品；④技术转移办公室（OTT）将与 FECM 合作设立《两党基础设施法案》技术商业化基金（TCF），推进监测、报告和验证的进程。OTT 预计将向美国能源部国家实验室、工厂和站点的项目提供 1500 万美元，以支持新兴二氧化碳去除领域的各种行业合作伙伴关系。

2023 年，美国持续扩大对碳去除行业的支持。1 月 30 日，能源部宣布向 33 个碳管理项目资助 1.31 亿美元②，推进碳管理技术的大规模部署，从而降低 CO_2 排放。2 月 23 日，能源部宣布为 2 个碳管理计划提供 25.2 亿美元③，以促进对变革性碳捕集系统和碳运输与封存技术的投资，包括：①碳捕集大规模试点计划，投入 8.2 亿美元支持 10 个项目，涉及两个领域：非发电工业设施的碳捕集大型试点项目，以及煤炭或天然气发电设施的碳捕集大型试点项目；②碳捕集示范项目计划，投资 17 亿美元部署 6 个碳捕集设施，示范将商业规模碳捕集技术与 CO_2 运输和地质封存基础设施相结合。5 月 17 日，能源部选择 4 个国家实验室的项目，资助 1500 万美元，用于加速商业化二氧化碳去除技术，并优化 MRV 监测（Monitoring）、报告（Reporting）、核查（Verification）体系的最佳实践和能力。8 月 11 日，能源部投入 12 亿美元开展直接空气碳捕集设施

---

① Department of Energy. 2022. Biden Administration launches $3.5 billion program to capture carbon pollution from the air. https：//www. energy. gov/articles/biden-administration-launches-35-billion-program-capture-carbon-pollution-air-0［2024-09-20］.

② Department of Energy. 2023. DOE invests more than $130 million to lower nation's carbon pollution. https：//www. energy. gov/articles/doe-invests-more-130-million-lower-nations-carbon-pollution［2024-09-20］.

③ Department of Energy. 2023. Biden-Harris Administration announces $2.5 billion to cut pollution and deliver economic benefits to communities across the nation. https：//www. energy. gov/articles/biden-harris-administration-announces-25-billion-cut-pollution-and-deliver-economic［2024-09-20］.

示范①，旨在启动一个全国性的大型碳去除场址网络，减少碳排放。11 月 14 日，能源部宣布投入 4.44 亿美元②支持 12 个州 16 个新建和扩建的大规模商业碳封存基础设施项目，每个项目都将具备在 30 年内安全封存 5000 万 t 以上 CO_2 的能力。12 月 13 日，能源部化石能源和碳管理办公室宣布开放为期五年的 22.5 亿美元基金，支持去除或永久储存从工业和发电设施中捕获的二氧化碳的项目③。12 月 14 日，能源部清洁能源示范办公室宣布将为三个 CCS 项目提供高达 8.9 亿美元的投资④，旨在通过减少发电厂的二氧化碳排放，以实现每年约 775 万 t 的减排目标。

三、大力投资清洁制造技术，增强清洁能源供应链弹性

2021 年 10 月，能源部宣布为 26 个专注于电动汽车、先进电池和联网汽车的新实验室项目提供 2.09 亿美元的资金，旨在加强先进动力电池技术研究以弥合国内锂电池供应链中的差距⑤；2022 年 5 月，能源部宣布从《两党基础设施法案》中获得 31.6 亿美元资金，其中 31 亿美元用于电池材料精炼和生产工厂、电池和电池组制造设施及回收设施，6000 万美元用于支持曾经为电动汽车提供动力的电池的二次应用及将材料回收回电池供应链的新流程⑥。2023 年 6 月 12 日，能源部宣布多个招标计划，投入超过 1.92 亿美元支持先进电池及电池回收技术；9 月 6 日，能源部发布融资机会公告（FOA）并宣布提供高达 1.5 亿美元用于生

① Department of Energy. 2023. Biden-Harris Administration announces up to ＄1.2 billion for nation's first direct air capture demonstrations in Texas and Louisiana. https://www. energy. gov/articles/biden-harris-administration- announces-12- billion-nations-first-direct-air-capture［2024-09-20］.

② Department of Energy. 2023. Biden-Harris Administration invests ＄444 million to strengthen America's infrastructure for permanent safe storage of carbon dioxide pollution. https://www. energy. gov/articles/biden- harris-administration-invests-444- million- strengthen- americas-infrastructure［2024-09-20］.

③ Office of Fossil Energy and Carbon Managemen. 2023. DOE re-opens funding opportunity to expand national carbon dioxide storage infrastructure. https://www. energy. gov/fecm/articles/doe- re- opens- funding- opportunity-expand-national-carbon-dioxide-storage［2024-09-20］.

④ Office of Clean Energy Demonstrations. 2023. OCED selects three projects in CA, ND, and TX to reduce harmful carbon pollution, create new economic opportunities, and advance carbon reducing technologies. https://www. energy. gov/oced/articles/oced- selects- three- projects- ca- nd- and- tx- reduce- harmful- carbon- pollution- create-new［2024-09-20］.

⑤ Department of Energy. 2021. DOE announces ＄209 million for electric vehicles battery research. https://www. energy. gov/articles/doe- announces-209- million-electric- vehicles- battery- research［2024-09-20］.

⑥ Department of Energy. 2022. Biden Administration announces ＄3.16 billion from Bipartisan Infrastructure Law to boost domestic battery manufacturing and supply chains. https://www. energy. gov/articles/biden- administration-announces-316- billion- bipartisan- infrastructure- law- boost- domestic［2024-09-20］.

产和提炼关键矿物及原材料。此次项目投资将有助于建立一个安全、可持续的国内关键材料供应。2023 年 11 月 27 日，能源部宣布启动预算总额为 2.75 亿美元的 7 个新项目①，以解决清洁能源供应链的脆弱性问题，并加速国内清洁能源制造业，这些项目分布在美国 9 个旧煤矿区，预计将带动超过 6 亿美元的私营资金投资于中小型制造商，支持解决清洁能源供应链中涉及的关键材料及其组件的开发。

2023 年 9 月，能源部宣布启动首个关键材料合作组织（CMC）②，旨在整合能源部和联邦政府的关键材料应用研究、开发和示范，建立关键材料研究的创新生态系统，加速国内关键材料供应链发展。当日，能源部还发布"关键材料加速器计划"资助意向通知，将投入 1000 万美元支持关键材料制造技术及工艺。

四、建立双边或多边技术联盟，谋求全球碳中和技术领导地位

"技术联盟"逐渐成为拜登政府在高科技领域展开竞争的重要举措。2021 年底，美国国家情报委员会（NIC）发布报告称，在全球绿色转型压力下，各国将竞争控制资源并主导清洁能源转型所需的新技术，并认为中国在竞争中处于强势地位。随着全球碳中和目标的扩大，美国在不同层面和范围建立了多种气候、能源或绿色技术联盟。2021 年，美国联合 G7 国家发布《工业脱碳议程》，与欧洲筹建跨大西洋绿色技术联盟；在印太地区，在美日印澳四方机制框架下组建气候工作组，就未来的关键技术进行合作；2023 年 10 月，美国与澳大利亚宣布建立创新联盟合作关系，旨在科学、关键技术和新兴技术方面寻求新的合作领域。在建立清洁能源供应链以应对气候危机方面，美澳一致认为需要迅速部署清洁能源和脱碳技术，并在这十年中提高各国的电气化水平，同时逐步减少煤电。

一方面，美国试图联合盟友促进各国在市场监管、标准制定、投资及采购战略等关键问题上的合作；另一方面，扩大关键材料和资源供应来源，确保供应链

---

① Department of Energy. 2023. Biden- Harris Administration announces actions to strengthen clean energy supply chains and accelerate manufacturing in energy and industrial communities. https://www. energy. gov/articles/ biden- harris- administration- announces- actions- strengthen- clean- energy- supply- chains- and［2024-09-20］.

② CMC 是一种创新的协作模式，将加速跨领域应用研发的商业化，促进创新生态系统的发展，协调美国对关键材料的支持举措。CMC 汇集 DOE 对关键材料的所有创新研发资助渠道，包括先进材料和制造技术办公室（AMMTO）的关键材料创新中心、关键材料加速器计划，以及化石能源和碳管理办公室（FECM）本月发布的关键材料资助等。

安全，同时对中国设立技术围墙以应对来自中国的日益增长的竞争。

第五节　美国碳中和战略行动主要特点

一、多领域全方位的政策部署模式

美国构建了碳中和内政外交共同推进的作用机制，在全面部署政府层面的碳中和战略行动计划的同时，通过外交政策进行双边及多边联动，以重建美国在应对气候危机方面的国际领导力。内政方面主要表现为跨领域协同和多主体共同推进的作用机制，外交方面表现为气候正义-伙伴-安全关系全面构建的作用机制。

（一）强化科技赋能碳中和目标，抢占科技制高点

对于美国而言，科技创新是应对气候危机的关键，应对气候危机同时也是美国争夺国际科技主导权的重要契机。拜登政府注重加强应对气候危机的科学研究，有计划地设立大型科技项目，有序推进碳中和相关技术创新和进步，如聚焦近10年清洁能源技术重大改进的"能源攻关计划"，以及针对工业碳减排的基础科学、研究、开发、示范和商业应用的"工业减排技术发展计划"等。美国尤其关注颠覆性技术的开发，采用高级研究计划局（ARPA）模式管理，试图抢占国际科技制高点：用以专门研发缓解气候变化新技术的气候高级研究计划局（ARPA-C）、用以推进高潜力的能源技术的能源高级研究计划局（ARPA-E）、用以确保美国基础设施实现能源转型的基础设施高级研究计划局（ARPA-I）等。

（二）大规模减少行业碳排放，建设清洁能源大国

拜登政府延续美国历史上气候政策的发展重点，通过减少温室气体排放和加速清洁能源发展推进碳中和目标的实现，主要在各个经济部门采取行动。首先，攻关能源变革是实现碳中和的必要途径，为推动能源转型，拜登政府侧重于清洁能源解决方案的突破，重点关注氢能、风能、地热能、储能等，并采取行动保护清洁能源供应链。其次，针对温室气体主要排放部门，如交通、工业、建筑等，主要采取碳减排手段。其中，交通部门优先发展清洁运输工具，重点发展零排放车辆和燃料技术；工业部门通过提高能源效率、工业电气化、CCUS以及低碳燃料、原料和能源替代实现碳减排，并注重工业产品的清洁和可持续制造；建筑部门推行能源规范和节能规范，侧重于气候智能建筑。农林在减少温室气体排放、固碳和为气候危机提供持久解决方案方面具有巨大的潜力，因此拜登政府也将其

作为"全政府"气候解决方案的重要组成部分，并优先发展气候智能型农业和林业，注重提高农林对气候变化的抵御能力。此外，拜登政府在联邦运营和采购方面以身作则，通过构建无碳污染电力系统、采购零排放汽车、推进建筑净零排放建设、优先购买可持续产品等举措，推动美国清洁能源经济发展。

二、建立跨领域协同和多主体共同推进的作用机制

美国建立了影响气候环境的各个领域协同推进碳中和进程的作用机制，并纳入多个主体共同发挥作用。美国在内政方面的跨领域协同和多主体共同推进的作用机制主要体现在跨部门跨地区的组织部署机制、全流程推进跨行业协同的研发机制、多种政策工具协同推进机制三个方面。

（一）跨部门跨地区的组织部署机制

在碳中和政策实施方面，美国集全政府和全社会的力量，构建了"总统部署、部门分工合作、全社会支撑"的推进机制。总统作为总指挥，通过专门设立的白宫气候政策办公室实施总统的国内气候议程，并协调政府各部门应对气候危机的方法，还召集国家气候工作组建立了跨部门工作机制，成员包括 29 个部门机构的领导人。地方政府积极参与实现气候目标，如区域碳排放交易市场、加利福尼亚州对新车二氧化碳的监管豁免权等。

（二）全流程推进跨行业协同的研发机制

美国政府在创新技术方面展开全面投入，以能源转型为重点，部署具有经济效益的清洁能源技术和零碳排放技术作为实现能源转型的重要途径，并保持美国在全球的技术领先优势。技术研发由美国能源部、国防部等内阁部门牵头实施，并协调白宫科学和技术政策办公室、相关联邦机构、国家实验室、企业、高校等共同执行。注重打通技术全生命周期链的各个环节，包括基础科学、研究、开发、示范和商业应用，采取资金资助、项目示范、政府采购等手段，加快技术落地。以能源部为例，能源高级研究计划局负责颠覆性技术或低成熟度技术和工艺的研发，其他各个办公室根据领域负责相关技术研发，清洁能源示范办公室负责将技术从实验室推向市场。此外，能源部各个办公室之间密切协调，并与私营部门、企业、其他联邦机构和主要利益相关者合作，协同支持清洁和公平的能源转型。此外，侧重跨行业技术研发和部署，如通过"能源攻关计划"协同推进氢、可再生能源等在工业领域的应用等。

（三）多种政策工具协同推进机制

政策工具是政府将顶层设计转化为具体行为的路径，美国根据自身国情和国际扩张需求，引入了多样化政策工具以协同推进国内经济转型和全球气候治理。拜登政府强调政府引导与市场需求双向拉动，一方面，政府以法律法规形式明确气候目标，通过制定近中长期规划和战略引导全领域绿色低碳转型，并采取政策激励的方式，如设立政府投资、税收优惠、绿色融资、技术支撑、政府采购等，刺激市场绿色投资和消费；另一方面，充分发挥市场主体作用，如区域碳市场交易、气候俱乐部以及贸易政策，推动气候政策的稳步推进。

三、气候正义–伙伴–安全关系全面构建的作用机制

外交层面，拜登政府建立了气候正义–伙伴–安全关系全面构建的作用机制。首先，抓住人类生存和安全的要点，将解决环境和气候正义问题作为美国气候新政的核心信条之一，在国际范围内试图通过维护气候正义来保护美国净零经济的努力，并制定高标准和特定规则约束国际上存在的"非正义"行为。其次，拜登政府致力于塑造国际领导者形象，积极寻求气候伙伴关系，以获得更多与美国政府一致的国际声音，如跨大西洋绿色联盟、印太战略、先行者联盟等。

（一）推进环境正义，覆盖更广泛地区

拜登政府强调推行环境正义。2021年1月，白宫发布"Justice 40"倡议[1]，目标是为弱势社区提供联邦投资的40%的总体收益；2023年4月，美国政府发布《振兴美国对所有人环境正义承诺的行政命令》[2]，指示各机构更好地保护负担过重的社区免受污染和环境危害，涵盖领域包括气候变化、清洁能源和能源效率、清洁交通、负担得起的和可持续的住房、培训和劳动力发展、修复和减少遗留污染，发展关键的清洁水和废水处理基础设施以应对环境不公正、有毒污染、基础设施和关键服务投资不足，以及气候变化对全国社区的不同程度的影响。通过推行环境正义保障公平。美国特别成立白宫环境正义跨机构委员会和白宫环境

---

[1] The White House. 2021. Justice 40. https://www.whitehouse.gov/environmentaljustice/justice40/[2024-09-20].

[2] The White House. 2023. Fact sheet: President Biden signs Executive Order to Revitalize Our Nation's Commitment to Environmental Justice for All. https://www.whitehouse.gov/briefing-room/statements-releases/2023/04/21/fact-sheet-president-biden-signs-executive-order-to-revitalize-our-nations-commitment-to-environmental-justice-for-all/[2024-09-20].

正义顾问委员会，确保历史上被边缘化、服务不足和负担过重的社区的声音被白宫听到，并反映在联邦机构的政策和投资中。拜登政府的环境正义，是政府对弱势社区的承诺，也是整个政府的战略，对于提高公众参与度和支持度具有战略性意义，可以增加更多人对政府的拥护，更好地推进美国碳中和进程。

（二）以气候伙伴为契机的联盟体系

美国致力于构建以气候伙伴关系为契机的联盟体系，企图塑造全球气候治理的领导者形象。

主要体现在两方面。一是建设以跨大西洋绿色联盟、印太战略、先行者联盟为核心的气候伙伴关系网络，打造共同利益团体，促进伙伴国之间的战略对接，包括以联盟的形式垄断技术创新、关键矿产和材料供应链等，构筑绿色发展创新壁垒，试图垄断全球绿色创新要素。二是通过启动"全球甲烷承诺"、绿色航运网络和清洁氢合作伙伴关系，以及成立气候俱乐部并以此为合作要素对碳关税和贸易政策进行差别规定等，对广大发展中国家构成新的减排压力和贸易限制。通过战略性地利用双边和多边渠道和机构，协助支持发展中国家开展气候适应管理，并邀请各国政府以身作则加入"净零政府倡议"等重大国际合作，美国试图在七国集团（G7）、二十国集团（G20）以外扩大影响力范围，以期得到更多国家对其"全球领导力"的认可。

但美国气候政策受两党利益博弈影响的现状仍在持续，随着特朗普重返白宫，拜登四年来以应对气候危机为核心的内政外交治理将告一段落。特朗普再次执政将带来美国能源和气候政策的重大转变，包括再次退出《巴黎协定》甚至可能退出《联合国气候变化框架公约》。特朗普在竞选"二十条"提出，"推动美国成为能源生产主导国"。基于对公开信息的初步分析，特朗普能源政策的核心思路为全面释放各类能源产能，预计将大力支持化石能源，更注重清洁能源的短期产出效益，继续推行美国优先，主导世界能源市场。这些政策导向必将对国际气候治理行动和合作进程产生重大影响。

第三章 ｜ 加拿大碳中和战略与实施路径

第一节 引 言

　　加拿大温室气体排放量约占全球的 1.6%，是全球碳排放第十大国家（2019年）[1]。尽管加拿大温室气体排放量的全球占比不高，但人均排放量却是全球最高的国家之一，2019 年人均排放量位居全球第七[2]。在各部门中，石油和天然气、电力、重工业、建筑是加拿大温室气体减排的重点部门。随着 2016 年加拿大气候计划和2020 年加强版气候计划的实施，石油和天然气将成为减排力度最大的部门。

一、总体排放情况

　　加拿大温室气体排放清单显示[3]（图3-1），1991～2000 年加拿大温室气体年排放量持续稳步增长，2000～2007 年出现波动，2007～2009 年下降，2009 年之后有所增加，2019～2020 年明显下降。2021 年，加拿大温室气体排放量为 670 $MtCO_2e$（百万吨二氧化碳当量），比 2005 年减少 9.6%。

　　加拿大经济增长速度快于温室气体排放。1990～2021 年，整体经济排放强度（单位 GDP 的温室气体排放量）自 1990 年以来下降了 42%，自 2005 年以来下降了 29%。排放强度的下降可归因于燃料转换、效率提高、工业流程现代化以及结构性变化。由于人口、能源和经济结构等因素，加拿大各省和地区的排放量差异很大。在其他条件相同的情况下，资源开采型经济地区往往比服务型经济地区具有更高的排放水平。同样，依赖化石燃料发电的省份比依赖水电等低排放能源的省份具有更高的排放水平。

---

　　① WRI. 2023. Climate Watch historical GHG emissions. https://www. climatewatchdata. org/ghg- emissions ［2023-04-03］.

　　② World Bank. 2023. World Development Indicators. https://databank. worldbank. org/reports. aspx? source= world- development- indicators#［2023-03-01］.

　　③ ECCC（Environment and Climate Change Canada）. 2023. National Inventory Report 1990- 2021：Greenhouse Gas Sources and Sinks in Canada. https://unfccc. int/documents/627833［2023-04-13］.

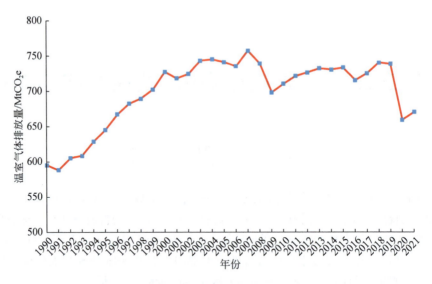

图 3-1　1990～2021 年加拿大温室气体排放量变化趋势

二、各部门排放情况

根据加拿大温室气体排放清单①，加拿大石油与天然气、电力、运输、重工业、建筑、农业、废物及其他等经济部门温室气体排放情况如下。

（一）石油与天然气

2021 年，石油与天然气部门温室气体排放量在加拿大温室气体排放量中占比最大（28%）。1990～2021 年，该部门的排放量增加了 89 $MtCO_2e$。虽然原油和天然气价格波动导致这期间的排放量短期增加和减少，但该部门的排放量总体上从 1990 年的 100 $MtCO_2e$ 增加到 2021 年的 189 $MtCO_2e$。大部分的排放增长是由于加拿大油砂的大幅扩张。自 1990 年以来，油砂产量增加了约 775%，相应的排放量也增加了超过 70 $MtCO_2e$（增加 460%）。2019～2020 年的排放减少与 2020 年 1 月联邦减少上游石油和天然气行业甲烷排放的法规，萨斯喀彻温省、艾伯塔省和不列颠哥伦比亚省的相应省级法规生效，以及在新冠疫情早期原油价格急剧下降相关。

---

① ECCC（Environment and Climate Change Canada）. 2023. National Inventory Report 1990-2021：Greenhouse Gas Sources and Sinks in Canada. https://unfccc. int/documents/627833［2023-04-13］.

（二）建筑

2021 年，建筑部门温室气体排放量占加拿大总排放量的 13%。1990 ~ 2021 年，建筑部门排放量增加了 15 $MtCO_2e$（增加 21%）。自 2005 年以来，排放量增加了 2.3 $MtCO_2e$（增加 2.7%）。建筑部门排放量随着人口增长和商业发展而增加，在 2008 ~ 2009 年经济衰退期间有所下降，此后一直保持相对稳定。

（三）重工业

2021 年，重工业部门温室气体排放量占加拿大总排放量的 11%。1990 ~ 2021 年，重工业部门的排放量出现了一些波动。该部门的排放量占加拿大总排放量的比例从 1990 年的 11% 下降至 2005 年的 12%。近年来，由于经济活动的减少以及加拿大生产继续向其他部门和服务业发展，2005 ~ 2021 年排放量减少了 12 $MtCO_2e$（减少 14%）。

（四）运输

2021 年，运输部门温室气体排放量占加拿大总排放量的 22%。1990 ~ 2021 年，排放量增加了 32 $MtCO_2e$（增加 27%）。2019 ~ 2020 年的排放减少主要是由于行驶里程减少。2021 年，运输部门排放量比 2005 年减少了 6.7 $MtCO_2e$（减少 4.3%）。

（五）电力

2021 年，电力部门温室气体排放量占加拿大总排放量的 7.7%。1990 ~ 2021 年，排放量减少了 43 $MtCO_2e$（减少 45%）。自 2005 年以来，尽管电力部门需求增加了 10%，但排放量减少了 66 $MtCO_2e$。

（六）农业、废物及其他

2021 年，农业、废物及其他部门温室气体排放量占加拿大总排放量的 17%。1990 ~ 2021 年，农业部门的排放量呈缓慢上升趋势，从 49 $MtCO_2e$ 上升到 69 $MtCO_2e$，而废物及其他部门的排放量减少了 7.7 $MtCO_2e$（减少 14%）。

在各部门中，石油与天然气、电力、重工业、建筑是加拿大温室气体减排的重点部门。随着 2016 年加拿大气候计划和 2020 年加强版气候计划的实施，各部门预计减排量显示，石油与天然气将成为减排程度最大的部门，预计到 2030 年减排 104 $MtCO_2e$。电力（-47 $MtCO_2e$）、重工业（-46 $MtCO_2e$）、建筑（-44 $MtCO_2e$）次之，之后为废物及其他（-28 $MtCO_2e$）、土地利用（-27 $MtCO_2e$）、运输（-12 $MtCO_2e$）[1]。

为实现《巴黎协定》气候目标，加拿大提出温室气体长期减排目标，从制定相应的低排放发展战略、颁布相关法案、发布行动计划等方面推动碳中和的实现，针对能源与电力、建筑、交通、工业、农业等不同部门提出了减排措施，并投入大量资金进行碳中和科技研发部署。加拿大最新的国家自主贡献计划到2030年温室气体排放量比2005年减少40%~45%[2]，到2050年实现净零排放[3]。在气候变化和全球净零排放目标的背景下，加拿大面临着较为严峻的减排压力。

本章基于加拿大碳排放现状，梳理了加拿大推进碳中和目标的战略政策和脱碳行动，分析了加拿大碳中和科技研发投入与重点部署方向，总结了加拿大碳中和战略行动主要特点，以期为我国碳中和实现路径提供参考。

第二节　加拿大碳中和战略顶层设计

加拿大主要从提交国际气候承诺、制定低排放发展战略、颁布净零排放法案、发布清洁增长计划等方面推动碳中和目标的实现。加拿大推进碳中和的主要政策如图3-2所示。加拿大目前正朝着超越2030年《巴黎协定》减排目标的方向努力，为到2050年实现净零排放奠定基础。

一、宣布逐步严格的国际气候承诺

《巴黎协定》要求所有缔约方必须提交温室气体减排目标，即国家自主贡献。国家自主贡献体现了各个国家为实现《巴黎协定》目标及温室气体减排目标的努力。根据《联合国气候变化框架公约》，加拿大将每5年提交一次更为严格的国家自主贡献。2015年，加拿大在首个《国家自主贡献》中提出，到2030

---

[1] ECCC (Environment and Climate Change Canada). 2021. Canada's Greenhouse Gas and Air Pollutant Emissions Projections 2020. https://publications. gc. ca/collections/collection _2021/eccc/En1- 78- 2020- eng. pdf [2021-05-07].

[2] Government of Canada. 2021. Canada's 2021 Nationally Determined Contribution under the Paris Agreement. https://unfccc. int/sites/default/files/NDC/2022- 06/Canada% 27s% 20Enhanced% 20NDC% 20Submission1 _ FINAL% 20EN. pdf[2021-08-18].

[3] Parliament of Canada. 2020. Canadian Net-zero Emissions Accountability Act. https://www. parl. ca/LegisInfo/ BillDetails. aspx? Mode = 1 & billId = 10959361 & Language = E[2020-11-19].

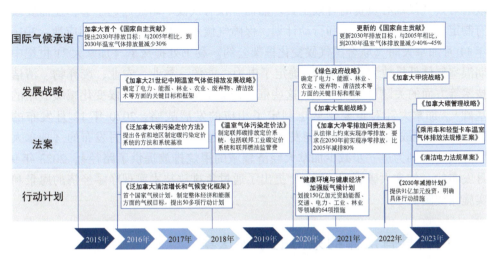

图 3-2　加拿大推进碳中和的主要政策

年温室气体排放量比 2005 年减少 30%[1]，并于 2021 年将这一目标更新为减少 40%~45%[2]。2019 年 12 月，加拿大政府进一步承诺加强现有的行动，超越 2030 年的减排目标，并将制定到 2050 年实现净零排放的长期减排目标[3]。2024 年 12 月，在 2030 年减排目标的基础上，加拿大政府宣布到 2035 年温室气体排放量比 2005 年减少 45%~50%[4]。

二、发布服务新气候承诺目标的低排放发展战略

气候承诺目标是一个国家表明其气候雄心的必要手段，是国际社会促使各国

---

①　Government of Canada. 2017. Canada's 2017 Nationally Determined Contribution Submission to the United Nations Framework Convention on Climate Change. https://www4. unfccc. int/sites/ndcstaging/PublishedDocuments/ Canada%20First/Canada%20First%20NDC-Revised%20submission%202017-05-11. pdf[2017-05-11].

②　Government of Canada. 2021. Canada's 2021 Nationally Determined Contribution under the Paris Agreement. https://unfccc. int/sites/default/files/NDC/2022-06/Canada%27s%20Enhanced%20NDC% 20Submission1_FINAL%20EN. pdf[2021-08-18].

③　ECCC (Environment and Climate Change Canada). 2019. Government of Canada releases emissions projections, showing progress towards climate targets. https://www. canada. ca/en/environment-climate-change/ news/2019/12/government-of-canada-releases-emissions-projections-showing-progress-towards-climate-target. html [2019-12-20].

④　ECCC (Environment and Climate Change Canada). 2024. Setting the next milestone to building a cleaner, stronger economy. https://www. canada. ca/en/environment-climate-change/news/2024/12/setting-the-next-milestone- to-building-a-cleaner-stronger-economy. html[2024-12-12].

政府对其气候雄心负责的有效工具。然而，仅有气候承诺还远远不够，还需要政府制定相应的战略、政策和行动计划，保障气候承诺目标的实现。相应地，2016年11月加拿大向《联合国气候变化框架公约》秘书处提交了《加拿大21世纪中期温室气体低排放发展战略》，确定了电力、能源、林业、农业、废弃物、清洁技术等方面的关键目标和框架，这些框架构成了加拿大长期气候变化减缓战略的基础①。加拿大针对重要领域也制定了相应的发展战略。2020年12月发布的《加拿大氢能战略》提出了氢能发展的行动措施②，2022年10月发布的《加拿大甲烷战略》则为进一步减少加拿大经济领域的甲烷排放提供了路径③，2023年9月发布的《加拿大碳管理战略》④提出了通过负排放技术实现净零经济的愿景和实施路线图。

三、出台具有法律约束力的净零法案

为了从法律上约束实现净零排放的过程，2020年11月加拿大通过《加拿大净零排放问责法案》，要求在2050年前实现净零排放⑤，并制定严格的中期目标、计划和报告流程。该法案要求加拿大政府为2030～2050年的每个五年设定与《巴黎协定》的国家自主贡献保持一致的排放目标。此外，加拿大还通过颁布《泛加拿大碳污染定价方法》⑥《温室气体污染定价法》⑦等相关法案，对加拿大联邦碳排放定价系统作出规范与要求，提供了通过碳定价实现气

---

① ECCC（Environment and Climate Change Canada）. 2016. Canada's Mid-Century Long-Term Low-Greenhouse Gas Development Strategy. http://unfccc. int/files/focus/long-term_strategies/application/pdf/can_low-ghg_strategy_red. pdf［2016-11-19］.

② Natural Resources Canada. 2020. Hydrogen Strategy for Canada. https://natural-resources. canada. ca/sites/nrcan/files/environment/hydrogen/NRCan _ Hydrogen% 20Strategy% 20for% 20Canada% 20Dec% 2015% 202200% 20clean_low_accessible. pdf［2020-12-17］.

③ ECCC（Environment and Climate Change Canada）. 2022. Faster and Further：Canada's Methane Strategy. https://publications. gc. ca/collections/collection_2022/eccc/En4-491-2022-eng. pdf［2022-10-04］.

④ Natural Resources Canada. 2023. Canada's Carbon Management Strategy. https://natural-resources. canada. ca/climate-change/canadas-green-future/capturing-the-opportunity-carbon-management-strategy-for-canada/canadas-carbon-management-strategy/25337#a5［2023-09-27］.

⑤ Parliament of Canada. 2020. Canadian Net-zero Emissions Accountability Act. https://www. parl. ca/LegisInfo/BillDetails. aspx? Mode = 1 &billId = 10959361&Language = E［2020-11-19］.

⑥ ECCC（Environment and Climate Change Canada）. 2016. Pan-Canadian Approach to Pricing Carbon Pollution. https://www. canada. ca/en/environment-climate-change/news/2016/10/canadian-approach-pricing-carbon-pollution. html［2016-10-03］.

⑦ Minister of Justice Canada. 2018. Greenhouse Gas Pollution Pricing Act. https://laws-lois. justice. gc. ca/eng/acts/G-11. 55/［2018-06-21］.

候目标的法律保障。在交通行业，2022 年提出的《乘用车和轻型卡车温室气体排放法规修正案》规定，到 2035 年所有在加拿大销售的新轻型车辆必须是零排放车辆①。在电力行业，加拿大于 2023 年 8 月公布的《清洁电力法规草案》旨在通过限制火力发电的排放，加速发电部门向净零迈进②。

四、建立多领域减排行动计划

2016 年 12 月，加拿大制定《泛加拿大清洁增长和气候变化框架》，该框架包含横跨加拿大全境和各经济部门的 50 多项行动计划，旨在为地方能源气候政策制定提供指南和参考③。2020 年 12 月，在《泛加拿大清洁增长和气候变化框架》的基础上，加拿大推出了"健康环境与健康经济"加强版气候计划，通过划拨 150 亿元资助能源、交通、电力、工业、林业等领域的 64 项措施，达到保护环境、创造就业机会和支持社区发展的目的④。2022 年 3 月，加拿大根据其净零排放问责法案制定了首个《2030 年减排计划》，并明确了加拿大到 2030 年温室气体排放量比 2005 年减少 40%，以及到 2050 年实现净零排放目标将采取的具体行动措施⑤。

第三节　加拿大碳中和政策部署与实施路径

对加拿大而言，净零排放意味着在未来几十年内经济和能源系统发生根本性变化是不可避免的。为实现碳中和目标，加拿大针对不同行业的现状和特点，主要对能源

① ECCC（Environment and Climate Change Canada）. 2022. Proposed Regulated Sales Targets for Zero-emission Vehicles. https://www. canada. ca/en/environment- climate- change/news/2022/12/proposed- regulated- sales-targets-for- zero- emission- vehicles. html［2022-12-21］.

② Department of the Environment Canada. 2023. Draft Clean Electricity Regulations. https://www. gazette. gc. ca/rp-pr/p1/2023/2023-08-19/html/reg1-eng. html［2023-08-19］.

③ ECCC（Environment and Climate Change Canada）. 2016. Pan-Canadian Framework on Clean Growth and Climate Change. https://publications. gc. ca/collections/collection_2017/eccc/En4-294-2016- eng. pdf［2016-12-09］.

④ ECCC（Environment and Climate Change Canada）. 2020. A Healthy Environment and A Healthy Economy. https://www. canada. ca/content/dam/eccc/documents/pdf/climate-change/climate-plan/healthy_environment_healthy_economy_plan. pdf［2020-12-11］.

⑤ ECCC（Environment and Climate Change Canada）. 2022. 2030 Emissions Reduction Plan：Canada's Next Steps for Clean Air and A Strong Economy. https://www. canada. ca/content/dam/eccc/documents/pdf/climate-change/erp/Canada-2030-Emissions-Reduction-Plan-eng. pdf［2022-03-29］.

与电力、建筑、工业、交通、农林业等关键行业实施了相应的减排措施（表3-1）[①]。

表 3-1　加拿大推进碳中和的关键行业及其措施

关键行业	核心理念	关键措施
能源与电力	提供清洁、可负担的电力	智能可再生能源和电网现代化； 偏远地区和土著社区清洁能源供电； 区域输电互助项目合作
建筑	减少建筑能源浪费	绿色和包容性社区建筑建设与升级； 能源指南评估与房屋能效提升； 开发低排放建筑材料供应链； 开展首次国家基础设施评估； 实施低收入家庭能源改造计划
工业	建立清洁工业优势	发起大型排放企业"零排放挑战"与净零加速器基金； 支持工业项目减排与清洁技术和工艺； 增加低碳燃料生产与使用； 油气行业甲烷减排； 制定《加拿大氢能战略》
交通	提供清洁、可负担的交通	实施零排放车辆激励计划（iZEV）； 建设电动汽车快速充电网络； 零排放汽车税收减免； 推动公共交通电气化与主动交通出行； 提高车辆性能标准与排放规定
农林业	利用自然解决方案	植树造林； 恢复和改善湿地、泥炭地、草原和农业用地； 建立农业自然气候解决方案基金

一、能源与电力行业

能源与电力行业脱碳是当前碳中和的趋势，清洁、可靠和可负担的电力系统对于实现低碳未来至关重要，因为这将有助于减少工业、交通、建筑等其他经济部门的排放。加拿大在清洁电力方面处于世界领先地位，其电力部门82%的电

---

① ECCC（Environment and Climate Change Canada）. 2020. A Healthy Environment and A Healthy Economy. https://www.canada.ca/content/dam/eccc/documents/pdf/climate-change/climate-plan/healthy_environment_healthy_economy_plan.pdf[2020-12-11].

力来自排放较低的清洁能源[①]，包括水力、风能、太阳能和核能。未来，加拿大将加速关键部门的电气化，对可再生能源和新一代清洁能源及技术进行投资，扩大清洁电力的供应。措施如下。

（1）加快煤炭淘汰、天然气监管，并进行碳排放定价。加拿大已通过法规，加速到 2030 年淘汰燃煤电力。加拿大还在联邦天然气法规中补充了煤炭法规，增加了新的天然气发电机性能标准。碳排放定价涵盖了联邦碳排放定价系统下各省所有的发电机组，以释放发电脱碳的经济信号。

（2）资助清洁电网。逐步淘汰化石燃料发电将导致对清洁电力需求的显著增加，加拿大政府投资了多个项目以满足不断增长的清洁电力需求，包括 9.64 亿加元的智能可再生能源和电网现代化项目、1 亿加元的智能电网计划以及 2 亿加元的新型可再生能源计划。

（3）减少偏远地区和土著社区对柴油的依赖。投资 3 亿加元以确保当前依赖柴油的农村、偏远和土著社区到 2030 年获得清洁、可靠的能源供电。

（4）电网互联。建立电网区域互联可以使电力从具有大量清洁电力的地区向更依赖化石燃料发电的地区分配，如 2500 万加元的大西洋环线（Atlantic Loop）战略性互助项目。

（5）扩大清洁能源部署与开发。对可再生能源技术商业化部署的加强将在短期内支持电网脱碳，而多样化的能源组合是电力可负担和可靠的关键。措施包括启动小型模块化反应堆行动计划，投资地热、长期储能和 CCUS 技术等。

通过以上行动，加拿大的目标是，到 2030 年实现电力行业减排温室气体 47 $MtCO_2e$，对 NDC 减排目标的贡献占比为 15%[②]。

二、建筑行业

加拿大地处北半球中高纬度地区，需要使用大量能源用于住宅和建筑物供暖。通过在新建/翻新的住宅和建筑物中使用更好的隔热材料、更加节能的供热和制冷设备等措施，可以显著减少能源消耗。加拿大从整个产业链的角度考虑低碳建筑的发展，推动建筑物能源效率科学评估，更新建筑能耗规范以及提供无息贷款保障，通过低碳建筑实现行业脱碳。措施如下。

[①] Natural Resources Canada. 2021. Energy Fact Book 2021-2022. https://www.nrcan.gc.ca/sites/nrcan/files/energy/energy_fact/2021-2022/PDF/2021_Energy-factbook_december23_EN_accessible.pdf[2021-11-10].

[②] ECCC（Environment and Climate Change Canada）. 2020. A Healthy Environment and A Healthy Economy. https://www.canada.ca/content/dam/eccc/documents/pdf/climate-change/climate-plan/healthy_environment_healthy_economy_plan.pdf[2020-12-11].

（1）投资绿色和包容性的社区建筑。为了帮助解决加拿大各地社区建筑的排放问题，政府启动了 15 亿加元的绿色和包容性社区建筑计划，通过改造、维修、升级以及新建项目提高能源效率，并将分配至少 10% 的资金用于土著社区项目。

（2）提供绿色住宅补助。为了提高房屋能源效率，发展加拿大国内绿色建筑供应链，加拿大政府创建 26 亿加元的加拿大绿色住宅补助计划，帮助提高房屋的能源效率；并提供最高 5000 加元的赠款，多达 100 万次免费的能源指南（EnerGuide）评估，以及最高 4 万加元的住宅改造无息贷款，以帮助屋主进行房屋节能改造。

（3）基础设施改造。加拿大基础设施银行（Canada Infrastructure Bank，CIB）投资 20 亿加元，用于大型公共和商业建筑改造。

（4）推进其他行动。其他行动包括制定到 2025 年现有建筑物改造规范，制定新建建筑的净零能耗建筑规范，开发低排放建筑材料供应链，以及开展加拿大首个国家基础设施评估。

通过以上行动，将减少住宅和建筑物碳排放，降低建筑物的能源使用成本，并促进加拿大本地低碳建筑制造业和供应链的发展；到 2030 年，加拿大建筑行业将减排 44 $MtCO_2e$，为 NDC 减排目标贡献 14% 的减排量[①]。

三、工业

释放工业减排的潜力对于加拿大在日益低碳的全球经济中继续保持竞争力至关重要。为支持工业脱碳，确立清洁工业优势，加拿大政府将重点支持清洁技术并扩大清洁燃料市场。措施如下。

（1）发展清洁工业技术。向大型排放企业发起"零排放挑战"，以支持工业界制定和实施到 2050 年工业设施净零排放的计划。通过战略创新基金的 80 亿加元净零加速器基金，加速大型排放企业的脱碳项目并扩大清洁技术规模。

（2）生产和使用清洁燃料。向低碳和零排放燃料基金投资 15 亿加元，增加低碳燃料（如氢气、生物原油、可再生天然气和柴油、纤维素乙醇）的生产和使用。制定《加拿大氢能战略》，为将低排放氢气整合到加拿大经济中提供路径。

（3）甲烷减排。制定 2030 年和 2035 年的新目标与相关法规，以减少石油和天然气行业甲烷排放；为大型垃圾填埋场制定国家甲烷法规，并采取额外措施减

---

① ECCC（Environment and Climate Change Canada）. 2020. A Healthy Environment and A Healthy Economy. https://www. canada. ca/content/dam/eccc/documents/pdf/climate-change/climate-plan/healthy_environment_healthy_economy_plan. pdf[2020-12-11].

少和利用废物。

（4）碳捕集。制定全面的 CCUS 战略，探索该领域的发展机会。

通过以上行动，到 2030 年，加拿大工业将减排温室气体 150 $MtCO_2e$，对 NDC 减排目标的贡献占比为 48%[①]。

四、交通行业

为了加速交通行业减排，加拿大政府将推动清洁交通出行，支持低排放和零排放技术的开发部署，同时扩大清洁燃料市场。加拿大将借助其在零碳电力方面处于世界领先地位这一优势，促进零碳电力在交通系统中的应用。措施如下。

（1）推动零排放汽车发展。要求到 2035 年销售的轻型汽车和客车 100% 实现零排放；投资 2.87 亿加元，扩大零排放车辆激励计划（iZEV）；投资 1.5 亿加元，用于加拿大各地的充电站和加油站；针对商用轻型、中型和重型零排放车辆（MHZEV）实行 100% 税收减免。

（2）推动公共交通电气化与主动交通出行。制定公共交通政府计划，以支持公共交通系统电气化，并提供永久性公共交通资金；投资 4 亿加元，用于加拿大首个主动交通基金；制定国家主动交通战略，并提供步行道、自行车道等更多的主动出行支持。

（3）提高车辆性能标准与排放规定。使加拿大的轻型、重型汽车标准与 2025 年后北美最严格的性能标准保持一致；实施加拿大越野压燃式发动机和大型火花点火式发动机排放规定，以减少新设备和机器的污染，提高燃油效率。

通过以上行动，到 2030 年，加拿大交通行业将减排温室气体 12 $MtCO_2e$，对 NDC 减排目标的贡献占比为 4%[①]。

五、农林业

为了促进碳封存，增强对气候变化影响的抵御能力，创造就业机会支持绿色经济复苏，加拿大政府计划利用自然解决方案和发展气候智能型农业，实现农林业的减排与增汇。措施如下。

（1）气候智能型农业。向农民提供气候行动计划，包括 1.85 亿加元的农业气

---

① ECCC（Environment and Climate Change Canada）. 2020. A Healthy Environment and A Healthy Economy. https://www.canada.ca/content/dam/eccc/documents/pdf/climate-change/climate-plan/healthy_environment_healthy_economy_plan.pdf[2020-12-11].

候解决方案计划和 1.65 亿加元的农业清洁技术计划，以及 2 亿加元用于立即启动农田气候行动，通过改善氮管理、增加覆盖种植和规范轮牧等行动加速减排。将国家的化肥减排目标设定为低于 2020 年 30% 的水平，改善化肥的使用方式。

（2）自然解决方案。投资 31.6 亿加元种植 20 亿棵树，投资 6.31 亿加元恢复和改善湿地、泥炭地、草原和农田，以进一步促进碳封存。提供 9840 万加元建立新的农业自然气候解决方案基金。增加对原住民保护区的资助，包括 23 亿加元用于加拿大自然遗产计划。

通过以上行动，到 2030 年，加拿大农林业将减排温室气体 29 $MtCO_2e$，对 NDC 减排目标的贡献占比为 9%[①]。

第四节　加拿大碳中和科技创新行动

加拿大针对整体经济行业和不同部门部署面向碳中和目标的研发计划与投入，重点聚焦燃料转换、智能电网、零排放汽车、清洁氢能、小型模块化反应堆和负排放技术等方向。

一、研发计划与投入

为支持碳中和目标的实现，加拿大针对整体经济行业和不同的部门，投入大量资金开展低碳发展和清洁技术的研发与示范活动（表 3-2）。针对整体经济行业，加拿大通过低碳经济基金、清洁增长计划、气候行动和意识基金支持相关科学研究和技术发展；在能源与电力行业，支持能源创新计划、清洁燃料基金、智能可再生能源和电气化路径计划、低碳和零排放燃料基金、小型模块化反应堆计划、绿色基础设施智能电网计划等；在建筑行业，支持绿色住宅补助金计划、绿色和包容性社区建筑计划、绿色住宅负担能力计划、节能建筑研发项目；在工业，支持净零加速器倡议、关键矿产基础设施基金，以及关键矿产研究、开发和示范计划；在交通行业，支持零排放运输基金、绿色基础设施：电动汽车基础设施示范计划、零排放卡车运输计划、零排放车辆基础设施计划；在农林业，支持自然智能气候解决方案基金、农业清洁技术计划。

---

① ECCC（Environment and Climate Change Canada）. 2020. A Healthy Environment and A Healthy Economy. https：//www. canada. ca/content/dam/eccc/documents/pdf/climate- change/climate- plan/healthy_environment_healthy_economy_plan. pdf[2020-12-11].

表 3-2　加拿大面向碳中和目标的研发计划与投入

领域	资助计划	资助时间	资助金额	资助内容
整体经济行业	低碳经济基金	2022～2028 年	22 亿加元	包括低碳经济挑战、低碳经济领导基金、原住民领导基金、实施就绪基金，支持低碳技术发展、清洁能源和能源效率项目
	清洁增长计划	2019～2022 年	1.55 亿加元	支持能源、采矿和林业的清洁技术研发和示范项目，包括减少温室气体和空气污染排放；尽量减少对景观的干扰，改善废物管理；生产和使用先进材料和生物制品；提高生产和能源效率；减少用水量和对水生态系统的影响
	气候行动和意识基金	2019～2023 年	2.06 亿加元	推进气候变化科学技术，加强识别、加速和评估实现温室气体净零排放的行动
能源与电力行业	能源创新计划	2016 年起	7200 万加元/年	通过研究、开发和示范清洁能源技术，支持温室气体减排，包括国家能源系统建模，智能电网，公路运输脱碳，碳捕集、利用与封存研发，碳捕集、利用与封存前端工程设计研究，清洁燃料和工业燃料转换，减排创新网络，以及突破性能源解决方案
	清洁燃料基金	2021～2025 年	15 亿加元	降低建造新的或改造或扩建现有的清洁燃料生产设施的资本投资风险
	智能可再生能源和电气化路径计划	2021～2035 年	45 亿加元	支持储能和可再生能源部署，主题包括可再生能源、新兴技术和电网现代化
	低碳和零排放燃料基金	2020 年起	15 亿加元	增加低碳燃料（如氢气、生物原油、可再生天然气和柴油、纤维素乙醇）的生产和使用
	绿色基础设施：农村和偏远社区的清洁能源	2018～2025 年	2.2 亿加元	支持向更可持续的能源解决方案过渡的示范项目，减少加拿大农村和偏远社区对柴油燃料的依赖
	小型模块化反应堆计划	2022～2025 年	2960 万加元	促进小型模块化反应堆（SMR）的商业部署，开发 SMR 制造以及燃料供应和安全的供应链，研究安全的 SMR 废物管理解决方案
	绿色基础设施智能电网计划	2018～2023 年	1 亿加元	智能电网技术演示；部署智能电网集成系统

领域	资助计划	资助时间	资助金额	资助内容
建筑行业	绿色住宅补助金计划	2021～2027年	26亿加元	提高房屋能效
	绿色和包容性社区建筑计划	2021～2025年	15亿加元	对现有公共社区建筑进行绿色和无障碍改造、维修或升级，建造新的公共无障碍社区建筑
	绿色住宅负担能力计划	2025～2030年	8亿加元	支持中低收入家庭进行能源效率改造
	节能建筑研发项目	2018～2021年	1.82亿加元	改善房屋和建筑物的设计、翻新和建造方式，提高能源效率
工业	净零加速器倡议	2020～2024年	80亿加元	大型排放企业脱碳；产业转型；清洁技术与电池生态系统发展
	关键矿产基础设施基金	2023～2030年	15亿加元	用于实现加拿大关键矿产可持续发展所需的清洁能源和交通基础设施项目
	关键矿产研究、开发和示范计划	2022～2027年	1.92亿加元	为研究和开发提供资金，促进关键矿物加工业务和技术发展，支持加拿大零排放车辆价值链的发展
交通行业	零排放运输基金	2021～2025年	27.5亿加元	公共交通电气化，支持零排放交通的基础设施、规划研究、建模和可行性分析
	绿色基础设施：电动汽车基础设施示范	2017～2022年	7610万加元	支持下一代和创新电动汽车充电和加氢基础设施的示范项目
	零排放卡车运输计划	2022～2026年	7580万加元	制定、现代化和调整零排放卡车运输的规范、标准和法规；支持重型零排放车辆部署；升级机动车测试中心设施，以提高中型和重型零排放车辆（MHZEV）测试能力；开展 MHZEV 安全研究，以验证 MHZEV 的耐撞性能
	零排放车辆基础设施计划	2022～2027年	6.8亿加元	部署电动汽车充电站和加氢站
农林业	自然智能气候解决方案基金	2020～2030年	61亿加元	47亿加元用于自然气候解决方案基金，14亿加元用于自然智能气候方案基金，包括"种植20亿棵树"计划、自然智能气候解决方案基金和农业气候解决方案计划
	农业清洁技术计划	2026年	3.3亿加元	支持清洁技术的开发和采用

二、重点部署方向分析

加拿大推进碳中和的科研部署重点方向包括：燃料转换、智能电网、零排放汽车、清洁氢能、小型模块化反应堆和负排放技术。

（一）燃料转换

改用低碳燃料，如天然气、可再生天然气、生物燃料、生物质等，是减少工业部门温室气体排放的一种有效选择。加拿大《清洁燃料法规》[①] 提出将逐步推动降低汽油和柴油的碳强度，包括供应低碳燃料（如乙醇）、运输燃料（如电动汽车和氢能车辆）中的最终用途燃料转换。加拿大净零加速器倡议[②]将推动所有工业部门开发和采用低碳技术，其中包括燃料转换到低碳热源。

加拿大通过能源创新计划[③]，资助难减排行业的工业燃料转换和清洁燃料生产项目，进行研究、开发和示范及相关科学活动。主要包括：①在工业燃料转换领域，支持化工和化肥、钢铁、冶炼和精炼以及水泥等工业部门的低碳燃料或原料替代项目，包括电力、氢能、生物质、生物燃料和气体燃料等；了解低碳燃料的特性及其对现有工业流程和系统的影响；推进创新技术或工艺，使未来采用低碳燃料，适应替代燃料所需的改造或重新设计；在现有工业流程中使用低碳燃料或原料，以降低能源强度和减少温室气体排放。②在清洁燃料生产领域，支持技术的商业化前开发、推进和试点项目，以降低生产清洁燃料的资本支出和运营成本；开发新的清洁燃料生产工艺；使用先进原料改善清洁燃料生产的工艺和效率；提高废物或未充分利用的原料的可用性。

加拿大还通过能源效率和替代能源计划，部署相关研发项目[④]，包括：①新斯科舍省制造项目，帮助制造工厂或企业更有效地运营，制定全面的能源管理计划；②魁北克省气候技术项目，鼓励魁北克省在能源效率、可再生能源、生物能源和温室气体减排领域的技术创新；③不列颠哥伦比亚省插电式电动汽车项目，

---

① ECCC (Environment and Climate Change Canada). 2023. Clean Fuel Regulations. https://www. canada. ca/en/environment-climate-change/services/managing-pollution/energy-production/fuel-regulations/clean-fuel-regulations. html[2023-02-17].

② Innovation, Science and Economic Development Canada. 2023. Net Zero Accelerator Initiative. https://www. ic. gc. ca/eic/site/125. nsf/eng/00039. html[2023-05-29].

③ Natural Resources Canada. 2023. Energy Innovation Program. https://natural-resources. canada. ca/science-and-data/funding-partnerships/opportunities/grants-incentives/energy-innovation-program/18876[2023-11-16].

④ Natural Resources Canada. 2023. Directory of Energy Efficiency and Alternative Energy Programs in Canada. https://oee. nrcan. gc. ca/corporate/statistics/neud/dpa/policy_e/results. cfm? attr=0[2023-11-28].

旨在为插电式电动汽车和相关充电基础设施奠定基础；④魁北克水电公司技术与业务示范项目，旨在测试创新节能或电力需求优化措施的技术和商业可行性；⑤影响力投资项目，用于开发低碳解决方案，资助节能建筑解决方案、电动汽车和低碳交通；⑥环保技术车辆计划，安全快速地提供最新的清洁车辆技术，减少乘用车对环境的影响；⑦开发与技术援助计划，为企业提供最佳解决方案和最高效的技术机会，以提高其能源效率和性能，包括制定能源预算、研究和评估最具生产效率的天然气技术、研究和评估新装置的可行性等；⑧新能效解决方案补助金计划，鼓励开发新技术或创新使用具有能效潜力的现有技术。

（二）智能电网

向净零电网的过渡给加拿大老化的电力基础设施带来了挑战。可再生能源发电的间歇性问题使电力平衡更加困难，电动汽车和热泵等新技术的不断增加将对电网容量造成更大压力，需要更好的电网需求管理和系统优化。智能电网有助于应对这些挑战，支持电网现代化的智能技术跨越整个电力系统供应链，包括先进计量基础设施、增强电压控制、分布式能源、储能、自愈电网和微电网等①。

加拿大对智能电网的部署分为三个方面：基础智能电网系统、关键智能电网技术与应用、先进智能电网技术与应用，涉及的技术包括负荷管理、存储、太阳能光伏、电动汽车集成、人工智能等②。加拿大政府于 2016 年承诺投入 1 亿加元用于智能电网的部署和示范③。2018～2023 年，投资 1 亿加元用于绿色基础设施智能电网计划④，支持在公用事业项目中示范智能电网技术，部署智能电网集成系统。2021 年启动的"智能可再生能源和电气化路径计划"⑤，将加速电网现代化，部署方向包括：高级分销管理系统（Advanced Distribution Management System，ADMS）、数据管理和通信、需求管理、分布式能源管理系统（Distributed Eenergy Resource Management System，DERMS）、储能、电力市场改革、电动汽车集成、

---

① IEA（International Energy Agency）. 2011. Technology Roadmap：Smart Grids. https：//www. iea. org/reports/technology-roadmap-smart-grids[2011-04-28].

② Natural Resources Canada. 2022. Smart Grid in Canada：2020-2021. https：//natural-resources. canada. ca/maps-tools-and-publications/publications/energy-publications/publications/smart-grid-canada-2020-2021/24489[2022-07-13].

③ ECCC（Environment and Climate Change Canada）. 2016. Pan-Canadian Framework on Clean Growth and Climate Change. https：//publications. gc. ca/collections/collection_2017/eccc/En4-294-2016-eng. pdf[2016-12-09].

④ Natural Resources Canada. 2023. Green Infrastructure Smart Grid Program. https：//natural-resources. canada. ca/climate-change/green-infrastructure-programs/smart-grids/19793#overview[2023-11-06].

⑤ Natural Resources Canada. Smart Renewables and Electrification Pathways Program. https：//natural-resources. canada. ca/climate-change/green-infrastructure-programs/sreps/23566[2024-02-11].

电网监控和自动化、现有可再生能源或储能项目的硬件或软件改造、微电网、虚拟电厂，以及公用事业系统软件和硬件升级。2023 年，加拿大将通过能源创新计划①为智能电网的关键技术、市场和监管创新提供支持，资金支持方向包括：加快电网现代化，更好地利用现有电力资产的容量；提高电力系统的可靠性、弹性和灵活性；提高分布式能源的渗透率；提高对电网集成解决方案的可访问性，实现更实惠的能源价格和更强的温室气体减排；通过业务解决方案解决市场缺口。

（三）零排放汽车

零排放车辆指无尾气排放运行的车辆，包括电池电动汽车、插电式混合动力电动汽车和燃料电池电动汽车。加拿大政府正在采取综合措施支持向零排放汽车转型，以降低交通排放。《2030 年减排计划》承诺到 2035 年实现 100% 新售零排放轻型汽车，2030 年实现 35% 的新售中型和重型车辆为零排放车辆。

加拿大政府长期支持电池、氢气和燃料电池、电动机以及充电和加油基础设施等关键领域的零排放汽车研发。加拿大在加速创新技术以支持零排放车辆的商业化和采用方面仍有更多工作要做，特别是中型和重型车辆。加拿大在零排放车辆研发方面的重要投资包括②：①7600 万加元用于电动汽车基础设施示范计划，支持下一代创新充电和加氢基础设施的技术示范。例如，工作场所、偏远地区、寒冷气候和城市环境中的充电和加氢解决方案，以及电网影响和车辆到电网应用。其他项目包括零排放公交车和重型车辆的基础设施示范。②通过清洁增长计划和加拿大突破性能源解决方案，支持超快速充电、电动动力系统技术以及采矿和林业重型车辆电气化研发。③《清洁燃料法规》增加了开发和使用清洁燃料（如氢）、技术和工艺的激励措施，以支持电动汽车的使用。④开发关键的电池价值链，支持汽车和电池制造基地。《加拿大关键矿产战略》提出优先考虑六种关键矿物（锂、石墨、镍、钴、铜和稀土元素），这将为国内和全球供应链提供关键的电池矿物、金属和材料。2021～2022 年预算对关键矿产开发进行支持：7920 万加元用于公共地球科学和勘探，以更好地评估和查明矿床；4770 万加元用于通过加拿大的研究实验室进行关键矿物研究与开发；1.444 亿加元用于关键矿物研究和开发，并利用技术和材料支持关键矿物价值链。

---

① Natural Resources Canada. 2023. Energy Innovation Program. https://natural-resources. canada. ca/science-and-data/funding-partnerships/opportunities/grants-incentives/energy-innovation-program/18876[2023-11-16].

② Transport Canada. 2022. Canada's Action Plan for Clean On-Road Transportation. https://tc. canada. ca/en/road-transportation/publications/canada-s-action-plan-clean-road-transportation[2022-12-14].

（四）清洁氢能

加拿大是目前全球十大氢气生产国之一，氢和燃料电池技术使加拿大成为全球三大清洁氢生产国之一。加拿大在生产、使用和出口清洁氢能方面具有独特优势。一是丰富的氢气生产原料。加拿大拥有世界低碳密度电力供应系统、丰富的化石燃料储量、世界领先的碳封存地质学、大规模生物质供应和淡水资源，以上条件均有利于氢气生产。二是领先的氢能产业地位。加拿大拥有世界最大的清洁制氢设施，可利用天然气生产氢气，并对其碳排放进行捕集和永久封存。加拿大在燃料电池动力系统技术、电解槽产品、先进储存材料和工程解决方案等相关技术领域具有全球优势。三是广泛的天然气管道网络。结合新的储存和分配设施，可以将氢气从生产地点转移到最终使用地点。

加拿大制定《加拿大氢能战略》，将加拿大定位为世界领先的氢技术供应国，将氢能利用作为到 2050 年达到净零排放的关键推动因素。该战略提出了氢能发展的行动措施，为将低排放氢气整合到加拿大经济中提供路径[1]。

加拿大通过能源创新计划[2]资助氢能研究、开发和示范项目。在工业燃料转换领域，支持在难减排行业进行工业燃料转换，用氢能等低碳燃料或原料替代。在法规和标准领域，制定与氢的生产、运输、储存和利用相关的规范和标准。目前，加拿大正在研究和部署的常用氢原料和生产途径，包括四种[1]：①"灰氢"，无碳捕集与封存（CCS）的蒸汽甲烷重整生产，加拿大每年大约生产 300 万 t 灰氢，主要用于工业用途。②"蓝氢"，以化石燃料为原料，通过蒸汽甲烷重整、热解或具有 CCS 的工艺生产，如艾伯塔省的探索（Quest）项目。③"绿氢"，利用可再生电力电解水制氢，使用水能、风能或太阳能等，如魁北克省的 20 MW 电解槽厂。④"黑氢"，利用电解水或核能产生的高温热解制氢，计划在安大略省进行可行性研究。

目前，加拿大对氢能基础研究的投资减缓，在启动氢试验项目等方面落后于其他国家，而核心材料、最终用途产品以及氢的生产、储存和分销价值链都需要技术开发和创新。未来，发展大规模、清洁的氢经济是加拿大的战略重点，这将使其能源结构多样化且产生经济效益，并在 2050 年之前实现温室气体净零排放。

---

① Natural Resources Canada. 2020. Hydrogen Strategy for Canada. https://natural-resources.canada.ca/sites/nrcan/files/environment/hydrogen/NRCan_Hydrogen% 20Strategy% 20for% 20Canada% 20Dec% 2015% 202200% 20clean_low_accessible.pdf［2020-12-17］.

② Natural Resources Canada. 2023. Energy Innovation Program. https://natural-resources.canada.ca/science-and-data/funding-partnerships/opportunities/grants-incentives/energy-innovation-program/18876［2023-11-16］.

到 2050 年，清洁氢能有潜力为加拿大提供高达 30% 的终端用能[1]。

（五）小型模块化反应堆

小型模块化反应堆（SMR）属于先进核反应堆，每台机组功率为 10～300 MW[2]。SMR 能够生产大量低碳电力，其实质在于：①小型（体积仅为常规核动力堆的若干分之一）；②模块化（系统和组件可在工厂组装，然后以机组形式运输到安装地点）；③反应堆（利用核裂变产生热量，从而生产能源）。SMR 的部署可帮助加拿大逐步淘汰煤炭并使采矿和石油开采等碳密集型行业电气化。

2018 年，加拿大自然资源部发布了《加拿大小型模块化反应堆路线图》[3]，就废物管理、监管准备和国际参与等事项提出相关建议。在此基础上，加拿大于 2020 年制定了《加拿大小型模块化反应堆行动计划》，提出了开发、示范和部署 SMR 的计划[4]。2023 年 2 月 23 日，加拿大宣布启动"促进小型模块化反应堆计划"[5]，将在 2023～2026 年提供 2960 万加元，以帮助促进 SMR 的商业部署[6]。加拿大还加入了"核能创新：清洁能源未来"倡议，该倡议于 2018 年 5 月在第九届清洁能源部长级会议（CEM）上发起[7]，重点关注用于基本负荷电力的全面核能以及创新技术和综合可再生能源-核能系统，包括四个重点领域：创新能源系统和用途的技术评估，政策制定者和利益攸关方参与未来的能源选择，估值、市场结构和融资能力，以及宣传核能在清洁综合能源系统中的作用。

① Natural Resources Canada. 2020. Hydrogen Strategy for Canada. https：//natural- resources. canada. ca/sites/nrcan/files/environment/hydrogen/NRCan _ Hydrogen% 20Strategy% 20for% 20Canada% 20Dec% 2015% 202200% 20clean_low_accessible. pdf［2020-12-17］.

② Canadian Nuclear Association. 2023. Small Modular Reactors （SMRs）. https：//cna. ca/reactors- and- smrs/small- modular- reactors- smrs/［2023-11-28］.

③ Canadian Small Modular Reactor Roadmap Steering Committee. 2018. A Call to Action：A Canadian Roadmap for Small Modular Reactors. https：//smrroadmap. ca/wp- content/uploads/2018/11/SMRroadmap _ EN _ nov6_Web-1. pdf［2018-11-07］.

④ Natural Resources Canada. 2024. Canada's Small Modular Reactor Action Plan. https：//natural- resources. canada. ca/energy-sources/nuclear-energy-uranium/canada-s-small-modular-reactor-action-plan［2024-12-20］.

⑤ Natural Resources Canada. 2023. Canada launches New Small Modular Reactor Funding Program. https：//www. canada. ca/en/natural-resources-canada/news/2023/02/canada-launches-new-small-modular-reactor-funding-program. html［2023-02-23］.

⑥ Natural Resources Canada. 2023. Enabling Small Modular Reactors Program. https：//natural- resources. canada. ca/our- natural- resources/energy- sources- distribution/nuclear- energy- uranium/enabling- small- modular- reactors-program/24959［2023-04-28］.

⑦ Natural Resources Canada. 2019. Nuclear Innovation：Clean Energy Future. https：//natural- resources. canada. ca/our-natural-resources/energy-sources-distribution/nuclear-energy-and-uranium/nuclear-innovation-clean- energy-future/20719［2019-02-04］.

加拿大对 SMR 的研发部署主要包括两大主题①。①中小型反应堆的放射性废物管理。识别和表征中小型反应堆的废物流；研究 SMR 废物管理解决方案；增进对 SMR 燃料循环的保障和对防扩散的理解；制定中级废物减少和处置解决方案的策略；增进对 SMR 废物储存和处置的长期安全要求的理解；探索放射性 SMR 材料的包装/运输要求；研究和开发用于管理非燃料 SMR 放射性废物和受污染材料（如石墨和金属）的技术。②SMR 供应链的创建。确定促进供应链发展所需的设备和组件类型；确定和开发 SMR 建设的创新技术，如降低 SMR 成本的创新制造技术；识别和开发需要加拿大监管程序进行批准和资格认证的先进制造技术；对与国内 SMR 部署相关的核能和非核能供应链进行经济影响和差距分析；开发 SMR 燃料、燃料材料的表征和检查能力；研究加拿大与燃料制造和/或浓缩相关的经济影响；探索 SMR 技术的燃料加工方案；研究包装/运输富集材料的许可/认证的监管程序；成为合格的核电供应商的条件。

（六）负排放技术

负排放技术对于加拿大实现繁荣的净零经济至关重要，加拿大对负排放技术的支持主要基于"碳管理"理念。在 2023 年 9 月制定的《加拿大碳管理战略》②中，"碳管理"的定义为：有助于减少和去除二氧化碳排放的技术与方法体系，包括任何捕集、利用或封存二氧化碳的活动，或将这些活动联系起来的活动。碳管理的类型包括但不限于：减少点源排放的 CCUS 技术；碳去除（CDR）方法，如直接空气碳捕集与封存（DACCS）、生物质碳去除与封存（BiCRS）以及增强岩石风化。

加拿大拥有世界级的二氧化碳地质封存潜力，世界上大约 1/7 处于运行状态的大型碳管理项目位于加拿大③。萨斯喀彻温省的 Weyburn-Midale 项目是世界上最早的大规模 CCS 项目之一，于 2000 年启动。除此之外，加拿大已建成了艾伯塔省碳干线（Alberta Carbon Trunk Line）、边界大坝（Boundary Dam）碳捕集与封存综合示范项目、探索项目等大型 CCS 示范项目，并正在开展一些研发、可行性研究和试点项目，包括 Aquistore 项目、纳尔逊堡碳捕集与封存可行性项目、中心地带红水项目（Heartland Area Redwater Project）、整体煤气化联合循环

① Natural Resources Canada. 2022. Canada's Small Modular Reactor Action Plan. https://natural-resources. canada. ca/our-natural-resources/energy-sources-distribution/nuclear-energy-uranium/canadas-small-nuclear-reactor-action-plan/21183［2022-02-15］.

② Natural Resources Canada. 2023. Canada's Carbon Management Strategy. https://natural-resources. canada. ca/climate-change/canadas-green-future/capturing-the-opportunity-carbon-management-strategy-for-canada/canadas-carbon-management-strategy/25337#a5［2023-09-27］.

③ GCCSI. 2023. Global Status of CCS 2022. https://www. globalccsinstitute. com/resources/global-status-of-ccs-2022/［2023-03-01］.

（IGCC）前端工程设计研究、北美碳储量图集等项目①。

在负排放技术的研发部署方面，《加拿大碳管理战略》② 提出将加速创新和研发，推进早期 CDR 技术的研究、开发和示范；降低二氧化碳捕集成本；推进二氧化碳利用；在加拿大全国范围内制定规范、标准，推动岩土工程制图。加拿大将通过能源创新计划③在 2021～2027 年投资 3.19 亿加元用于 CCUS 研究、开发和示范，以提高 CCUS 技术的商业可行性④。重点领域包括：①碳捕集，降低不同排放源捕集技术的成本并提高其性能；②碳封存和运输，开发安全、永久的地下 CO_2 封存技术和安全高效的 CO_2 运输技术；③碳利用，扩大 CO_2 的战略开发，支持具有成本效益和能源效率的利用途径。能源创新计划还提供 5000 万加元的支持，用于 CCUS 项目的前端工程设计研究，这些项目将提升大型 CCUS 项目的工程经验，为新技术和方法提供性能和成本的参考和分析，为下一代技术的开发提供信息；增加 CCUS 在加拿大不同行业大规模建设的可能性，支持 CO_2 运输、使用和封存的不同技术和方法；增加将 CCUS 应用于不同工业设施的知识基础，支持 CCUS 未来在加拿大和国际上的推广。

未来，加拿大碳捕集能力预计将从 2020 年的 4.4 MtCO_2/a 增长到 2030 年的 16.3 MtCO_2/a⑤，需要进一步扩大碳管理规模以帮助到 2050 年实现净零排放。《加拿大碳管理战略》②确定了碳管理发挥作用的 5 条关键途径：重工业（包括石油和天然气）脱碳、低碳可调度电力、碳去除、低碳制氢和以 CO_2 为基础的行业。加拿大将继续推进新兴应用的研发，进一步支持下一代碳捕集技术，包括非溶剂型技术，扩大这些解决方案的规模和商业化。进一步推进中高就绪度技术，以实现首创的商业规模应用，优先考虑工业捕集应用、模块化技术、具有净负排放潜力的设施和永久封存解决方案。

① Natural Resources Canada. 2023. Energy Reports and Publications. https://natural-resources.canada.ca/maps-tools-and-publications/publications/energy-publications/energy-reports-and-publications/6539［2023-12-08］.

② Natural Resources Canada. 2023. Canada's Carbon Management Strategy. https://natural-resources.canada.ca/climate-change/canadas-green-future/capturing-the-opportunity-carbon-management-strategy-for-canada/canadas-carbon-management-strategy/25337#a5［2023-09-27］.

③ Natural Resources Canada. 2023. Energy Innovation Program. https://natural-resources.canada.ca/science-and-data/funding-partnerships/opportunities/grants-incentives/energy-innovation-program/18876［2023-11-16］.

④ Natural Resources Canada. 2023. Carbon Management. https://natural-resources.canada.ca/our-natural-resources/energy-sources-distribution/carbon-management/4275［2023-01-17］.

⑤ Government of Canada. 2023. Eighth National Communication and Fifth Biennial Report. https://www.canada.ca/en/environment-climate-change/services/climate-change/greenhouse-gas-emissions/fifth-biennial-report-climate-change-summary.html#toc8［2023-01-03］.

第五节　加拿大碳中和战略行动主要特点

一、完善的政策框架体系，为推进碳中和行动提供不同层面的政策支持

结合顶层设计与支撑政策行动，建立完善的战略、政策和法律体系，包括从作出国际气候承诺，提出整体的国家气候目标，到为实现气候目标所制定的相应发展战略和具体的行动计划，并且颁布法律法规以确保政策方案和行动计划的实施。

二、根据关键行业的资源与产业特点，采取有针对性的重点措施

主要通过在发电行业进行电力脱碳、发展可再生能源和新一代清洁能源；在建筑行业提升建筑能源效率、发展低碳建筑社区；在工业行业加速工业生产脱碳和工业转型；在交通行业鼓励低排放/零排放汽车、公共交通网络电气化；在农林业利用自然解决方案减排与增汇等措施，推动实现国家温室气体减排目标。

三、低碳技术的研发与创新，为绿色经济增长提供驱动力

为促进经济脱碳，加拿大非常重视支持低碳技术的研发与创新，特别是在燃料转换、智能电网、零排放汽车、清洁氢能、小型模块化反应堆和负排放技术等方向。低碳技术的创新和应用不仅为加拿大实现减排目标提供重要支持，同时也能够促进经济增长，带动相关产业发展，为加拿大经济发展注入动力。

四、培育低碳产业，形成新的绿色经济增长点

加拿大在低碳技术研发领域起步早，经过几十年的积累与更新，低碳产业发展已具有一定基础。加拿大在碳捕集、氢燃料电池、零排放汽车等领域处于世界领先水平[1]，这些低碳技术带动了绿色经济的发展，形成了绿色低碳产业集群，为加拿大绿色经济增长作出了贡献。

---

[1]　孙莉. 2022. 加拿大实现碳中和的政策部署与路径. 全球科技经济瞭望，37（1）：8-11.

| 第四章 | 欧盟碳中和战略与实施路径

第一节 引 言

自 1990 年以来，欧盟温室气体排放整体呈下降趋势，尤其是 2005 年以来，欧盟温室气体排放量大幅下降。根据欧盟成员国报告的初步数据，与 2020 年相比，欧盟 2021 年的温室气体排放量有所反弹（图 4-1），增加了 5%，但仍比 2019 年新冠疫情前的水平低 6%，比 2020 年的目标低 8% 以上。如果将土地利用、土地利用变化和林业（LULUCF）排放也考虑在内，2021 年欧盟温室气体的净排放总量估计比 1990 年的水平减少了 29%[①]。

图 4-1 欧盟温室气体排放趋势

---

① European Environment Agency. 2022. Trends and Projections in Europe 2022. https://www.eea.europa.eu/publications/trends-and-projections-in-europe-2022[2022-10-26].

2021 年的初步数据显示，与 2020 年相比，终端能源消耗和一次能源消耗分别增加了 5.0% 和 5.6%，但仍略低于 2020 年的目标，分别较 2020 年的目标低 0.7% 和 0.5%。能源使用量的增加在很大程度上可归因于新冠疫情后的恢复。为了在 2030 年达到目前确定的至少 32.5% 的效率目标，欧盟各国在 2021 ~ 2030 年的终端能源消耗需要每年平均下降至少 1.2%（1200 万 toe）。一次能源消耗每年需要下降至少 1.5%（2000 万 toe）。从 2021 年下半年开始的能源价格上涨形成了对节能的明确激励，此外，由于能源供应危机的影响，欧盟收紧了 2030 年的目标建议。在修订能源效率指令的提案中，欧盟委员会提出了更加雄心勃勃的 2030 年能源效率目标，与 2020 年参考方案的预测相比，终端和一次能源消耗减少 9%。在《欧盟重新赋能计划》（REPower EU）中，欧盟委员会建议进一步提高具有约束力的能源效率目标，即与 2020 年参考方案的预测相比，终端和一次能源消耗减少 13%。

1. 能源供应

能源供应部门（如电力和供热生产、石油和天然气开采与精炼以及煤炭开采）的排放在 2005 ~ 2020 年下降了约 43%，在欧盟排放中占有最大的比例。估计表明，2020 ~ 2021 年，欧盟能源供应部门的排放量增加了 7%，主要是由于天然气价格飙升人们从使用天然气转向使用其他化石燃料，以及在新冠疫情后恢复的背景下，能源需求增加。2005 ~ 2020 年，欧盟各国的可再生能源在电力消耗中的占比从 16% 增长到 37%，相当于每年平均增长 1.4%。然而，必须指出的是，2019 ~ 2020 年这一份额的增加主要是源于新冠疫情导致的发电总量的减少。到 2021 年，可再生能源在电力消耗中的占比估计为 38%。

2. 运输

运输部门是欧盟温室气体的第二大排放来源，该部门的排放几乎完全被国家排放目标所覆盖。2005 ~ 2020 年，运输排放量减少了 15%，主要原因是 2020 年的新冠疫情导致运输活动下降。2021 年的初步估计显示，与 2020 年相比，运输排放量增加了 8%，相当于自 2019 年以来下降了 7%，自 2005 年以来下降了 8%。

3. 工业

2021 年，工业排放量占欧盟温室气体排放总量的 21%。2005 ~ 2020 年，工业排放量下降了 28%。2021 年的初步估计表明，工业排放量比 2005 年的水平低 24%。2021 年工业排放量相对于 2020 年工业排放量的增加反映了新冠疫情之后的经济复苏。然而，与 2019 年相比，2021 年的工业排放量估计下降了 3%。根据对工业排放的预测，预计工业排放量在当前水平和 2030 年之间会有 3 ~ 5 个百分点的小幅下降。该部门大约 75% 的排放被纳入欧盟排放交易体系（EU ETS），但由于自由分配配额以避免碳泄漏，以及各自改变工艺的成本较高，欧盟排放交易体系的二氧化碳价格对工业部门的影响小于能源部门。

4. 建筑

2021 年，建筑部门的排放量共占欧盟排放总量的 15%。自 2005 年以来，建筑排放量下降了 21%。到 2030 年，即使只采取现有政策和措施，建筑部门的排放量预计也将比 2005 年的水平减少 32%，额外的政策和措施预计将额外减少 7%。

5. 农业

农业部门的排放量约占欧盟排放总量的 11%，2019 年和 2020 年的农业排放量与 2005 年的大致相同；在 2005 年之前，农业排放量呈现显著下降趋势。对 2021 年的初步估计表明，农业排放量几乎保持不变。基于欧盟现有政策和措施的预测表明，到 2030 年，农业几乎不会减排，额外的政策和措施预计只会产生很小的影响。该部门排放的主要贡献者是牲畜产生的排放。

6. 国际航空

1990～2005 年，欧盟国际航空相关的排放量几乎翻了一番，2005～2019 年又增长了 39%。预计国际航空排放量将进一步增加，但速度会放缓。该部门受到新冠疫情的强烈影响，2020 年，国际航空排放量大幅下降至与 1990 年大致相同的水平。2021 年粗略估计，国际航空排放量部分反弹，比 1990 年的水平高出 26%。总的来说，该部门的历史和预测的排放发展不符合在 2050 年实现长期中性目标所需的减排量。

7. 废弃物

2021 年，废弃物部门的排放量仅占欧盟温室气体排放总量的 3%。2005 年以来，与废弃物相关的排放量大幅下降。对 2021 年的粗略估计表明，与 2005 年的水平相比，废弃物部门的排放量下降 27%。预计 2030 年将进一步减少 12%～14%。

8. 土地利用、土地利用变化和林业

2021 年，该部门的森林和土壤从大气中清除了 2.3 亿 tCO_2e，相当于欧盟温室气体排放总量的 7% 左右。1990～2020 年，碳汇的规模平均为 2.98 亿 tCO_2e，但每年都有变化。在过去十年中，碳汇规模持续下降，自 2010 年以来下降了近 29%。近年来，欧盟的林地砍伐量不断下降。2021 年初步估计表明，该部门的碳汇为 2.12 亿 tCO_2e，与 2020 年相比减少了 8%。通过对欧盟成员国的预测，到 2030 年，如果只采取现有措施，欧盟的净自然碳汇将进一步减少到 1.90 亿 tCO_2e，如果成员国目前计划的额外措施得到实施，则会减少 2.09 亿 tCO_2e。因此，为了增加欧盟的碳汇的规模，成员国需要实施更多的措施。

本章基于欧盟碳排放现状，梳理了欧盟推进碳中和目标的战略政策和脱碳行动，分析了欧盟碳中和科技创新行动，总结了欧盟碳中和战略行动主要特点，以期为我国碳中和实现路径提供参考。

第二节　欧盟碳中和战略顶层设计

作为全球率先提出气候中和目标的大型经济体，欧盟从"气候目标-气候立法-综合战略-领域行动"层面自上而下构建了较完善的碳中和政策体系。

在目标制定与顶层框架设计方面，2018 年 11 月，欧盟首次提出 2050 年实现气候中和的愿景[①]。2019 年 12 月，欧盟发布《欧洲绿色协议》[②]，提出到 2030 年实现温室气体排放比 1990 年水平减少 50%～55%，到 2050 年实现气候中和的目标，并制定了能源、工业、建筑、交通、农业、生态和环境等领域的转型路径。2020 年 3 月，欧盟委员会提交《欧洲气候法》[③] 草案，将 2050 年实现气候中和的目标写入法律，并将 2030 年温室气体减排目标从 50%～55% 提高到至少 55%，建立了实现气候中和的基本框架。随着该立法草案于 2021 年 6 月通过，欧盟气候中和目标正式由承诺转变为具有法律约束力的目标。为推动 2030 年实现温室气体减排 55% 的中期目标，2021 年 7 月，欧盟通过了"Fit for 55"一揽子气候计划[④]，提出了包括能源、交通、林业、减排责任、资金支持等方面更为积极的系列举措（表 4-1）[⑤]，使欧盟气候中和政策进入更加全面和战略性的新阶段。2024 年 2 月，欧盟委员会建议到 2040 年将欧盟温室气体排放量在 1990 年的水平上减少 90%，以实现 2050 年气候中和目标[⑥]。

---

① European Commission. 2018. A Clean Planet for All： A European Strategic Long-term Vision for A Prosperous, Modern, Competitive and Climate Neutral Economy. https：//ec. europa. eu/clima/sites/clima/files/docs/pages/com_2018_733_en. pdf［2018-11-28］.

② European Commission. 2019. The European Green Deal. https：//eur-lex. europa. eu/legal-content/EN/TXT/? uri=CELEX%3A52019DC0640［2019-12-11］.

③ European Commission. 2020. European Climate Law. https：//eur-lex. europa. eu/legal-content/EN/TXT/? qid=1588581905912&uri=CELEX：52020PC0080#footnote10［2020-03-04］.

④ European Council. 2021. Fit for 55. https：//www. consilium. europa. eu/en/policies/green-deal/fit-for-55-the-eu-plan-for-a-green-transition/#package［2021-07-14］.

⑤ 惠婧璇. 2021. 欧盟"Fit for 55"一揽子气候立法提案解读及应对建议. 中国能源，43（11）：9-14.

⑥ European Commission. 2024. Europe's 2040 Climate Target and Path to Climate Neutrality by 2050 Building A Sustainable, Just and Prosperous Society. https：//eur-lex. europa. eu/legal-content/EN/TXT/PDF/? uri=CELEX：52024DC0063［2024-02-06］.

表 4-1　欧盟"Fit for 55"一揽子气候计划概览

领域	措施	核心内容
减排责任	修订欧盟排放交易体系	①提高 2030 年计划减排量：2030 年须较 2005 年减排 61%（此前是 43%）； ②逐步取消航空业和碳边境调节机制（CBAM）涵盖的行业的免费碳排放配额； ③扩大欧盟排放交易体系覆盖范围，纳入海运排放； ④扩大创新基金支持额度及覆盖技术范围
减排责任	提出碳边境调节机制	①非欧盟国家进口部分产品时须购买碳许可； ②设计要素包括行业覆盖范围、含碳量计算方法、免费配额额度、征收方式等
减排责任	修订减排分担条例	①减排分担条例所覆盖行业的排放量，2030 年须比 2005 年减排 40%（此前是 30%）； ②提高各成员国减排目标：2030 年较 2005 年的减排目标从 10% 至 50% 不等
林业	修订土地利用、土地利用变化和林业条例	①扩大碳汇能力：到 2030 年达到 3.1 亿 t 固碳量； ②到 2035 年实现土地利用、土地利用变化和林业部门的气候中和
能源	修订可再生能源指令	①提高可再生能源比例目标：2030 年可再生能源占比须达到 40%（此前是 32%）； ②交通领域减排 13%，引入非生物源可再生燃料（RFNBO）/零碳动力燃料以及生物燃料； ③建筑领域（供暖、制冷）可再生能源比例逐年强制性增加 1.1%，区域供热网络的可再生能源比例逐年增加 2.1%； ④工业领域低碳氢能在氢能源总量中占比达到 50%
能源	修订能源效率指令	①能效目标：2030 年终端和一次能源消耗减少 36%~39%； ②公共部门能耗每年降低 1.7%
能源	修订能源税收指令	①引入新的税率结构； ②取消欧盟在航空业、航运业对化石燃料的免税政策
交通	修订民用轿车与轻型商用车二氧化碳排放标准	①2030 年和 2035 年注册的民用轿车排放量较 2021 年水平分别下降 55% 和 100%，轻型商用车分别下降 50% 和 100%； ②取消对电池电动车、氢动力燃料车和插入式混动电动车的扶持
交通	修订替代燃料基础设置指令	到 2030 年，实现主要公路至少每 60km 设置一个充电点，每 150km 设置一个加氢站
交通	提出可持续航空燃料倡议	增加可持续航空燃料比例：2025 年、2030 年、2035 年、2040 年、2045 年和 2050 年的比例需要分别达到 2%、5%、20%、32%、38% 和 63%

领域	措施	核心内容
交通	提出欧盟海运燃料倡议	①推动海运可持续低排放燃料与零排放技术发展； ②设定减排目标：2025年、2030年、2035年、2040年、2045年和2050年分别为2%、6%、13%、26%、59%和75%
资金支持	设立社会气候基金	设立1444亿欧元的"社会气候基金"，其中722亿欧元由欧盟预算支出，旨在为弱势群体提供投资

在《欧洲绿色协议》、《欧洲气候法》和"Fit for 55"一揽子气候计划主导的基本框架下，欧盟陆续出台了《能源系统一体化战略》《欧洲迈向气候中和的氢能战略》《欧洲能源转型智能网络技术与创新平台（ETIP SNET）2020~2030年研发路线图》《欧洲新工业战略》《循环经济行动计划》《欧盟2030年生物多样性战略》《欧盟2030年森林战略》《欧盟重新赋能计划》等关键领域战略规划，为不同经济领域实现气候中和指明道路①。

第三节　欧盟碳中和政策部署与实施路径

一、能源

能源的生产和使用占欧盟温室气体排放量的75%以上。因此，欧盟能源系统脱碳对于实现欧盟2030年气候目标和2050年碳中和长期战略至关重要。欧盟针对能源行业碳中和发布了一系列政策战略，能源技术的研发与创新是欧盟实现能源转型目标的关键。

（一）战略政策行动

自2019年以来，欧盟发布了多项能源行业碳中和政策战略（表4-2），以能源系统转型作为经济脱碳的关键驱动力，全面改革清洁能源政策框架，整合能源系统，加强能源联盟，推动海上风电和氢能等可再生能源发展，促进低碳密集型行业减排，以电力行业为实现减排的抓手，积极推动电力系统低碳转型。

---

① 曲建升，陈伟，曾静静，等. 2022. 国际碳中和战略行动与科技布局分析及对我国的启示建议. 中国科学院院刊，37（4）：444-458.

表 4-2　欧盟能源行业碳中和政策战略

主题	战略名称	发布时间	主要内容
气候中和整体路线	《欧洲绿色协议》	2019 年 12 月 11 日	提出能源行业的目标是提供清洁、可负担、安全的能源，并确定了具体的关键行动
清洁能源框架	《为所有欧洲人提供清洁能源》一揽子计划	2019 年 7 月 26 日	对其能源政策框架进行了全面改革，包括建筑物能源性能、可再生能源、能源效率和能源联盟的治理监管等方面的 8 项法律
能源系统整合	《ETIP SNET 2050 年愿景》	2019 年 9 月 6 日	提出将建立一个低碳、安全、可靠、有弹性、可访问、具有成本效益和以市场为基础的泛欧综合能源系统
	《能源系统一体化战略》	2020 年 7 月 8 日	提出欧盟的具体能源政策和立法措施，确定了六大支柱，提出解决能源系统障碍的措施
	《2020～2030 年综合能源系统研发路线图》	2020 年 2 月 27 日	明确了未来十年综合能源系统研究创新的 6 个重点领域、优先活动及预期技术突破，总预算 40 亿欧元
	《ETIP SNET 2022～2025 年研发实施计划》	2022 年 3 月 8 日	明确了到 2025 年的研发资助重点，围绕九大应用场景实施 31 项研发创新优先项目
能源联盟	《欧盟重新赋能计划》	2022 年 5 月 18 日	通过节约能源、能源供应多样化、快速替代化石燃料、智慧投资、加强备灾等主要行动，减少对俄罗斯化石燃料的依赖
	《跨欧洲能源网络条例》	2022 年 5 月 30 日	连接欧盟国家能源基础设施，确定九条优先能源通道和三个优先主题领域
可再生能源	《风能路线图》	2019 年 11 月 27 日	确定了 2020～2027 年欧盟风能技术 5 个重点领域面临的关键挑战和近、中、远期研发优先事项
	《欧洲迈向气候中和的氢能战略》	2020 年 7 月 8 日	提出到 2050 年的氢能发展路线图，并从投资议程、促进需求、扩大生产、促进氢技术研究与创新等 5 个方面提出关键行动
	《欧盟海上可再生能源发展战略》	2020 年 11 月 19 日	目标为在 2050 年前在欧盟海域内部署 300～400 GW 的离岸可再生能源
	《欧盟太阳能战略》	2022 年 5 月 18 日	提出到 2025 年实现太阳能光伏发电装机容量超过 320 GW，到 2030 年装机容量达到近 600 GW 的目标，确定了加快太阳能技术部署的举措

主题	战略名称	发布时间	主要内容
可再生能源	《欧洲风电行动计划》	2023 年 10 月 24 日	提出将风电装机容量从 2022 年的 204 GW 增至 2030 年的 500 GW 以上，并重点在提高项目可预测性和许可速度、改进拍卖程序、获得资金、确保公平竞争环境、强化技能、行业参与 6 个方面采取行动
低碳密集型行业	《欧洲研究区能源密集型行业低碳技术路线图》	2022 年 4 月 8 日	概述了欧盟能源密集型行业实现脱碳的关键技术途径，探讨了欧盟及其成员国层面关键领域研究和创新的前进方向

在 2019 年发布的《欧洲绿色协议》中，欧盟将提供清洁、可负担、安全的能源作为能源行业的目标，并提出清洁能源转型的 3 项关键原则：①确保安全且负担得起的欧盟能源供应；②发展一个完全集成、互联和数字化的欧盟能源市场；③优先考虑能源效率，改善建筑物的能源性能，并发展主要基于可再生能源的电力部门。为了帮助欧盟能源系统脱碳并符合《欧洲绿色协议》的目标，《为所有欧洲人提供清洁能源》一揽子计划于 2019 年通过，从建筑物能源性能、可再生能源、能源效率和能源联盟的治理监管等方面对其能源政策框架进行了全面改革①。

为了整合能源系统并推动电力行业低碳转型，欧盟发布《ETIP SNET 2050 年愿景》②《能源系统一体化战略》③《ETIP SNET 2020～2030 年研发路线图》④《ETIP SNET 2022～2025 年研发实施计划》⑤ 等一系列相关政策，提出将采取构建注重循环再利用的能源系统、加速能源电气化、提高可再生能源和低碳燃料在

---

① European Commission. 2019. Clean Energy for all Europeans Package. https：//energy. ec. europa. eu/topics/energy-strategy/clean-energy-all-europeans-package_en［2019-07-26］.

② European Technology and Innovation Platform for Smart Networks for the Energy Transition（ETIP SNET）. 2019. ETIP SNET Vision 2050. https：//smart-networks-energy-transition. ec. europa. eu/sites/default/files/documents/vision/VISION2050-DIGITALupdated. pdf［2019-09-06］.

③ European Commission. 2020. Powering a climate-neutral economy：An EU Strategy for Energy System Integration. https：//eur-lex. europa. eu/legal-content/EN/TXT/PDF/? uri = CELEX：52020DC0299&from = EN［2020-07-08］.

④ European Technology and Innovation Platform for Smart Networks for the Energy Transition（ETIP SNET）. 2020. ETIP SNET R&I Roadmap 2020-2030. https：//smart-networks-energy-transition. ec. europa. eu/sites/default/files/news/Roadmap-2020-2030_June-UPDT. pdf［2020-07-10］.

⑤ European Technology and Innovation Platform for Smart Networks for the Energy Transition（ETIP SNET）. 2022. ETIP SNET R&I Implementation Plan 2022-2025. https：//op. europa. eu/en/publication-detail/-/publication/53e747cd-9f57-11ec-83e1-01aa75ed71a1/language-en/format-PDF/source-252703697［2022-03-08］.

难以脱碳行业的使用比例、提高能源市场的兼容性、构建一体化的能源基础设施、构建创新型能源数字化系统六大关键行动。此外，欧盟还制定 REPower EU 计划①并通过了《跨欧洲能源网络条例》②，加速欧盟清洁能源转型，加强能源联盟，支持欧盟国家之间能源互联互通。

为了支持可再生能源发展，欧盟制定了《欧洲迈向气候中和的氢能战略》③《欧盟海上可再生能源发展战略》④《风能路线图》⑤《欧洲风电行动计划》⑥ 等多项战略和计划，将大力发展氢能源作为实现清洁能源转型、2050 年气候中立型经济目标的重要任务，并将海上风电作为可再生能源开发利用的重点。

（二）减排路径

为了推动欧盟能源系统脱碳，实现欧盟 2030 年气候目标和 2050 年碳中和长期战略目标，欧盟重点围绕煤炭淘汰、海上风电部署、氢能开发利用、能源电气化与数字化、能源互联互通等方面采取措施。

1. 煤炭淘汰

煤炭约占欧盟总发电量的 20%，为 31 个地区和 11 个欧盟国家的矿山和发电厂提供就业机会⑦。欧洲有 108 个地区存在煤炭基础设施，近 23.7 万人从事煤炭相关活动，近 1 万人从事泥炭开采活动，约 6 万人受雇于油页岩行业⑧。欧盟采取以下措施促进煤炭转型。

----

① European Commission. 2022. REPowerEU：A Plan to Rapidly Reduce Dependence on Russian Fossil Fuels and Fast forward the Green Transition. https：//ec. europa. eu/commission/presscorner/detail/en/ip_22_3131［2022-05-18］.

② European Commission. 2022. Trans- European Networks for Energy. https：//energy. ec. europa. eu/topics/infrastructure/trans- european-networks- energy_en［2022-05-30］.

③ European Commission. 2020. A Hydrogen Strategy for A Climate- neutral Europe. https：//ec. europa. eu/energy/sites/ener/files/hydrogen_strategy. pdf［2020-07-08］.

④ European Commission. 2020. An EU Strategy to Harness the Potential of Offshore Renewable Energy for A Climate Neutral Future. https：//energy. ec. europa. eu/topics/renewable-energy/offshore- wind-and-ocean- energy_en［2020-11-19］.

⑤ European Technology and Innovation Platform （ETIP）. 2019. ETIP Wind Roadmap. https：//etipwind. eu/files/reports/ETIPWind- roadmap-2020. pdf［2019-11-27］.

⑥ European Commission. 2023. Commission sets out immediate actions to support the European wind power industry. https：//ec. europa. eu/commission/presscorner/detail/en/ip_23_5185［2023-10-24］.

⑦ European Commission. 2022. Coal regions in transition. https：//energy. ec. europa. eu/topics/oil- gas- and-coal/eu- coal- regions/coal-regions-transition_en［2022-09-01］.

⑧ European Parliament. 2020. Proposal for A Regulation of the European Parliament and of the Council Establishing the Just Transition Fund. https：//eur- lex. europa. eu/legal- content/EN/TXT/? qid＝1579099555315&uri＝COM：2020：22：FIN［2020-01-14］.

（1）煤炭淘汰承诺。截至 2021 年，欧盟 27 国中已有奥地利、比利时、塞浦路斯、爱沙尼亚、拉脱维亚、立陶宛、卢森堡、马耳他、瑞典、葡萄牙 10 个国家实现煤炭淘汰，斯洛伐克、法国、希腊、匈牙利、爱尔兰、意大利、丹麦、芬兰、西班牙、荷兰、罗马尼亚、斯洛文尼亚、捷克、德国 14 个国家已作出煤炭淘汰承诺，保加利亚、克罗地亚、波兰 3 个国家正在考虑煤炭淘汰政策。

（2）提供煤炭转型补助。欧盟委员会于 2017 年启动了煤炭转型区域计划，以帮助减轻欧盟的煤炭、泥炭和油页岩地区低碳转型的负担。2022 年，欧盟引入公正转型机制，设立 75 亿欧元的公正转型基金，进行有针对性的财政支持，为欧盟煤炭地区等受影响最严重的地区提供必要的投资。公正转型机制将重点关注受煤炭转型影响最大的地区和部门，这些部门严重依赖化石燃料，包括煤炭、泥炭和油页岩或温室气体密集型工业过程。

2. 海上风电部署

推进清洁能源发电替代化石能源发电，是实现碳中和的关键。根据欧洲输电运营商联盟测算，欧洲电力行业需在 2040 年提前实现温室气体净零排放，同时加快电能替代以帮助其他行业在 2050 年实现碳中和。风电、太阳能发电将逐步成为主力电源，预计 2040 年，风电和太阳能发电占总装机比例将达到 65%（风电 30% + 太阳能发电 35%）[1]。

海上风电将是可再生能源开发利用的重点，海上风能的部署是实现《欧洲绿色协议》的核心。根据欧盟委员会在《欧盟海上可再生能源发展战略》中提出的欧盟海上可再生能源中、长期发展目标，到 2050 年将在欧盟海域内部署 300 ~ 400 GW 的离岸可再生能源。2023 年，欧盟海上风电装机容量为 19.38 GW，到 2030 年风电装机容量将增长到 500 GW 以上[2]。

北海、波罗的海、地中海沿岸是欧洲海上风电开发重点地区，近海地区将多采用固定式技术，水深超过 60m 的深海区域将多采用漂浮式风电技术[1]。为了充分利用北海和波罗的海海上风电的潜力，并促进这些地区国家之间的合作，欧盟加入"北海能源合作"[3] 和"波罗的海能源市场互联计划"[4]。

① 郑漳华，倪宇凡，冯利民，等 . 2021. 欧洲能源发展趋势分析及其对能源碳中和的启示 . 电器与能效管理技术，607（10）：1-6.

② European Commission. 2024. Offshore renewable energy. https：//energy. ec. europa. eu/topics/renewable-energy/offshore-renewable-energy-en［2024-08-05］.

③ European Commission. The North Seas Energy Cooperation. https：//energy. ec. europa. eu/topics/infrastructure/high-level-groups/north-seas-energy-cooperation-en［2024-08-05］.

④ European Commission. Baltic Energy Market Interconnection Plan. https：//energy. ec. europa. eu/topics/infrastructure/high-level-groups/baltic-energy-market-interconnection-plan-en［2024-08-19］.

3. 氢能开发利用

氢能是加速能源替代、实现碳中和的重要选择。欧盟氢能产业已历经 40 多年发展，在燃料电池和氢能源技术方面处于世界领先地位，并以其技术优势跻身全球氢能产业佼佼者行列[1]。欧盟及其成员国将大力发展氢能作为实现清洁能源转型、2050 年气候中和型经济目标的重要任务。

为落实《欧洲绿色协议》要求，欧盟委员会发布《欧洲迈向气候中和的氢能战略》《能源系统一体化战略》等纲领性文件，并将"氢能技术和系统"产业确定为欧盟未来六大战略性产业之一。其中，氢能战略明确提出将加大对氢能的政策激励和支持力度，促进可再生能源和转型中的低碳氢能持续"降成本"脱碳，同时综合考虑产业竞争力和能源系统价值链影响等综合性因素。氢能路线图明确 2050 年前氢能发展的三个阶段：2020 ～ 2024 年，电解槽容量将扩至 60 亿 W，促进化工部门脱碳和氢能终端应用；2024 ～ 2030 年，电解槽容量将扩至 400 亿 W，建立欧洲绿氢运输网、大规模储氢设施，推进绿氢应用于钢铁和海陆运输领域，发展绿氢跨境贸易和氢市场；2030 ～ 2050 年，绿氢技术将发展成熟，并大规模部署至航空航运等脱碳难度高的领域，氢能在欧洲能源结构中的份额有望从不及 2% 提升至 13% ～ 14%[1]。

欧盟委员会于 2022 年和 2024 年批准了欧洲共同利益重要项目（IPCEI）机制下的 Hy2Tech、Hy2Use、Hy2Infra 和 Hy2Move 计划[2]，为氢技术的发展提供 189 亿欧元资金，以推动氢价值链开发创新技术，使工业流程和交通脱碳。此外，欧盟建立"清洁氢能伙伴关系"，重点关注可再生氢的生产、储存、运输、分销以及具有价格优势的清洁氢终端优先使用的关键部件。

4. 能源电气化与数字化

能源电气化是实现碳中和的核心措施。《欧洲研究区能源密集型行业低碳技术路线图》指出，电气化是能源密集型行业脱碳所需的最相关技术途径之一[3]。未来欧洲将以电能为核心构建全新的低碳能源体系，通过加速电能替代以帮助其

---

① 贾英姿，袁璐，李明慧. 2022. 氢能全产业链支持政策：欧盟的实践与启示. 财政科学，73（1）：141-151.

② European Commission. Approved IPCEIs in the hydrogen value chain. https://competition-policy.ec.europa.eu/state-aid/ipcei/approved-ipceis/hydrogen-value-chain_en［2024-05-28］.

③ European Commission. ERA Industrial Technology Roadmap for Low-carbon Technologies in Energy-intensive Industries. https://research-and-innovation.ec.europa.eu/knowledge-publications-tools-and-data/publications/all-publications/era-industrial-technology-roadmap-low-carbon-technologies-energy-intensive-industries_en［2022-04-05］.

他行业在 2050 年实现碳中和，推进以电代煤、以电代油、以电代气[1]。《能源系统一体化战略》提出将加速能源电气化，基于可再生能源建立电力系统。通过完善与执行《可再生能源指令》《欧盟海上可再生能源发展战略》《工业排放指令》《替代燃料基础设施指令》等法律法规，提高可再生能源电力的成本效益，加快替代燃料、电动汽车充电桩等基础设施建设，推动工业、交通运输业、建筑业等行业的能源消费电气化，解决可再生能源电力的消纳问题，确保可再生能源电力的可持续增长。例如，交通领域将快速实现电能替代。根据欧洲汽车制造商协会的数据，预计 2025～2050 年，欧洲电动汽车数量将迎来爆发式增长，增加约 1.9 亿～2.5 亿辆，到 2050 年将达到 2.6 亿～3.3 亿辆[1]。《可持续和智能交通战略》提出，促进在交通运输部门使用氢及其衍生物[2]。

能源数字化可以通过优化能源生产、传输、交易和消费环节的资源配置能力、安全保障能力和智能互动能力，从而实现能源企业智能化、数据化、信息化运营管理。《能源系统一体化战略》提出，构建创新型能源数字化系统。通过提出"能源系统数字化行动计划"、电力网络安全网络守则、共同的最低标准，加大对数字能源基础设施的投资力度，在保障数据隐私和主权的前提下，满足数据访问的互操作性要求，实现能源系统的规范化管理。

5. 能源互联互通

能源互联互通是低碳发展的支撑基础，电能跨国跨区优化配置是发展趋势。跨国电力互联有助于增加国家的电力供给渠道，实现清洁能源大范围的余缺互补与优化配置，减少能源开发和转型的成本。受资源禀赋、开发成本较高等因素影响，欧洲能源跨区配置比例不断提高，能源进口、电能进口占能源总消耗量的比例逐年上升，能源互联互通的发展保障了可再生电能在全欧洲范围内获得优化利用，其用能逐步低碳化的进程与能源互联互通基础设施的不断提升密切相关[1]。

《能源系统一体化战略》提出，构建一体化的能源基础设施。通过修订并执行可再生能源指令、能源效率指令等法规，确保欧盟跨部门基础设施规划与脱碳目标一致，推动能源系统一体化。欧盟正在实施"连接欧洲设施"计划，2019年通过了第四份共同利益项目清单，其中包含 102 个电力传输和存储项目、6 个智能电网部署项目、32 个天然气项目、6 个石油项目和 5 个跨境二氧化碳网络项目。重点加强爱尔兰、伊比利亚半岛、意大利、波罗的海沿岸国家和地区的电网

---

① 郑漳华，倪宇凡，冯利民，等. 2021. 欧洲能源发展趋势分析及其对能源碳中和的启示. 电器与能效管理技术，607（10）：1-6.

② Council of the EU. 2021. Sustainable and Smart Mobility Strategy – Council Adopts Conclusions. https://www. consilium. europa. eu/en/press/press-releases/2021/06/03/sustainable- and- smart- mobility- strategy- council-adopts-conclusions/［2021-06-03］.

与欧洲大陆电网的联系，计划 2030 年实现成员国跨国输电能力占本国装机容量的 15%[①]。未来，欧洲将逐步建立单一的欧盟跨区域日内电力交易机制，能源的买方和卖方（市场参与者）能够在需要能源的同一天，在整个欧洲进行连续日内交易。同时，逐步完善区域协调机制，实现各区域系统备用资源的优化配置[②]。

二、工业

工业部门的温室气体排放量占欧盟排放总量的 21%（2021 年）。为了在 2050 年实现气候中和，到 2030 年，欧盟工业的二氧化碳排放量需要比 2015 年减少 23%[③]。2019 年以来，欧盟先后出台了《欧洲绿色协议》《塑造欧洲数字未来》[④]《欧洲新工业战略》[⑤]《绿色协议产业计划》[⑥]《净零工业法案》[⑦] 等多个顶层文件，明确了欧洲工业向绿色化和数字化转型的目标和路径，以提高欧盟绿色工业竞争力，推动关键清洁技术的工业部署，加速实现气候目标。

（一）战略政策行动

2019 年 12 月，欧盟委员会发布的《欧洲绿色协议》提出要促进工业向清洁和循环经济发展。关键行动包括：①2020 年 3 月之前，制定新的欧盟工业战略，应对绿色化和数字化转型的双重挑战；②提出新的循环经济行动计划，将包括可持续产品政策，并重点关注纺织、建筑、电子和塑料等资源密集型行业，加快推动能源密集型工业部门实现产品循环和气候中和；③到 2030 年，在工业关键行业率先实现突破性技术的商业应用，优先领域包括清洁氢、燃料电池和其他替代燃料、储能以及碳捕集、

① European Commission. 2021. Amending Regulation（EU）No 347/2013 of the European Parliament and of the Council as regards the Union list of projects of common interest. https://energy. ec. europa. eu/system/files/2021-11/fifth_pci_list_19_november_2021_annex. pdf[2021-11-19].

② 郑漳华，倪宇凡，冯利民，等. 2021. 欧洲能源发展趋势分析及其对能源碳中和的启示. 电器与能效管理技术，607（10）：1-6.

③ European Commission. 2022. Strategic Foresight Report：Twinning the green and digital transitions in the new geopolitical context. https://eur-lex. europa. eu/legal-content/EN/TXT/? uri=CELEX%3A52022DC0289&qid=1658824364827[2022-06-29].

④ European Commission. 2020. Shaping Europe's Digital Future：Commission Presents Strategies for Data and Artificial Intelligence. https://ec. europa. eu/commission/presscorner/detail/en/IP_20_273[2020-02-19].

⑤ European Commission. 2020. A New Industrial Strategy for Europe. https://eur-lex. europa. eu/legal-content/EN/TXT/? uri=CELEX:52020DC0102[2020-03-10].

⑥ European Commission. 2023. A Green Deal Industrial Plan for the Net-zero Age. https://ec. europa. eu/commission/presscorner/detail/en/ip_23_510[2023-02-01].

⑦ European Commission. 2023. Net Zero Industry Act. https://single-market-economy. ec. europa. eu/publications/net-zero-industry-act_en[2023-03-16].

封存与利用，如欧盟委员会将支持清洁钢突破性技术，到 2030 年实现零碳炼钢工艺；④继续实施《电池战略行动计划》并支持欧洲电池联盟，还将在 2020 年提出相关立法，以建立安全、可循环和可持续的电池价值链，包括为日益增长的电动汽车市场供应电池；⑤探索各类措施，确保人工智能、5G、云计算和边缘计算及物联网等数字化技术能尽量快速地帮助欧盟应对气候变化的政策发挥应有作用。

2020 年 3 月，欧盟委员会发布一揽子工业政策①，旨在促使欧洲工业向绿色化和数字化转型，并提升其全球竞争力和战略自主权。一揽子政策包括：《欧洲新工业战略》、适应可持续和数字发展的中小企业战略、服务企业和消费者的单一市场行动计划。其中，《欧洲新工业战略》提出了三大目标：①保持欧洲工业的全球竞争力和公平竞争环境；②实现 2050 年欧洲气候中和承诺；③塑造欧洲的数字化未来。在支持工业实现气候中和方面，《欧洲新工业战略》将采取以下措施：①制定《智能行业整合战略》；②欧洲能源数据空间将利用数据的潜力，提高能源部门的创新能力；③启动"公正转型平台"，为碳密集地区和行业提供技术和咨询支持；④制定《欧盟清洁钢铁和化学品可持续发展战略》；⑤审查《跨欧洲网络能源法规》；⑥制定《欧盟海上可再生能源发展战略》；⑦制定《可持续和智能交通战略》；⑧提出建筑环境的倡议和战略；⑨制定《碳边境调节机制》，以减少碳泄漏。此外，《欧洲新工业战略》还提出将建设"清洁氢能联盟""低碳工业联盟""工业云平台联盟""原材料联盟"等欧洲共同利益重要项目。

2023 年 2 月，欧盟委员会发布《绿色协议产业计划》，旨在简化、加速和调整激励措施，以提高欧洲净零工业的竞争力。计划提出四大行动支柱：①建立可预期和简化的监管环境以支持关键技术工业制造，出台《净零工业法案》《关键原材料法案》《电力市场设计改革方案》；②促进投资和融资，通过对《临时性危机和过渡框架》（TCTF）和《通用集体豁免条例》（GBER）的修订，简化资助项目审批，扩大可再生技术资助范围，并提议建立欧洲主权基金；③提高绿色技术技能，建立净零工业学院、实施资格认证等；④开放贸易以提升供应链韧性，成立关键原材料俱乐部，发展清洁技术/净零排放工业合作伙伴关系，以及制定出口信贷战略等。2023 年 3 月，欧盟委员会发布《净零工业法案》，提出到 2030 年欧盟战略性净零技术的本土制造能力将接近或达到年度部署需求的 40%，并将太阳能光伏和光热、陆上风能和海上可再生能源、电池和储能、热泵和地热能、电解槽和燃料电池、沼气/生物甲烷、碳捕集与封存、电网技术、可持续的

---

① European Commission. 2020. Making Europe's businesses future-ready：A new Industrial Strategy for a globally competitive，green and digital Europe. https://ec. europa. eu/commission/presscorner/detail/en/ip_20_416 ［2020-03-10］.

替代燃料和先进核能列为战略性净零技术。该法案不仅为欧盟发展绿色工业设定了阶段实施目标，还针对不同技术领域分别设置了各自的产能目标。

（二）减排路径

钢铁、水泥和化工等能源密集型行业是欧洲经济不可或缺的组成部分，也是其他产业的依托，其二氧化碳排放量占欧盟工业二氧化碳排放量的2/3以上[①]。因此，这些行业的脱碳对实现碳中和尤为重要。到2030年，欧洲钢铁行业大约48%的产能、化工行业53%的产能和水泥行业30%的产能将需要进行重大改造和升级[②]。这些能源密集型行业脱碳所需的关键技术包括：电气化、绿氢的使用、CCUS、生物质和其他生物燃料、资源回收、可替代燃料和原料、能源和材料效率（包括工业共生）提高等[③]。

1. 钢铁行业

钢铁生产是欧盟温室气体排放的主要来源。2017年，钢铁行业二氧化碳排放量占欧盟排放总量的4%，是最难脱碳的工业行业之一[④]。欧洲钢铁工业联盟发布的《低碳路线图：实现欧洲钢铁行业二氧化碳中和的路径》制定了钢铁减排路径方案，指出在适当的条件下，通过新的技术途径，到2050年，欧洲钢铁工业可以实现80%～95%的碳减排（与1990年水平相比）；由于使用新技术和可能消耗更多的能源，到2050年，预计每吨钢铁的生产总成本将上升35%～100%；到2050年，额外需要约400TW·h的无碳电力，大约是该行业目前购买量的7倍[⑤]。

1）欧盟钢铁行业减排的主要技术路径

欧盟目前主要采用两种炼钢工艺。①60%的钢通过综合工艺炼制。该工艺从铁矿石中提炼出原钢，烧结或球团形式的铁在高炉（BF）中经过焦炭还原，然后在氧气顶吹转炉（BOF）中转换为粗钢。②40%的钢通过回收途径炼制，废钢在电弧炉（EAF）中进行再加工。通过电弧炉路线提高循环利用率，并转向完全

① European Commission. 2021. Low-carbon technologies for industries in Europe. https://op. europa. eu/en/publication-detail/-/publication/8d41b32e-fa51-11eb-b520-01aa75ed71a1/language-en/format-PDF/source-222700787 [2021-08-09].

② Agora Energiewende. 2021. Breakthrough Strategies for Climate-neutral Industry in Europe. https://www. agora-energiewende. de/en/publications/breakthrough-strategies-for-climate-neutral-industry-in-europe-study/[2021-04-21].

③ European Commission. 2021. Pilot industrial technology prospect report—R&I evidence of EU development of low-carbon industrial technologies. https://op. europa. eu/en/publication-detail/-/publication/f59d2692-cf12-11eb-ac72-01aa75ed71a1/language-en[2021-06-17].

④ JRC (Joint Research Centre). 2020. Decarbonisation of industrial heat: The iron and steel sector. https://setis. ec. europa. eu/decarbonisation-industrial-heat-iron-and-steel-sector_en[2020-01-01].

⑤ EUROFER. 2019. Low carbon roadmap: Pathways to a CO_2-neutral European steel industry. https://www. eurofer. eu/publications/reports-or-studies/low-carbon-roadmap-pathways-to-a-co2-neutral-european-steel-industry/[2019-11-01].

脱碳的电力势在必行。然而，由于对原钢的持续需求，还需要氢直接还原以及 CCUS 耦合等全新的炼钢工艺[1]。

欧盟钢铁行业的二氧化碳减排主要有智能碳利用技术（SCU）和碳直接避免技术（CDA）两条技术路径[2]，如图 4-2 所示。智能碳利用技术包括：①工艺集成，主要着眼于对现有的基于化石燃料的炼铁/炼钢工艺进行改造，以帮助减少欧盟最先进工厂的二氧化碳排放；②碳值化/碳捕集与利用，包括将炼钢厂产生的氢气、CO 和 CO_2 作为原材料生产或集成到有价值的产品中。碳直接避免技术包括：①氢冶金（以氢为基础的冶金），用氢代替碳作为铁矿石还原阶段的主要还原剂，这种氢可以利用可再生能源生产；②电冶金（以电为基础的冶金），用电代替碳作为铁矿石还原的还原剂，更关注可再生能源。

图 4-2　欧盟钢铁行业战略性技术途径和在建项目

大多数低碳钢生产路径在技术上尚未达到成熟，并且也不清楚哪种工艺将会在未来的钢铁生产中占据主导地位。但是，这些技术展示出未来创新技术的巨大潜力。低碳炼钢解决方案的商业推广预计要到 2030 年左右，目前有必要对试点和示范工厂进行大量投资。

---

① European Commission. 2023. Towards competitive and clean European steel. https://pact-for-skills. ec. europa. eu/community-resources/publications-and-documents/towards-competitive-and-clean-european-steel_en[2023-05-05].

② EUROFER. 2019. Low carbon roadmap: Pathways to a CO_2-neutral European steel industry. https://www. eurofer. eu/publications/reports-or-studies/low-carbon-roadmap-pathways-to-a-co2-neutral-european-steel-industry/[2019-11-01].

增加回收废钢的使用、近净形铸造、炉顶煤气循环（TGR-BF）、结合 CCS 的熔炼还原工艺、CCS/CCU、从 BF 转向 EAF、使用氢和 EAF 直接还原铁（DRI）、用天然气直接还原铁、生物质共烧等技术在技术成熟度（TRL）方面处于领先水平，这些技术要么已经部署，要么具有到 2030 年大规模部署的潜力。其中，许多技术都是对传统钢铁生产工艺的优化（BF/BOF），其他技术则依赖于从 BF/BOF 工艺转向 EAF 或 DRI 工艺。鉴于 EAF 是以熔炼过程电气化为基础，在选择这一备选方案时，未来廉价的可再生能源的供应将是一个重要考虑因素。以氢为基础的 DRI 生产路线将在很大程度上取决于绿色电力和氢气的可得性[①]。表 4-3 对这些低碳/碳中和技术进行了比较。

2023 年 7 月，欧盟委员会宣布将为法国的安赛乐米塔尔集团提供 8.5 亿欧元直接拨款形式的国家援助，用于支持建设一个直接还原铁厂（DRP）和两个电弧炉（EAF）[②]。DRP/EAF 联合装置将取代现有三个高炉中的两个和三个碱性氧气炼钢炉中的两个。新装置将完全使用可再生或低碳氢气、沼气和电力作为能源输入。DRP/EAF 联合装置预计将于 2026 年开始运行，预计每年可生产 400 万 t 低碳钢水。该项目预计将在 15 年的生命周期内避免约 7000 万 t 二氧化碳排放。同时，欧盟委员会也宣布将向德国的蒂森克虏伯公司提供 5.5 亿欧元的直接拨款和 14.5 亿欧元的有条件支付机制的国家援助[③]。其中，5.5 亿欧元的直接拨款将用于支持在杜伊斯堡建设一个直接还原铁厂和安装两个熔炼装置，以取代现有的高炉。该工厂到 2037 年将仅使用可再生氢气运行。2023 年 12 月，欧盟委员会批准了 26 亿欧元的德国国家援助，以支持萨尔钢铁公司在萨尔州弗尔克林根（Völklingen）和迪林根（Dillingen）的钢铁生产过程脱碳项目[④]。该援助将采取直接赠款的形式，支持建造一个直接还原厂和两个新的电弧炉，以取代现有的高炉和氧气顶吹转炉。新直接还原铁厂最初将采用天然气，随后逐渐过渡到低碳和

---

① ITRE (European Parliament's Committee on Industry, Research and Energy). 2021. Moving towards Zero-emission Steel. https://www.europarl.europa.eu/RegData/etudes/STUD/2021/695484/IPOL_STU(2021)695484_EN.pdf[2021-12-16].

② European Commission. 2023. State aid: Commission approves €850 million French measure to support ArcelorMittal decarbonise its steel production. https://ec.europa.eu/commission/presscorner/detail/en/ip_23_3925[2023-07-20].

③ European Commission. 2023. State aid: Commission approves German €550 million direct grant and conditional payment mechanism of up to €1.45 billion to support ThyssenKrupp Steel Europe in decarbonising its steel production and accelerating renewable hydrogen uptake. https://ec.europa.eu/commission/presscorner/detail/en/ip_23_3928[2023-07-20].

④ European Commission. 2023. Commission approves €2.6 billion German State aid measure to support Stahl-Holding-Saar decarbonise its steel production through hydrogen use. https://ec.europa.eu/commission/presscorner/detail/en/ip_23_6647[2023-12-19].

表 4-3 钢铁行业低碳/碳中和技术的比较

技术	实例（已开发/正在开发）	技术成熟度	可能进入市场年份	减排潜力	成本	技术障碍	金融障碍	监管障碍
增加回收废钢的使用	在多家 EAF 钢铁厂得到很好的开发和应用	现成技术	目前可用	58%	以具有竞争力的成本随时提供技术	N/A（已到位的技术）	N/A（比原钢生产便宜的路线）	关于废钢及其质量、性能及其长期可得性的问题；缺乏改善材料质量的激励措施以及建筑废料和车辆报废拆除的规定
近净形铸造	Castrip, Salzgitter, ARVEDI ESP	8~9	目前可用	60%来自传统热轧工艺相关的排放，约占工艺排放的 20%	资本支出：≤50 欧元/t产品	N/A（已到位的技术）	N/A	N/A
炉顶煤气循环	ULCOS-BF, IGAR	7	2025 年之后	30%，结合 CCUS 达65%	无 CCUS 的资本支出：80~110 欧元/t产品；结合 CCUS 的资本支出：110~150 欧元/t产品	BF 注气系统、顶部气体处理（清洗、分离、压缩）和项目产业示范范围的需求	资金主要用于消除项目的风险	沼气、绿氢和绿色电力的可用性
结合 CCS 的熔炼还原工艺	HIsarna	5~6	2030~2035 年	85%	资本支出：5 亿欧元（不含工厂的）；全部投资（不含 1.15t/a 的工厂）；成本范围：101~500 欧元/t产品	需要更多的工业测试和示范项目	非常高的资本成本，需要更多的资金渠道	没有足够的 CCS 基础设施，无法与工艺相结合，并实现大量 CO_2 减排

续表

技术	实例（已开发/正在开发）	技术成熟度	可能进入市场年份	减排潜力	成本	技术障碍	金融障碍	监管障碍
CCS/CCU	Carbon2Chem, STEPWISEEVE-REST（目前正在停止采用DRI H₂方法）	7~8	2025~2030年	CCU为63%，合计高达90%	技术准备程度低，成本高	需要有储存地点和化学循环路线供部署	随着技术的发展，需要更多的资金渠道	需要CO₂运输基础设施、公众对该技术的支持程度较低
从BF转向EAF	瑞典钢铁公司SSAB宣布计划到2025年用EAF取代1.5 Mt的传统炼钢能力	现成技术	目前可用	63%~73%	以具有竞争力的成本随时提供技术	EAF只能处理那些已经在高炉中从铁矿石还原为生铁的钢铁，或者使用氢气或者废钢	N/A	N/A
使用氢和EAF直接还原铁（DRI）	HYBRIT, GrINHy, H2Future, SuSteel, SALCOS, SIDERWIN, ULCOWIN	DRI-H₂: 7DRI-电解: 6	DRI-H₂: 2030~2035年 DRI-电解: 2040~2045年	87%~97%	高运营成本的技术，估计资本支出: 101~500欧元/t钢; 估计运营成本范围: 490~590欧元/t钢	N/A（已到位的技术）	氢气和电解槽成本高，资助机制需要覆盖资本支出和运营成本	与氢基础设施以及可再生电力的认证和可用性有关
用天然气直接还原铁	ArcelorMittal, Hamburg	现成技术	目前可用，2025年之前氢代替天然气	66%	现成技术；氢生产成本高	N/A，但天然气应尽快用氢气代替	N/A 低成本	N/A

续表

技术	实例（已开发/正在开发）	技术成熟度	可能进入市场年份	减排潜力	成本	技术障碍	金融障碍	监管障碍
生物质共烧	SHOCOM、GREENEAFZ、ACASOS	2~7，取决于生物质利用的方法	2030年	20%~42%，取决于替代率	目前还未上市，钢铁厂生物质预处理的资本支出相对较低，而运营成本主要取决于原料的供应情况	研发需要展示侧重于预处理和通过测试扩大规模和优化工艺来升级生物质的备选方案，同时侧重于钢铁厂的智能集成	主要与生物质的可用性和成本有关（运营成本）	不确定生物质是否将用于工业应用（替代燃料或替代材料），这可能会影响对该技术选择的投资和研究决策

注：技术成熟度（TRL）是指某一特定技术的技术成熟度估计水平。TRL分为1~9级，TRL 1表示处于"基本原则得到遵守"的早期阶段，TRL 9表示"技术与实际系统在运行环境中得到验证"。N/A表示不存在此情况

可再生氢。新的钢铁生产装置预计将于 2026 年开始运行,每年将生产 305 万 t 粗钢,在项目生命周期内避免排放超过 5300 万 t 的二氧化碳。

2)欧盟对零碳钢铁部署的资助基金和支持机制

在欧盟层面,最显著的资助基金和支持机制是清洁钢铁伙伴关系(CSP)、公正转型机制(JTM)以及碳边境调节机制(CBAM),钢铁行业的其他重要资助工具包括创新基金(Innovation Fund)、欧洲共同利益重要项目(IPCEI)、"投资欧洲"(InvestEU)和"下一代欧盟"(NextGenerationEU)[①]。部分资助基金和支持机制介绍如下。

(1)复苏和韧性基金(RRF)。RRF 是"下一代欧盟"一揽子复苏计划的关键组成部分,将作为 2021~2027 年长期预算的一部分提供,以支持欧盟成员国从新冠疫情中恢复过来。RRF 将以贷款和赠款的形式向成员国提供 7238 亿欧元,用于支持改革和投资,其中 37% 的投资将用于促进绿色转型。一些成员国计划使用 RFF 部分资金支持其钢铁行业的脱碳。例如,意大利 RRF 计划提到对清洁氢气生产的投资,包括到 2030 年安装 500 GW 的电解槽产能。

(2)公正转型机制(JTM)。JTM 是确保向气候中和经济公平转型的关键政策。JTM 提供有针对性的支持,帮助在下一个多年度(2021~2027 年)财政框架(MFF)期间对受严重影响的地区调动 650 亿~750 亿欧元,以减轻转型对社会经济和就业的影响。作为 JTM 的一部分,公正转型基金(JTF)将向受转型负面影响最大的地区,包括污染严重的重工业地区投资 175 亿欧元。钢铁行业是JTF 在六个成员国支持的优先行业之一。此外,根据新的"投资欧洲"基金公正转型计划和新的公共部门贷款机制,公共和私营部门也可获得赠款和贷款。

(3)"投资欧洲"计划。"投资欧洲"计划将提供预算担保,并调动 100 亿~150 亿欧元的私营部门投资,同时贷款机制将欧盟预算提供的 15 亿欧元赠款与欧洲投资银行(EIB)提供的 100 亿欧元贷款结合起来,以调动 250 亿~300 亿欧元的公共投资。在"投资欧洲"计划的可持续基础设施与研究、创新和数字化目标下,对可持续工业应用进行投资是该基金的一个优先事项。"投资欧洲"基金下的财政支持可采取由欧洲投资银行集团或其他执行伙伴提供的各种形式的股权或贷款融资。已资助的项目包括比利时的安赛乐米塔尔公司在炼钢领域的突破性举措,该公司获得了欧洲投资银行 7500 万欧元的贷款,用于扩大两个项目的规模,其中的"钢铁醇"(Steelanol)是一个工业规模的示范工厂,从炼钢所用的高炉中收集废气(碳和氢),并将其生物转化为可用于液体燃料混合的可回收

---

① European Commission. 2022. Climate-neutral Steelmaking in Europe. https://op. europa. eu/en/publication-detail/-/publication/89cda1b2-b169-11ec-83e1-01aa75ed71a1[2022-03-24].

碳乙醇。

（4）创新基金。创新基金是欧盟委员会发起的低碳和可再生能源示范项目投资计划，是世界上最大的创新性低碳技术资助计划之一，支持包括钢铁等能源密集型行业在内的多个部门的低碳技术研发创新[①]。创新基金的资金来自欧盟排放交易体系排放配额的拍卖所得。据估计，创新基金将在2020~2030年提供约250亿欧元的支持（取决于碳价格），旨在为具有欧洲附加值的能源密集型行业的创新低碳技术和工艺项目提供资金，以实现显著的减排。这些项目包括碳密集型产品的替代、CCS和CCU、创新的可再生能源发电和储能。选择项目的依据是避免温室气体排放的有效性、创新程度、项目成熟度、可扩展性和成本效益。创新基金资助可支付项目成本的60%，并且40%的资助是预先支付的，在实现业绩里程碑后支付额外的款项。

（5）煤炭和钢铁研究基金（RFCS）与清洁钢铁伙伴关系（CSP）。RFCS是欧盟支持煤炭和钢铁研发的一个资助项目。资金来自欧洲煤钢共同体（ECSC）清算资产的收入。2021年7月19日，欧盟通过了新的RFCS计划，2021~2027年每年拨款1.11亿欧元，由欧盟委员会与ECSC及煤炭和钢铁咨询小组合作管理。RFCS支持的一些重点研究包括开发来自可再生资源的替代碳载体，以及铁矿石还原和冶炼的突破性新工艺[②]。欧洲清洁钢铁伙伴关系（CSP）于2021年6月24日正式启动。CSP的建立，旨在支持低碳和零碳炼钢突破技术从试点到示范阶段的研发和创新活动。CSP依赖于资金的协同效应，7亿欧元来自"地平线欧洲"和ECSC清算资产。然而，公共和私营部门在2020~2027年的预期投资需求估计为20亿欧元。CSP的总体目标是开发技术成熟度在TRL 8的技术，到2050年将炼钢过程相关的二氧化碳排放量在1990年的水平上减少80%~95%。具体目标包括：①通过示范规模的碳直接避免技术使钢铁生产成为可能；②在示范规模的炼钢线路上推广智能碳利用技术；③开发可部署的技术，以提高能源和资源利用效率；④增加废钢和废渣的回收利用；⑤论证洁净钢生产突破性技术的可行性；⑥加强欧盟钢铁产业的全球竞争力，符合欧盟钢铁产业战略。

2. 水泥行业

水泥行业二氧化碳排放量约占欧盟排放总量的4%，用于加热水泥窑的化石

---

① European Commission. 2023. Towards competitive and clean European steel. https://pact-for-skills. ec. europa. eu/community-resources/publications-and-documents/towards-competitive-and-clean-european-steel_en[2023-05-05].

② European Commission. 2021. Pilot industrial technology prospect report-R&I evidence of EU development of low-carbon industrial technologies. https://op. europa. eu/en/publication-detail/-/publication/f59d2692-cf12-11eb-ac72-01aa75ed71a1/language-en[2021-06-17].

燃料燃烧占水泥二氧化碳排放量的35%，其余65%为过程排放[①]。2020年5月，欧洲水泥协会发布欧洲水泥行业到2050年的碳中和路线图[②]，提出了水泥行业如何通过在"5C全价值链"的每个阶段（熟料生产、水泥生产、混凝土生产、建筑和再碳化）采取行动减少二氧化碳排放，以在2050年实现净零排放。路线图制定了2050年实现水泥和混凝土价值链中的碳中和目标及其关键技术的路径。

水泥行业碳中和目标为：到2030年，水泥行业的二氧化碳排放量在1990年的水平上减少30%，价值链下游的二氧化碳排放量减少40%，即二氧化碳排放量从1990年的783 $kgCO_2/t$ 水泥下降至2030年的472 $kgCO_2/t$ 水泥；到2050年实现净零排放目标。"5C全价值链"实施路径如表4-4所示。路线图提出，要实现2050年净零排放目标，水泥行业需要欧盟在一些关键领域采取有效的政策，包括：支持CCUS技术以及二氧化碳运输和储存网络的开发；采取行动支持循环经济，支持在水泥生产中使用不可回收废物和生物质废物；以可负担的价格提供可再生电力，对基础设施进行必要的升级，满足日益增加的电力需求；支持将汽车动力转向电力或氢能源，并提供每种能源的充足供应；基于生命周期的方法，减少欧洲建筑的碳足迹，鼓励低碳水泥市场推广；充分利用建筑混凝土吸收二氧化碳的潜力，其生命周期内的再碳化应在二氧化碳排放核算、碳足迹方法和二氧化碳认证中得到确认；在碳排放监管和促进工业转型方面创造公平的竞争环境等[③]。

表4-4 水泥行业实现净零排放的"5C全价值链"实施路径及目标

价值链阶段	技术	路径
熟料生产环节	替代的脱碳原料	到2030年，使用脱碳材料将过程中的二氧化碳排放量减少3.5%，到2050年减少8%
	燃料替代与零燃料排放研究	到2030年达到60%的替代燃料，其中生物质燃料达到30%；到2050年达到90%的替代燃料，其中生物质燃料达到50%
	新型水泥熟料和矿化剂的应用	到2030年，将过程中的二氧化碳排放量减少2%，到2050年减少5%
	热效率	到2030年，将热效率提高4%，到2050年提高14%
	CCUS	到2050年，使用不同的碳捕集技术使二氧化碳排放量减少42%

---

① JRC（Joint Research Centre）. 2020. Deep decarbonisation of industry：The cement sector. https://setis. ec. europa. eu/deep-decarbonisation-industry-cement-sector_en［2020-01-01］.

② CEMBUREAU. 2020. 2050 Carbon Neutrality Roadmap. https://cembureau. eu/library/reports/2050-carbon-neutrality-roadmap/［2020-05-12］.

③ 赵婷婷，陈斌. 2022. 欧洲水泥工业碳中和路径及技术概况. 环境工程，240（5）：73-76.

续表

价值链阶段	技术	路径
水泥生产环节	低熟料水泥	到 2030 年，将水泥熟料的平均比例从 77% 减少到 74%，到 2050 年减少到 65%
	新型水泥	开发出新型水泥，如硫铝酸盐水泥（SAC）、铁铝酸盐水泥（FAC）、贝利特水泥、铝酸钙水泥和无定形水泥（X-水泥），其碳足迹通常比普通硅酸盐水泥（CEMI）低 20%~30%
	电能	到 2050 年，预计在采用碳捕集技术后，水泥厂的电能消耗将翻一番，转向 100% 的可再生能源将使二氧化碳排放总量减少 6%
	运输	到 2050 年，如果车辆均转向电动动力系统、氢发动机或两者的结合，则所有材料和燃料运输工具都将实现零碳排放
混凝土生产环节	数字化、改进混凝土设计和优化外加剂	通过数字化、改进混凝土设计和优化外加剂，可以在 2030 年将混凝土中的水泥减少 5%，到 2050 年减少 15%
	低碳水泥与水泥替代品的应用	在混凝土使用低碳水泥，将减少混凝土的整体碳足迹，在混凝土生产阶段也可添加粉煤灰、矿渣、硅灰、火山灰等水泥替代品
	运输	到 2050 年，所有运输都将由零排放汽车运输转向电动、氢燃料或两者的结合
建筑环节	建筑能效	利用混凝土的保温性能，建筑可以在冷热高峰需求期间节约 25%~50% 的能源使用。通过改进设计，如多层建筑、被动式建筑，可减少能源使用。此外，建筑的重复使用、改造翻新的混凝土结构用于新的建筑物使用也是可选路径
	建筑用混凝土	通过采用高效的结构设计，可以将某些类型建筑的含碳量减少 30%，使用 3D 打印也可以改进建筑结构
	适应性和可拆卸性设计	在建筑设计之初，探索"解构模式"的设计，目标是在使用寿命结束时可拆除
再碳化过程	建筑环境中的再碳化	在建筑环境中，所有混凝土基础设施都会自然地发生再碳化。据研究，每年捕获所用水泥 23% 的过程二氧化碳排放，相当于为水泥生产节省了 8% 的二氧化碳排放
	再生混凝土的强化再碳化	混凝土建筑被拆除后，回收的混凝土骨料具有较高的表面积，可以更容易地从周围环境空气中的混凝土浆体（水泥、水和砂）中吸收二氧化碳，再碳化作用增强
	天然矿物碳化	天然矿物暴露在空气或窑炉废气中时也可以重新被碳化，如橄榄石和玄武岩，高达 20% 的过程二氧化碳排放可被吸收。一旦被碳化，这些材料就可以用作熟料的替代品

3. 化工行业

欧盟是全球第二大化工品生产区域。化工行业也是欧盟的第四大产业。然而，化工行业是欧盟二氧化碳排放的第三大工业来源，仅次于水泥和钢铁行业[①]。化工行业的温室气体排放主要有两个来源：①破坏和重组化学键需要大量的能量，该行业约60%的排放来自燃烧燃料以产生需要使用的蒸汽、热量和压力；②化学反应本身产生的二氧化碳、氮氧化物和其他温室气体，约占该行业温室气体排放量的40%。为了到2050年实现净零排放，化工行业需要在未来30年内每年将温室气体排放量减少1.86亿 t[②]。

欧盟《化学品可持续战略》鼓励化工行业创新，以开发安全和可持续的替代品[③]。欧洲过程工业伙伴关系（Processes4Planet）发布了工业加工领域的《战略研究与创新议程》，提出了化学工业减排需要开发的颠覆性工艺技术[④]，包括：①通过化学过程的间接（电转热）和直接电气化，包括替代能源形式（如等离子体、微波等）、氢和太阳能，新的工艺技术将允许增加气候中和能源的份额；②利用可替代碳源，如生物质，包括废物流、从工业废水中捕获的 CO_2 以及塑料废物等；③先进的分离和回收工艺技术，这可以使关键原材料和废水的高效回收与再利用成为可能；④数字技术的应用将极大地影响资源和能源效率，化工行业必须利用和实施数字技术（如区块链、大数据、人工智能、数字孪生）。减排路径包括：①到2030年，生物甲烷可取代天然气，用于热加工；通过热泵，电能可取代燃气锅炉，用于产生低温热量（2030年可减排100万 tCO_2）。新催化剂、过程强化和数字化带来的能源效率提高可以进一步减少碳排放。②2030年以后，绿氢可用于替代灰氢，并可用于替代化石燃料，这可以减排31亿 tCO_2。③到2050年，CO_2 和 CO 可作为生产聚合物、化学品和燃料的基础材料。电力或氢气可用于此，减排潜力可能超过1亿 tCO_2。④利用正在开发的各种化学回收技术，将废物回收至化学部门（如塑料、废油和溶剂等）。化工行业可显著减少温室气体排放的关键技术如表4-5所示。

① European Commission. 2024. The EU chemical industry moves forward to net-zero：Progress report unveils major strides in the green and digital transition. https://single-market-economy.ec.europa.eu/news/eu-chemical-industry-moves-forward-net-zero-progress-report-unveils-major-strides-green-and-digital-2024-05-24_en[2024-05-24].

② Accenture，NexantECA. 2022. The chemical industry's road to net zero：Costs and opportunities of the EU Green Deal. https://www.accenture.com/us-en/insights/chemicals/eu-green-deal[2022-09-30].

③ European Commission. 2020. Chemicals Strategy for Sustainability：Towards A Toxic-Free Environment. https://ec.europa.eu/environment/strategy/chemicals-strategy_en[2020-10-14].

④ Processes4planet. 2022. Strategic Research and Innovation Agenda. https://www.aspire2050.eu/sites/default/files/users/user85/p4planet_07.06.2022._final.pdf[2022-06-07].

表 4-5　化工行业实现碳中和的可能关键技术

关键技术	相对于传统技术的 CO_2 减少量/%	可能的可用性
热电联产产生的热量和蒸汽	100	从 2020 年开始
热电联产工厂的 CO_2 捕集	90	2030～2035 年
来自可再生能源的绿氢	100	2020～2030 年
甲醇制烯烃/芳烃路线	100	2025～2030 年
化学回收：废弃塑料的热解或气化	93	2025～2030 年（取决于过程）
电动蒸汽装置	100	2030～2040 年

三、交通

欧盟委员会发布的《可持续和智能交通战略》表示，将采取各种措施，如加大对无人机及氢动力飞机等新兴技术的应用，力争到 2050 年，交通领域碳排放在 2020 年水平上减少 90%。欧盟在交通领域推出多个减排战略及行动措施，在进一步落实 2050 年碳中和计划的同时，也持续推进经济数字化和绿色化转型。

（一）战略政策行动

依据欧盟委员会交通运输总司相关报告[1]，欧盟交通运输业高效、绿色发展面临 3 项主要挑战：①建立运行良好的欧洲单一运输区；②向低排放交通出行转变；③交通运输的可负担性、可靠性与可达性。近年来，欧盟委员会为解决上述问题，促进欧洲交通运输行业发展，积极布局战略政策，完善法律法规框架，采取多项行动措施。

1. 战略政策

（1）《可持续交通·欧洲绿色协议》[2] 确定交通运输部门 2050 年减排目标，表示到 2050 年将交通运输排放量减少 90%，未来将致力于构建自动化和智能化交通管理系统、提高交通运输行业的效率，启动欧洲单一天空项目、使用不同的运输方式，将环境影响纳入价格体系，以及构建可持续的运输燃料供应体系。预计到 2025 年，欧洲道路上将拥有 1300 万辆（目前 97.5 万辆）零排放和低排放

---

　① European Commission. 2019. Transport in the European Union – Current Trends and Issues. https://transport. ec. europa. eu/news/transport-european-union-current-trends-and-issues-2019-03-13_en[2019-03-13].

　② European Commission. 2019. Sustainable Mobility · The European Green Deal. https://ec. europa. eu/commission/presscorner/api/files/attachment/860070/Sustainable_mobility_en. pdf. pdf[2019-12-11].

车辆，大约将建设 100 万座（目前 14 万座）公共充电站和加油站①。

（2）《可持续和智能交通战略》提出将进一步削减交通运输领域的二氧化碳排放，推动欧盟交通运输系统绿色和数字化的双重转型，以实现到 2030 年温室气体排放量至少减少 55% 和 2050 年实现碳中和的总体目标，具体目标包括：到 2030 年，欧洲道路上至少有 3000 万辆汽车实现零排放、欧洲 100 个城市实现碳中和、全欧洲高速铁路交通量翻番、大规模部署自动化交通工具、零排放船舶将进入市场、部署更多自行车基础设施等；到 2035 年，零排放大型飞机将进入市场；到 2050 年，几乎所有汽车、面包车、公共汽车以及新型重型车辆都将实现零排放，铁路货运量将翻番，同时创建一个全面运营、多式联运的"泛欧运输网络"（TEN-T），以实现可持续、智能的高速运输。

（3）欧洲航空联盟（A4E）、欧洲民航导航服务组织（CANSO）等机构发布航空业可持续发展新战略②，详细阐述未来 30 年欧洲航空业的脱碳发展路径，并制定具体政策以支持航空业的绿色转型。

（4）《可再生能源指令》③ 为可再生能源占比设定更高目标，即 2030 年可再生能源占比须达 40%，并专门推广可再生燃料以实现温室气体最高减排，为包括国际航空和海运在内的交通领域碳排放强度设定了降低 13% 的目标，同时将先进生物燃料的目标水平提高到交通领域能源消耗的 2.2%，并为该行业的氢和氢基合成燃料设定了 2.6% 的目标。随后发布的 REPower EU 计划又将 2030 年可再生能源占比的总体目标从之前的 40% 提高到 45%。在交通运输方面，为有效促进交通运输部门化石燃料替代，正考虑一项立法举措，以增加公共和企业车队中零排放车辆的份额，使其超过一定规模；呼吁共同立法者迅速通过关于替代燃料和其他支持绿色交通的交通相关文件的未决提案；并计划于 2023 年提出"绿色货运一揽子计划"。

（5）"全球门户"基建计划④，将在 2021～2027 年拉动共计 3000 亿欧元投资，主要投入到数字化、气候和能源、交通、健康、教育和研究等领域。交通方面，将建立可持续、智能化、有弹性、包容和安全的交通运输网络，并将继续扩大"泛欧运输网络"（TEN-T）。

2. 法律法规

（1）交通运输部门总体排放限制："Fit for 55"提案表示，到 2030 年，所有

---

① 董利苹，曾静静，曲建升，等 . 2021. 欧盟碳中和政策体系评述及启示 . 中国科学院院刊, 36（12）：1463-1470.

② A4E. 2023. Destination 2050. https://a4e. eu/publications/destination-2050-full-report/［2023-12-11］.

③ European Commission. 2023. Renewable Energy Directive. https://energy. ec. europa. eu/topics/renewable-energy/renewable-energy-directive-targets-and-rules/renewable-energy-directive_en［2023-11-20］.

④ European Commission. 2021. Global Gateway. https://ec. europa. eu/info/strategy/priorities- 2019- 2024/stronger-europe-world/global-gateway_en［2021-12-01］.

行业部门的二氧化碳排放量（比1990年的水平）减少55%，该提案包含修改整个欧盟2030年气候和能源框架的立法建议，与时俱进地对相关立法重点领域予以调整，包括以下法律修订建议或新的立法提案：修订欧盟排放交易体系（ETS），将其扩展到海事部门，拟议中的道路运输和建筑的新排放交易系统拟于2025年启动，同时将随着时间的推移减少分配给航空公司的免费配额；《替代燃料基础设施指令》修订为《替代燃料基础设施法规》①，并为欧盟各成员国新能源汽车、船只和飞机的清洁燃料基础设施建设布局制定了强制性目标，扩大清洁燃料充电站点，规定充电站最低充电速率，在基础设施建设方面，指令也提出了具体要求：在主要高速公路上每60km设置充电站，每150km设置加氢站，目标到2030年将有350万个新充电站，到2050年将有1630万个新充电站；要求修订设定新型汽车和货车的二氧化碳排放性能标准的条例，实行更严格的汽车和货车排放管控，到2035年，仅销售零排放汽车和货车；"Fit for 55"将制定一种通用的欧盟方法，用于评估投放欧盟市场的汽车和货车的整个生命周期的二氧化碳排放量，以及这些车辆消耗的燃料和能源。

（2）重型车辆或汽车/货车排放限制：《关于设定新型重型车辆二氧化碳排放性能标准的提案》② 提出，在2021年碳排放基础上，大型卡车的碳排放量将在2025年削减15%，在2030年削减30%；《欧盟乘用车和货车新车碳排放标准》③ 规定，到2030年，新乘用车排放量比2021年降低37.5%，新厢式货车排放量降低31%；修订新型汽车和货车二氧化碳排放性能标准的拟议规则④，将2030年的中期减排目标设定为汽车55%、货车50%；欧盟将从2035年起禁止生产新的燃油车，同时要求汽车制造商在2035年前实现净零排放⑤。

（3）尾气排放限制：欧洲第七阶段排放标准（Euro-7）取代此前执行的欧盟6级汽车排放标准，Euro-7将柴油发动机的一氧化二氮（N_2O）排放量限制从80

① EUR-Lex. 2021. On the Deployment of Alternative Fuels Infrastructure. https：//eur-lex. europa. eu/legal-content/EN/TXT/？uri=CELEX%3A02014L0094-20211112［2021-11-12］.

② European Commission. 2019. Reducing CO₂ emissions from heavy-duty vehicles. https：//eur-lex. europa. eu/legal-content/EN/TXT/？uri=CELEX%3A02019R1242-20240701［2019-06-20］.

③ European Commission. 2019. Clean Mobility：New CO₂ Emission Standards for Cars and Vans Adopted. https：//ec. europa. eu/clima/news-your-voice/news/clean-mobility-new-co2-emission-standards-cars-and-vans-adopted-2019-04-15_en［2019-04-15］

④ European Parliament. 2022. Fit for 55：MEPs back objective of zero emissions for cars and vans in 2035. https：//www. europarl. europa. eu/news/en/press-room/20220603IPR32129/fit-for-55-meps-back-objective-of-zero-emissions-for-cars-and-vans-in-2035［2022-06-08］.

⑤ European Commission. 2022. Zero emission vehicles：First 'Fit for 55' deal will end the sale of new CO₂ emitting cars in Europe by 2035. https：//ec. europa. eu/commission/presscorner/detail/en/IP_22_6462［2022-10-28］.

mg/km 下调至 60 mg/km，除了对汽车尾气排放有更高的要求外，还首次为制动器颗粒物排放和轮胎微塑料排放造成的空气污染设置了标准，汽车的一氧化氮（NO）排放也首次被列入①。

3. 行动措施

（1）研发资助。欧盟出版物办公室相关报告②全面分析了 2007 年以来欧盟资助的项目在低排放运输替代能源方面的研究和创新，指出 2007~2020 年，欧盟累计投入 23 亿欧元支持交通领域低排放替代能源研发与创新：投资最高的研究技术分别为液化天然气加油站（25 个项目，3.80 亿欧元）、道路运输生物燃料（31 个项目，2.36 亿欧元）和航空替代燃料（10 个项目，3.73 亿欧元），其中氢能所占份额最大（67 个项目，12 亿欧元），甲烷所占份额次之（60 个项目，9.44 亿欧元），而涉及液化石油气的项目仅 3 个。2020 年至今，欧盟又资助超过 150 亿欧元支持交通基础设施建设。

（2）Fuel EU 海事倡议。该倡议表示，将通过对船舶使用的燃料的温室气体含量设定最大限制③，以刺激停靠欧洲港口的船只采用可持续海事燃料和零排放技术，计划从 2025 年开始，对海运燃料使用的温室气体强度进行越来越严格的限制，并设定了温室气体减排具体目标，即到 2025 年为 2%，到 2030 年为 6%，到 2035 年为 13%，到 2040 年为 26%，到 2045 年为 59%，到 2050 年为 75%；启动 ReFue lEU 航空计划④，要求燃料供应商在欧盟机场机载航空燃料中不断提高可持续航空燃油使用比例，引入适用于欧盟内部航班所用航空燃料的最低税率，以刺激使用更可持续的航空燃料，并鼓励航空公司使用效率更高、污染更少的飞机，力争在 2025 年将其占航空燃料比例提升至 2% 以上，到 2050 年提升至 63% 以上，同时要求供应商在 2030~2050 年纳入 E-燃料，力争 2030 年达到 0.7%，2050 年达到 28%。

① European Commission. 2022. Commission proposes new Euro 7 standards to reduce pollutant emissions from vehicles and improve air quality. https://ec. europa. eu/commission/presscorner/detail/en/ip_22_6495［2022-11-10］.

② Publications Office of the European Union. 2021. Research and Innovation in Low- emission Alternative Energy for Transport in Europe. https://op. europa. eu/en/publication- detail/-/publication/2dcbe007- b139- 11eb-8307-01aa75ed71a1［2021-05-07］.

③ European Parliament. 2023. Sustainable maritime fuels- 'Fit for 55' package：The Fuel EU Maritime Proposal. https://www. europarl. europa. eu/RegData/etudes/BRIE/2021/698808/EPRS _ BRI（2021）698808 _ EN. pdf［2023-11-27］.

④ European Parliament. 2023. ReFuelEU Aviation Initiative：Sustainable aviation fuels and the Fit for 55 package. https://www. europarl. europa. eu/RegData/etudes/BRIE/2022/698900/EPRS _ BRI（2022）698900 _ EN. pdf［2023-11-28］.

（3）欧盟交通系统现代化提案。提出的四项提案①支持向更清洁、更环保和更智能的交通出行过渡，助力《欧洲绿色协议》中交通部门碳排放减少 90% 的目标实现。提案主要内容包括：通过加强欧盟范围内的铁路、内河航道、近海航线和公路网络（TEN-T），增强连通性并将更多的乘客和货物转移到铁路和内陆水道；支持推出充电站、替代加油基础设施和新的数字技术；提议更新智能交通服务指令，以适应新道路交通选项、移动应用程序及互联和自动化移动的出现；更加关注可持续的城市交通，便于人们在高效的多式联运系统中选择不同的运输方式。

（4）零排放道路交通提案。该提案提出，到 2035 年实现道路交通零排放②，措施包括：取消零排放和低排放汽车（ZLEV）的激励机制；委员会关于到 2025 年底及其后每年实现零排放道路交通的进展报告，涵盖对消费者和就业的影响、可再生能源的使用水平；根据提案的更严格目标，逐步收紧生态创新的上限（现有的 7 gCO_2/km 限制应持续到 2024 年，到 2025 年为 5 gCO_2/km，到 2027 年为 4 gCO_2/km，到 2034 年底为 2 gCO_2/km）。

（5）成立零排放航空联盟。联盟的成立旨在为氢动力和电动飞机投入服务做好准备③，以确保航空运输为实现欧洲 2050 年的气候中和目标做出贡献。联盟将确定氢动力和电动飞机进入商业服务的所有障碍，提出解决这些问题的建议和路线图，并推动项目投资。未来二十年，预计将有超过 44 000 架新飞机投放市场。据估计，到 2050 年，零排放飞机的潜在市场为 26 000 架，总价值为 5 万亿欧元。

（二）减排路径

欧盟交通研究与创新监测和信息系统（TRIMIS）统计了自 1989 年以来欧盟交通运输行业新技术项目投资情况和研发数量，本小节重点整理从 2017 年起交通运输行业涉及的关键项目研发和减排技术④。

Shift2Rail 和 Roll2Rail 是"地平线 2020"创新计划中典型的规划项目。

---

① European Commission. 2021. New transport proposals target greater efficiency and more sustainable travel. https://transport. ec. europa. eu/news/efficient-and-green-mobility-2021-12-14_en［2021-12-14］.

② European Parliament. 2022. Fit for 55：MEPs back CO_2 emission standards for cars and vans. https://www. europarl. europa. eu/news/en/press-room/20220509IPR29105/fit-for-55-meps-back-co2-emission-standards-for-cars-and-vans［2022-05-11］.

③ European Commission. 2022. Zero-Emission Aviation：Commission launches new Alliance to make hydrogen-powered and electric aircraft a reality. https://ec. europa. eu/commission/presscorner/detail/en/ip_22_3854［2022-06-24］.

④ European Commission. 2024. TRIMIS. https://trimis. ec. europa. eu/front［2024-08-10］.

Shift2Rail 项目的研究内容覆盖了整个铁路运输系统，相关减排技术包括：①在车体应用复合材料或其他轻型材料，减轻整车重量的同时，改善车门系统相关的能耗、噪声和热传导性能；②增强型转辙机与辙叉系统应具有传感与监测能力、更优的噪声与振动性能、更低的寿命周期成本；③整个互联互通铁路系统实现智能供电；④研发轨道交通分布式能源智能计量管理系统精细测绘整个铁路系统内的能源流；⑤开发用于预测系统总体噪声和振动性能，并能够对各贡献源进行适当排序和表征的新型方法。Roll2Rail 项目着重于机车车辆牵引、噪声和振动、能耗性能等领域，致力于研究能耗更低、噪声更小的牵引系统，以及研发轻型合成材料减轻车身重量，还包括研究更加有效的降噪措施，重点开发分辨噪声源相关技术。

其他相关减排技术涉及低碳/无碳燃料、动力电池、低排放交通工具和低碳机体材料等主要方面。

1. 低碳/无碳燃料

①利用金属氢化物和机械压缩机的复合溶液对氢气进行增压，替代机械式氢压缩机；②构建马略卡岛绿色氢能生态系统，汇集整个氢能产业链；③促进航运业使用氨燃料，将其优点/性能与其他清洁能源技术（如基于火用的有机朗肯循环驱动式冷水机组或热泵与吸收式吸附循环用于舒适性制冷的技术）相结合，并逐步引入甲醇燃料；④生产可再生运输燃料使用水热液化技术，进一步发展目前不太成熟的生物原油催化加氢处理的工艺步骤，剩余可溶性有机物的能量价值将通过催化水热气化（cHTG）实现，无机盐将被回收生产适销对路的肥料；⑤结合水热液化、费托合成和水相重整三种技术，将湿、固体有机废物以及工业废物转化为第二代生物燃料；⑥尝试将电化学产生的甲酸盐重新代谢转化为碳氢化合物，以变革燃料生产方式；⑦基于超临界水气化（湿气化）和固定床气化（干气化）之间的协同作用，以纸浆和造纸工业废料为原料生产生物燃料；⑧以可再生电力为动力，使用水和空气，通过二氧化碳裂解、合成气生成和费托合成，生产可持续的飞机级煤油；⑨开发并实现名为热催化重整的新技术，将多种残留生物质转化为三种主要产品：富氢合成气、生物炭和液态生物油，并可以通过高压加氢脱氧和常规精炼过程产生柴油或汽油等价物。

2. 动力电池

①利用超耐用材料延长重型卡车堆栈式电池的寿命，进一步开发更高性能的重型卡车燃料电池组件，预计使用寿命至少为 30 000 小时；②新一代混合动力客机使用非传统半固态锂离子电池，电池原料有新型阳极/阴极材料——NMC622 材料（阴极）、Si/C（阳极），以及嵌段共聚物电解质；③构建集装箱电池储能系统，把电池放进集装箱船，为船舶提供动力；④为城市电动汽车设计模块化电

池，利用先进材料、电力电子、传感器和尖端 ICT，及时监测整个生命周期中电池荷电状态（SOC）、电池健康状态（SOH）和碳足迹，采用循环经济制作锂离子电池组的同时，电池重用和回收需要建立有效的综合供应链；⑤通过创新的技术和组件降低固定式储能电池的成本，增强互操作性降低电池成本，更有效地实现机对机协作，通过数字孪生进行仿真模拟以将电池储能系统和混合储能系统纳入电网规划中，降低电池二次再利用的耐久性、性能以及老化带来的安全风险，开发低成本的技术和生态设计用于电池拆卸和调整；⑥开发固态电解质以及正负极材料，实现更高的热稳定性和电化学稳定性以及更高能量/功率密度，实现快速充电、可循环性并提高安全性，材料开发范围从传统材料到锂金属基负极和高电压正极材料。

3. 低排放交通工具

①展示创新的船舶设计和共生于实际船舶概念设计中的技术，研究船舶混合推进系统、低能耗和接近零排放的船舶，具体包括风能和氢动力、废热回收、电池电力、船体空气润滑、防污技术以及数字化运营改进；②研制 C 级插电式混合动力 SUV，车辆发动机使用过量空气和废气再循环（EGR）的双重稀释燃烧方法，配备专用的后处理系统，其尾气余热回收系统可以为加热或冷却提供额外电力，或缩短寒冷条件下内燃机的启动时间，从而控制发动机污染物排放；③研发结合膜反应器、二氧化碳捕集系统、二氧化碳和甲醇存储系统以及采用氢燃料内燃机来为船舶提供动力的系统，发动机的废热用于加热甲醇和水制取氢气和二氧化碳的反应堆，氢气用于船舶推进，剩余的二氧化碳在反应器下游返回到流体状态，并送入空的甲醇罐中，被回收用于下一个甲醇合成过程；④采用模块化设计的高效电机、电源转换器和存储系统，研制轻型模块化电动汽车。

4. 低碳机体材料

①研发智能涂层减少热损失；②研发公路和铁路噪声的降噪装置，并尝试用纳米复合材料制作轮胎，进一步减少噪声、磨损和排放；③基于自动铺带（ATL）和自动纤维铺放（AFP）技术结合熔丝制造（FFF）工艺，将更加环保、更轻便的热塑性碳纤维复合材料应用于飞机机体，也致力于研制一体式柔性机翼以消耗更少动力，同时尝试建立从拆解机体上再利用热塑性复合材料的回收体系；④基于连续纤维增强热塑性复合材料（CFRTP）的新型材料和新的混合生产工艺，采用循环经济方法研制轻质电动汽车车身，将可回收树脂、生物资源化有机化合物和可回收有机碳作为研发主要部件的原材料，同时应用轻质铝基复合材料制作车身框架。

四、建筑

欧盟为实现建筑部门碳中和采取多项有力措施，如实施建筑改造计划改善现有和新建筑的建筑围护结构，在制冷领域和供暖领域逐步淘汰化石燃料，规范建筑材料和构件中的温室气体排放水平，收紧建筑业碳排放规范只允许新建造"零排放建筑"，以及实现建筑业的碳市场等[1]。

（一）战略政策行动

2021年12月，欧盟委员会能源专员公布《欧洲绿色协议》的下一章立法提案，包括《氢能和脱碳气体一揽子计划》，并重新制定《建筑物能源性能指令》，据此，欧盟成员国须制定强有力的长期改造战略，目标是到2050年实现国家建筑存量的脱碳，并在2030年、2040年和2050年设定指示性里程碑，且国家建筑改造计划将完全纳入国家能源和气候计划[2][3]。这些计划包括最迟到2040年在供暖和制冷领域逐步淘汰化石燃料的路线图，以及到2050年将国家建筑存量转变为零排放建筑存量的途径。

1. 战略政策

①2021年7月，欧盟委员会公布了名为"Fit for 55"的一揽子气候计划，其框架内的《能源效率指令》和《建筑物能源性能指令》将使每年建筑天然气需求较当前减少450亿 m^3。其目标是通过将光伏设施和储能应用作为建筑改造和设计的主流，加速现有建筑的脱碳。欧盟委员会还提议，到2030年，所有新建筑必须实现零排放。②基于现行的气候适应战略，欧盟委员会于2021年2月通过了一项新的、更宏伟的《欧盟适应战略》，并在建筑翻新、可再生能源、可再生氢能、基础设施建设、电动汽车、充电站、智能电网和能源部门一体化等领域，出台了适应气候变化并刺激经济快速发展的气候与能源政策[4]。③2019年12月，欧盟委员会发布《欧洲绿色协议》，提出欧盟和成员国应该掀起公共和私人建筑的"翻新浪潮"。④为了实现欧盟从1990年的水平减少至少55%的净排放

① CE Delft. 2021. Zero Carbon Buildings 2050 Summary Report. https://www. europeanclimate. org/wp-content/uploads/2020/07/ecf-buildings-netzero-fullreport-v11-pages-lo. pdf[2021-04-09].

② European Commission. 2020. In focus：Energy efficiency in buildings. https://commission. europa. eu/news/focus-energy-efficiency-buildings-2020-02-17_en[2020-02-17].

③ European Commission. 2024. Energy performance of buildings directive. https://energy. ec. europa. eu/topics/energy-efficiency/energy-efficient-buildings/energy-performance-buildings-directive_en[2024-05-08].

④ European Commission. 2021. Annual Activity Report 2020-DG Climate Action. https://ec. europa. eu/info/system/files/annual-activity-report-2020-climate-action_en. pdf[2021-05-31].

量的碳目标，欧盟委员会希望建筑部门发挥主导作用。欧盟的气候计划影响评估认为，到2030年，建筑翻新和可持续可再生能源供暖系统的更换应将该行业的碳排放量减少60%（相对于2015年）。这是一项艰巨的任务，同时也是改变欧盟建筑环境的机会①。⑤碳排放权交易市场能够有效减少二氧化碳排放。根据"Fit for 55"，欧盟已明确将建筑行业定位为欧盟实现2050年碳中和目标的关键行业之一。从2025年开始，将欧盟排放交易体系的范围扩大到建筑和道路运输能源消耗的排放，并为建筑物供暖和道路运输的碳排放创建单独的排放交易体系类目。⑥2024年4月，新修订的《建筑物能源性能指令》规定，到2030年欧盟所有新建建筑都是零排放建筑，到2050年建筑存量应该转变为零排放建筑存量；确保住宅建筑的平均一次能源使用量到2030年减少16%，到2035年减少20%~22%；国家建筑改造计划将包含到2040年逐步淘汰化石燃料锅炉的路线图；确保在新建建筑、公共建筑、翻新的现有非住宅建筑中部署太阳能装置，并在建筑物内部或建筑物附近设立电动汽车充电设施②。

2. 行动措施

①《建筑与翻新·欧洲绿色协议》开启了新一轮的"革新浪潮"，目标是将公共和私人建筑物的翻修率翻一番。②2021年6月，欧洲科学院科学咨询委员会发布《建筑业脱碳：为了气候、健康和就业》报告，概述了欧盟旨在对新建和现有建筑进行脱碳的关键措施③，主要包括：到2030年逐步淘汰化石燃料，增加建筑、工业和交通的脱碳及电和热的综合供应，加快碳捕集与封存的部署；利用赠款和激励措施来促进私人融资，以进行与能源相关的深层建筑翻新；规范建筑材料和构件中的温室气体排放水平，促进回收材料、再利用建筑构件和翻新来代替拆除；重新关注建筑法规、认证计划和激励措施，以提供温室气体排放接近零的新建建筑和翻新建筑；促进健康和福祉，使翻新率提高1~3倍；支持公共当局和城市，促进和支持他们对建筑物脱碳和减少能源贫困的承诺；扩大建筑业并使其现代化，以循环商业模式运作；改善建筑业主和专业人员获取建筑材料和组件的内含温室气体排放以及新建建筑和翻新建筑的能源和温室气体排放性能的认证数据的途径；更新欧盟立法（建筑物能源性能指令、能源效率指令、可再生能源指

① Regulatory Assistance Project. 2021. Pricing is just the icing：The role of carbon pricing in a comprehensive policy framework to decarbonise the EU buildings sector. https：//www. raponline. org/knowledge-center/pricing-just-icing-role-carbon-pricing-comprehensive-policy-framework-decarbonise-eu-buildings-sector/［2021-06-08］.

② European Council. 2024. Towards Zero- emission Buildings by 2050：Council Adopts Rules to Improve Energy Performance. https：//www. consilium. europa. eu/en/press/press- releases/2024/04/12/towards- zero-emission- buildings- by-2050- council- adopts- rules- to-improve- energy- performance/［2024-04-12］.

③ European Academies Science Advisory Council. 2021. Decarbonisation of Buildings：For Climate, Health and Jobs. https：//easac. eu/publications/details/decarbonisation-of-buildings-for-climate-health-and-jobs/［2021-06-02］.

令、排放交易体系、建筑产品指令、分类法），采用综合方法逐步淘汰化石燃料，增加可再生能源供应。③欧盟将公布"能源系统数字化"计划。该计划将要求欧盟在 2030 年前在基础设施方面投资 5650 亿欧元，重点提到光伏建筑一体化。光伏建筑一体化拥有以下五个优点：绿色环保、高效经济、不占土地、调峰发电以及节能减排。④2020 年 7 月，荷兰研究咨询机构 CE Delft 发布的《2050 年零碳建筑》指出，实现 2050 年净零排放需要在五个主要目标领域发力，即建筑围护结构、加热燃料的转换、电器效率、可再生电力以及非碳化材料，并提出一个由欧盟和各个成员国共同实施的定价和监管政策组成的一揽子政策①。⑤2022 年 5 月，世界绿色建筑委员会发布《欧盟建筑全生命周期碳政策路线图》，概述了到 2050 年实现建筑脱碳所需的关键欧盟政策干预和监管措施，认为可采用四条交叉和互补的政策路线实现建筑环境的低碳化：建筑条例、废物和循环性、可持续采购以及可持续金融②。

（二）减排路径

根据欧洲科学院科学咨询委员会发布的《建筑脱碳：为了气候、健康和就业》，建筑业在脱碳过程中有一些需要重点关注的问题。

1. 怎样设计低温室气体排放的建筑

建筑物的温室气体排放是通过使用化石燃料产生的能源进行运营，以及通过化石燃料在建筑、维护、翻新和最终拆除过程中使用的材料、组件和工艺的内含能源产生的。需要考虑的问题有：新建还是改造旧楼；城市规划；建筑形式与布局；围护结构的气密性和通风；建筑织物的热质量；保温；玻璃；预制建筑构件和工业化建筑实践；建筑物供暖系统的温室气体排放；建筑物冷却系统的温室气体排放；水加热系统的温室气体排放；照明和其他电器设备的温室气体排放；通过使用楼宇自动化和控制系统（BACS）减少温室气体排放。

2. 如何通过翻新现有建筑物减少温室气体排放

上面提到的许多设计建筑物以减少温室气体排放的方法也适用于翻新。但在一些情况下，设计者的选择自由度减少，决策者需要考虑其他因素。这就需要支持性政策和监管框架，以解决翻修大量建筑物的主要社会经济障碍。需要考虑的问题有：怎样利用经验数据设计特定场地的最佳改造措施；减少建筑物的能源需求；预制建筑构件；空间加热和冷却以及水加热；楼宇自动化和控制系统；深度

---

① CE Delft. 2021. Zero Carbon Buildings 2050 Summary Report. https://www.europeanclimate.org/wp-content/uploads/2020/07/ecf-buildings-netzero-fullreport-v11-pages-lo.pdf［2021-04-09］.

② World Green Building Council. 2022. EU Policy Whole Life Carbon Roadmap for Buildings. https://global-abc.org/resources/publications/eu-policy-whole-life-carbon-roadmap-buildings［2022-05-24］.

翻新的障碍；更有效地使用现有的建筑。

3. 如何改变建筑的能源供应结构

建筑物需要能源供应，用于空间供暖、空间冷却、热水、通风、照明以及为各种电器和设备供电。目前有三种主要形式：①用于电器和设备的电力，包括照明，在某些情况下也用于加热或冷却或两者兼有；②气体、石油和固体燃料主要用于空间和水加热；③区域供暖或制冷网络。预计电气化将在欧盟建筑脱碳方面发挥重要作用，如多年来，挪威等水力发电比例较高的国家以及法国等核电比例较高的国家的大量建筑物都成功地使用了电力。然而，建筑行业使用风电、光伏发电和水电等可再生（绿色）电力将面临三个重要挑战：①怎样以具有竞争力的成本提供电气化建筑服务；②如何平衡来自建筑物的电力需求和来自可变可再生能源发电机（风能和太阳能）的可变电力供应；③怎样尽量减少建筑业对电力的总需求和高峰期需求，以便在运输业和工业对电力需求不断增加的情况下，确保有足够的绿色电力供应。

五、农业与废弃物管理

通过发展低碳农业实现气候与环境目标是欧盟的核心策略之一。2019 年 12 月欧盟发布的《欧洲绿色协议》提出，欧盟应根据气候和环境标准评估原有的战略计划，帮助各成员国发展精准农业、有机农业、保护农业生态系统；采取包括立法在内的措施，显著减少农药、化肥和抗生素的使用；强化欧盟农民和渔民在应对气候变化、保护环境和生物多样性等方面的作用。此后，欧盟陆续发布《从农场到餐桌战略》《欧盟碳农业实施计划》等战略与行动，明确提出各项绿色发展目标以及低碳农业相关行动计划[①]，通过采用基于自然的解决方案等绿色转变方式，实现欧盟碳中和农业或负碳农业。

2022 年 7 月，欧盟委员在其"Fit for 55"的一揽子气候计划中，对《土地利用、土地利用变化和农林业战略条例》进行了修订，提议将农业纳入《土地利用、土地利用变化和农林业战略条例》，并设定至 2030 年通过自然碳汇实现 3.1 亿 t 固碳量，并制定在欧洲范围内种植 30 亿棵树的林业战略。欧盟的目标是，至 2035 年实现土地利用和农林业碳中和，意味着二氧化碳零排放的农业将完全消除来自肥料和养殖的碳排放，并通过增加木制品的使用替代化石基材料，以促进生物质行业的发展。

---

① 谢华玲，迟培娟，杨艳萍 . 2022. 双碳战略背景下主要发达经济体低碳农业行动分析 . 世界科技研究与发展，44（5）：605-617.

（一）战略政策行动

1. 从农场到餐桌战略

2020 年 5 月，欧盟发布《欧洲绿色协议》的核心战略——《从农场到餐桌战略》[①]，旨在通过绿色转型降低粮食系统的环境和气候足迹，增强粮食系统韧性，建立公平、健康和环境友好型欧盟粮食系统。该战略设定了改变欧盟食品体系的具体目标，包括减少 50% 的农药使用及其使用风险，降低至少 20% 的肥料使用，降低 50% 的在养殖动物身上和水产养殖业使用的抗菌剂的销量以及有机农业占农业用地的比例达到 25%。为支撑该战略，欧盟推出《欧盟农药可持续利用行动计划》《欧盟有机农业行动计划》[②]《欧盟空气水和土壤零污染行动计划》《欧盟碳农业实施计划》等倡议，通过法规制定、资金引导等措施，促进农药可持续利用、有机农业发展、碳农业计划实施，以支持农牧渔民、水产养殖者向可持续生产过渡。欧盟"共同农业政策"（Common Agricultural Policy，CAP）和"共同渔业政策"（Common Fishery Policy，CFP）是支持农业生产者向可持续粮食系统过渡的主要政策工具，战略将投入 100 亿欧元用于粮食、农业、渔业、水产养殖等领域研发创新，以加速农业绿色和数字化转型。

2. 欧盟碳农业实施计划

根据《从农场到餐桌战略》规划，欧盟于 2021 年 2 月发布《欧盟碳农业实施计划》《在欧盟建立和实施基于结果的碳农业机制：技术指导手册》等文件，重点探讨欧盟发展碳农业（指在农场层面管理碳库、碳流量和温室气体通量，包括通过可持续农业实践和基于自然的解决方案降低农业温室气体排放以及从大气中去除碳，从而减缓气候变化，其基本内涵同低碳农业）的关键问题、挑战、权衡和解决方案。《欧盟碳农业实施计划》旨在鼓励欧盟地区采用基于自然的解决方案，启动基于结果的碳农业支付计划，以激励该地区的农业、林业和土地管理者脱碳。同时，《欧盟碳农业实施计划》建议欧盟在区域或地方层面制定碳农业试点举措，以积累经验实施高级碳农业。此外，《欧盟碳农业实施计划》指出将在 2021 年底前启动欧盟碳农业框架，以发挥农业部门在实现欧盟气候中立中的关键作用。

3. 欧盟共同农业政策

欧盟通过其共同农业政策（CAP）推动农业的可持续发展，以确保欧洲农业

① European Commission. 2020. Farm to Fork Strategy：For a Fair, Healthy and Environmentally- friendly Food System. https：//food. ec. europa. eu/horizontal-topics/farm-fork- strategy_en［2020-05-20］.

② European Parliament. 2022. EU Action Plan for Organic Agriculture. https：//www. europarl. europa. eu/doceo/document/TA-9-2022-0136_EN. html［2022-05-03］.

在社会、经济和环境方面具有可持续性。CAP 支持农村社区，着手应对气候变化、保护自然资源和增强欧盟的生物多样性，同时为欧洲及其他地区的消费者提供安全和营养的食品。欧盟共同农业政策包含交叉遵守机制（Cross-compliance）、绿色直接支付（Greening Payment）和农村发展方案（Rural Development Programme）。欧盟委员会于 2021 年 12 月正式通过了新的共同农业政策，并于 2023 年 1 月开始实施，其改革方向是趋于简单有效，更加注重生态和气候变化，并纳入《欧洲绿色协议》的可持续目标，力争为从农场到餐桌战略和生物多样性战略作出贡献，届时用于气候行动相关措施和项目的经费比例将不低于 40%[①]。2023～2027 年，CAP 将获得 2700 亿欧元的资助[②]。首次批准的 7 项计划预算超过 1200 亿欧元，其中超过 340 亿欧元专门用于环境和气候目标以及生态计划。

4. 欧盟有机农业行动计划

2022 年 5 月，欧盟发布《欧盟有机农业行动计划》。有机农业是由 CAP 支持的农业系统，旨在实现粮食生产和消费的可持续性，保护自然并扭转生态系统的退化。该策略包含了欧盟有机农业将达到农业用地 25% 的目标。该计划旨在伴随有机农业的发展，实现从农场到餐桌战略和生物多样性战略的战略目标，即到 2030 年至少有 25% 的欧洲农地为有机农业。该计划将帮助成员国家刺激有机农产品供求，通过促销活动和绿色公共采购确保消费者的信任，并达到设定目标。该计划将围绕三个关键角度进行组织：①保持消费者的信任，刺激有机产品市场需求；②鼓励欧盟扩大有机耕作生产面积；③增强有机生产应对气候变化，包括资源可持续管理和生物多样性保护。

5. 甲烷减排战略

农业部门贡献了欧盟甲烷排放量的 50%，其次是能源和废弃物部门[③]。农业部门甲烷排放主要来源于反刍动物消化过程和牲畜粪便管理，废弃物部门甲烷排放的主要来源是固体废物处置、生活和工业废水处理及排放、固体废物生物处理。2020 年 10 月，欧盟发布《欧盟甲烷减排战略》[④]，重点覆盖了能源、农业、废弃物等领域。在农业领域，欧盟委员会拟计划组织专家开展全生命周期甲烷排放指标分析，对牲畜、粪便、饲料管理、饲料特性、新技术、实践等问题进行研

① 周伟，石吉金，苏子龙. 2021. 耕地生态保护与补偿的国际经验启示——基于欧盟共同农业政策. 中国国土资源经济，34（8）：37-43.

② European Commission. 2022. Common Agricultural Policy 2023-2027：The Commission approves the first CAP strategic plans. https://ec. europa. eu/commission/presscorner/detail/en/IP_22_5183［2022-08-31］.

③ European Environment Agency. 2022. Methane Emissions in the EU：The Key to Immediate Action on Climate Change. https://www. eea. europa. eu/publications/methane-emissions-in-the-eu［2022-11-30］.

④ European Commission. 2020. Reducing greenhouse gas emissions：Commission adopts EU Methane Strategy as part of European Green Deal. https://ec. europa. eu/commission/presscorner/detail/en/IP_20_1833［2020-10-14］.

究，并鼓励开展农业层面的碳平衡计算，通过在成员国及"共同农业政策"中更广泛部署"碳耕作"，促使农业固碳减排技术的推广应用。在废弃物领域，欧盟委员会将帮助成员国和各地区在处理可生物降解的废弃物前开展稳定处理，解决不合格废弃物填埋等问题。同时，考虑采取进一步措施改善废弃物填埋气体管理，开发利用其所有潜在的能源收益，并针对废弃物向生物甲烷的转换技术进行研究。

（二）减排路径

1. 农业领域甲烷减排

针对农业领域的甲烷减排，《欧盟甲烷减排战略》提出了以下行动计划，以解决相关关键问题：①成立一个专家小组，分析畜牧业全生命周期的甲烷排放指标；②与相关专家和各成员国合作，制定一份重点关注肠道发酵甲烷的农业减排最佳实践、可用技术和创新技术的清单；③为了鼓励农场水平的碳平衡计算，2022 年将制定数字化的碳路径模板，以及关于温室气体排放和清除定量化计算的通用路径指南；④通过在欧盟及各成员国的农业政策战略计划中更广泛地加入"碳耕作"（指通过改变农业管理措施或土地利用方式来增加土壤和植被的固碳量）措施，推动甲烷减排措施的落实；⑤在《"地平线欧洲" 2021—2024 年战略计划》中，考虑进行甲烷减排不同影响因素的针对性研究，重点关注基于科技和自然的解决方案以及饮食结构转变。

2. 废弃物领域甲烷减排

针对废弃物领域的甲烷减排，《欧盟甲烷减排战略》提出了以下行动计划，以解决相关关键问题[①]：①加强监管，向成员国和各区域提供技术援助；②2024 年审核修订《垃圾填埋气指令》，改善垃圾填埋气的管理；③在《"地平线欧洲" 2021—2024 年战略计划》中，设立项目研究垃圾生产生物甲烷技术。

第四节　欧盟碳中和科技创新行动

一、研发计划与投入

欧盟通过欧盟研发框架计划（Framework Programme，FP）、创新基金（Innovation Fund）、现代化基金（Modernisation Fund）、欧洲可持续投资计划

---

① 董文娟，孙铄，李天乐，等 . 2021. 欧盟甲烷减排战略对我国碳中和的启示 . 环境与可持续发展，46（2）：37-43.

（Sustainble Europe Investment Plan，SEIP）、连接欧洲设施（Connecting Europe Facility，CEF）计划、环境与气候行动（LIFE）计划等多个计划资助支持碳中和相关科学研究与技术发展。

（一）欧盟研发框架计划

欧盟研发框架计划是欧盟最主要的科研资助计划。欧盟第八框架计划（2014～2020 年）即"地平线 2020"计划（Horizon 2020），聚焦可持续农业、清洁高效能源、智能绿色交通运输体系、气候变化领域。欧盟第九框架计划（2021～2027年）即"地平线欧洲"计划（Horizon Europe），预算 151.23 亿欧元用于气候、能源和交通领域。气候、能源和交通领域将特别关注促进气候行动，同时提高能源和运输行业的可持续性、安全性和竞争力。在气候、能源和交通领域，"地平线欧洲"计划支持六大主题的科学研究：①气候科学和向气候中和转型的对策；②气候转型的跨部门解决方案；③可持续、安全和有竞争力的能源供应；④高效、可持续和包容的能源利用；⑤适用于所有运输模式的清洁和有竞争力的解决方案；⑥安全、有弹性的运输和智能交通服务[1]。

在可持续、安全和有竞争力的能源供应方面，支持可再生能源，能源系统、电网和存储，以及碳捕集、利用与封存。其目标是为家庭和工业提供具有成本效益的不间断和负担得起的能源供应，重点是可变可再生能源和新的低碳能源供应。在高效、可持续和包容的能源利用方面，支持解决能源需求的活动，特别是在建筑和工业中更有效地利用能源。在气候转型的跨部门解决方案方面，为气候、能源和交通提供解决方案。领域包括电池、氢、社区和城市、早期突破性技术和公民参与，将为能源和运输部门向气候中和的清洁和可持续过渡做出贡献。

（二）创新基金

创新基金是欧盟首个专门支持实现欧盟 2050 年气候中和战略愿景的重要资金工具，是世界上最大的气候行动筹资计划之一。2019 年，欧盟设立创新基金，通过支持创新性低碳技术示范，促进高度创新的技术投入市场应用，以实现欧盟 2050 年气候中和战略愿景[2]。创新基金用于资助：①能源密集型行业的创新低碳

---

① European Union. 2021. Horizon Europe – The most ambitious EU research & innovation programme ever. https://op. europa. eu/en/publication-detail/-/publication/1f107d76- acbe- 11eb-9767- 01aa75ed71a1 [2021- 05- 04].

② European Commission. 2019. Towards a climate-neutral Europe：EU invests over €10bn in innovative clean technologies. https://climate. ec. europa. eu/news-your- voice/news/towards- climate- neutral- europe- eu- invests- over- eu10bn- innovative- clean- technologies- 2019- 02- 26_en[2019- 02- 26].

技术和工艺，包括替代碳密集型产品的产品；②碳捕集与利用（CCU）；③碳捕集与封存（CCS）的建设和运营；④创新的可再生能源发电；⑤能源储备。创新基金前身为 2012 年启动的欧盟资助计划 "NER 300"，该计划将欧盟排放交易体系拍卖所得的资金，用于支持创新碳捕集与封存和可再生能源技术的示范。

2021 年 8 月，欧盟委员会在创新基金资助框架下投入约 1.22 亿欧元，支持推进低碳能源技术商业化发展。其中，1.18 亿欧元用于 32 个低碳技术小型创新项目，支持能源密集型工业脱碳、氢能、储能、碳捕集和可再生能源等领域创新技术的迅速部署，涉及行业包括炼油、钢铁、造纸、玻璃、食品、电力、交通等；另外 440 万欧元支持 15 个技术成熟度较低的低碳项目，包括可再生能源、绿氢生产、零碳交通、储能、碳捕集等，旨在推进其技术成熟度①。

2021 年 11 月，欧盟宣布在创新基金资助框架下向 7 个大规模创新项目投入 11 亿欧元，支持将能源密集型行业脱碳的突破性技术推向市场。此次资助涉及 CCUS、氢能、可再生能源等技术，涵盖化工、钢铁、水泥、炼油、电力和供热等行业。具体包括：①通过可再生能源制氢来完全消除钢铁生产过程产生的碳排放；②在炼油厂示范通过化石燃料结合 CCUS 制蓝氢和通过可再生能源电解制绿氢；③捕集水泥厂的碳排放并将其中一部分进行地质封存，一部分用于生产混凝土；④在比利时安特卫普港开发完整的碳捕集、运输和封存产业链；⑤开发工业规模的高性能光伏电池试产线；⑥示范将城市固废转化为甲醇；⑦在现有生物质热电联产厂建造一个碳捕集与封存设施②。

2021 年 12 月，欧盟委员会宣布将 1.09 亿欧元投入创新基金，用于资助 27 个小规模项目，侧重于能源密集型行业的脱碳，特别是钢铁、氢、生物燃料和生物精炼、纸浆和造纸、炼油、有色金属、玻璃、陶瓷和建筑材料等行业，以及通过可再生能源或储能实现电力部门脱碳③。

2022 年 7 月，欧盟委员会宣布将通过创新基金向 17 个大型清洁技术创新项目资助 18 亿欧元，以支持水泥、化学品、氢能、炼油、关键组件制造、可再生能源、碳捕集与封存等多个领域。具体包括：①水泥，包括第二代氧燃料碳捕集工艺、端到端的碳捕集与封存链、石灰生产过程的碳捕集与封存、全链条碳捕集

---

① European Commission. 2021. EU invests € 122 million in innovative projects to decarbonise the economy. https://euraxess. ec. europa. eu/worldwide/lac/eu-invests-%E2%82%AC122-million-innovative-projects-decarbonise- economy[2021-08-02].

② European Commission. 2021. EU invests over € 1 billion in innovative projects to decarbonise the economy. https://ec. europa. eu/commission/presscorner/detail/en/ip_21_6042[2021-11-16].

③ European Commission. 2021. Commission awards 27 grants under the Innovation Fund. https://ec. europa. eu/clima/news- your- voice/news/commission- awards-27- grants- under- innovation-fund-2021-12-10_en [2021-12-10].

与封存等；②化学品，包括化学回收塑料用于炼油、二氧化碳制甲醇、纸浆纤维取代聚酯纤维等；③氢能，包括海上风电电解制氢、可再生氢气生产、不可回收固体废物处理与转化等；④炼油，包括商业规模的生物燃料生产、热电联产工厂收集二氧化碳等；⑤用于储能或可再生能源生产的组件制造，包括电化学电池系统制造创新、基于创新异质结技术的光伏制造、锂离子回收等；⑥可再生能源，包括海上风电涡轮机和氢气的创新解决方案；⑦碳捕集与封存基础设施，包括高度可扩展的陆上碳矿物储存终端①。

2022年11月，欧盟委员会宣布资助30亿欧元启动欧盟创新基金大型项目第3次征集，此举将推动欧洲脱碳的工业解决方案部署，并将特别关注REPower EU计划以结束欧盟对俄罗斯化石燃料的依赖。其主题项目包括：①全面脱碳项目（10亿欧元），用于可再生能源、能源密集型产业、储能、CCUS以及替代碳密集型产品（特别是低碳运输燃料，包括海上和航空燃料）方面的创新项目；②工业和氢气的创新电气化项目（10亿欧元），用于电气化方法创新项目，以取代工业中的化石燃料使用、可再生氢生产或氢能利用；③清洁技术制造（7亿欧元），用于电解槽和燃料电池、可再生能源、储能和热泵的零部件与终端设备的创新项目；④中型试点项目（3亿欧元），用于在所有符合欧盟创新基金条件的部门寻求深度脱碳的颠覆性技术或突破性技术高度创新项目②。

2022年12月，欧盟委员会通过欧盟创新基金支持Eavor-Loop项目，为创新闭环地热技术的首次商业化实施提供资金。Eavor-Loop是德国的一个高度可扩展的地热能源项目，通过热传导过程从地球中提取热量，并将为区域供热和/或发电提供清洁、可调度和基本负荷的能源③。

2023年7月，欧盟委员会宣布通过创新基金向41个大型清洁技术项目投资36亿欧元，涵盖水泥、钢铁、先进生物燃料、可持续航空燃料、风能和太阳能、可再生氢及其衍生物等行业。资助主题包括：①一般脱碳项目（8个项目，14亿欧元），涉及可持续航空燃料技术商业示范、水泥和石灰石行业碳捕集、低碳氢气和甲醇生产的碳捕集、可再生液氢海上运输等；②工业电气化和氢能（13个项目，12亿欧元），涉及氢冶金、新型可扩展的96MW绿氢生产系统、H_2和CO_2

① European Commission. 2022. Innovation Fund：EU invests €1.8 billion in clean tech projects. https://ec. europa. eu/commission/presscorner/detail/en/ip_22_4402［2022-07-12］.

② European Commission. 2022. Commission invests €3 billion in innovative clean tech projects to deliver on REPowerEU and accelerate Europe's energy independence from russian fossil fuels. https://ec. europa. eu/commission/presscorner/detail/en/ip_22_6489［2022-11-03］.

③ European Commission. 2022. Innovation Fund：Additional large-scale geothermal project invited to prepare grant agreement. https://climate. ec. europa. eu/news-your-voice/news/innovation-fund-additional-large-scale-geothermal-project-invited-prepare-grant-agreeme［2022-12-19］.

转化制合成甲烷（e-methane）与甲醇、可再生能源制氢、绿氨生产等；③清洁技术制造（11 个项目，8 亿欧元），涉及创新型固体氧化物电解槽（SOEC）堆栈模块、电池用生物基阳极材料、N 型单晶硅片、基于热解和湿法冶金精炼创新工艺的电池回收等；④中型试点（9 个项目，2.5 亿欧元），涉及浮动海上风电系统、将不可回收的塑料废物转化为可再生的石脑油、使用碳酸盐燃料电池来捕获二氧化碳、电子燃料等技术中试[1]。

2023 年 12 月，欧盟委员会宣布将通过创新基金提供 6500 万欧元以支持 17 个创新清洁技术项目。这些资金将帮助包括小企业在内的欧洲公司将能源密集型行业、可再生能源和储能领域的突破性技术推向市场。选定的项目涵盖多个部门，特别侧重于可再生能源组件以及玻璃、陶瓷和建筑材料的制造。此外，还包括储能、太阳能、钢铁、炼油厂、化品、水泥和石灰以及氢气领域的项目等。这些项目预计将在其运营的前十年内避免超过 180 万 tCO_2e 的排放[2]。

（三）现代化基金

现代化基金旨在通过能源系统现代化和提高能源效率来帮助欧盟 10 个成员国向气候中和转型。这 10 个受益成员国包括：保加利亚、克罗地亚、德国、爱沙尼亚、匈牙利、拉脱维亚、立陶宛、波兰、罗马尼亚和斯洛伐克。2021~2030 年，现代化基金将从欧盟排放交易体系拍卖配额中拨款约 140 亿欧元，支持以下 5 个方面的低碳投资：①可再生能源的生产和使用；②能源效率；③能源存储；④能源网络现代化，包括区域供热、管道和电网；⑤碳依赖型地区的公正转型[3]。

2021 年 8 月，欧盟委员会宣布通过现代化基金向捷克、匈牙利和波兰提供约 3.04 亿欧元，帮助其实现能源系统现代化和 2030 年能源目标。资助包括 6 项优先投资，包括：①投资 2.02 亿欧元用于捷克的 2 项可再生能源项目，建造装机容量达到或超过 1 MW 的光伏发电厂；②投资 4400 万欧元用于波兰的智能电表基础设施；③投资 2200 万欧元用于波兰发展未来的电动汽车充电站网络；④投资 2500 万欧元用于波兰提高现有建筑的能源效率；⑤投资 1142.86 万欧元用于

① European Commission. 2023. Innovation Fund：EU invests €3.6 billion of emissions trading revenues in innovative clean tech projects. https://ec. europa. eu/commission/presscorner/detail/en/ip_23_3787［2023-07-13］.

② European Commission. 2023. EU to invest over €65 million to scale up innovative clean tech projects. https://ec. europa. eu/commission/presscorner/detail/en/ip_23_6720［2023-12-19］.

③ European Commission. 2020. Financing the energy transition：Commission puts €14 billion fund to modernise energy sectors in 10 member states into action. https://climate. ec. europa. eu/news-your-voice/news/financing-energy-transition-commission-puts-eu14-billion-fund-modernise-energy-sectors-10-member-2020-07-09_en［2020-07-09］.

匈牙利建设能源社区①。

2022 年 6 月，欧盟委员会宣布通过现代化基金资助 24 亿欧元以加速欧盟 7 个成员国的绿色转型，帮助其能源系统实现现代化，减少能源、工业和交通领域的温室气体排放，并支持实现 2030 年的气候和能源目标。此次资助涉及的主题包括：可再生能源发电，能源、工业、建筑和交通领域的能源网络现代化和能源效率提升，以及低碳燃料替代煤炭发电。项目包括：捷克城市内公共照明系统现代化、区域供热燃料由煤炭转变为生物质和天然气、能源效率提升；克罗地亚可再生能源发电；立陶宛公共建筑翻新与能源效率提升；在罗马尼亚建设 8 个光伏园区和 2 个联合循环燃气轮机厂，以期用可再生能源和天然气替代褐煤发电，实现电网现代化；波兰工业能源效率提升；匈牙利电网安全储能装置；斯洛伐克供热和制冷网络的修复与扩展②。

（四）欧洲可持续投资计划

2020 年 1 月，欧盟委员会发布《欧洲可持续投资计划》，提出将在未来 10 年内调动至少 1 万亿欧元的资金支持《欧洲绿色协议》，到 2050 年实现碳中和目标。用于绿色转型的这笔资金将通过欧盟长期预算下的支出实现，其中 1/4 将用于与气候相关的支出（包括大约 390 亿欧元的环境支出）③。

可持续投资计划将重点关注以下实现碳中和经济转型的关键领域：生产过程脱碳或电气化；提高建筑物能源效率，促进建筑物升级；区域供热分配网络援助；提供关闭燃煤电厂的援助，推动淘汰褐煤燃烧；提供循环经济援助，包括废物回收、废热再利用、二氧化碳再利用或废物流收集等。

（五）连接欧洲设施计划

连接欧洲设施（CEF）计划是欧盟的一项 330 亿欧元的关键融资工具，旨在通过欧洲层面的定向基础设施投资，支持能源、运输和数字服务领域发展高性能、可持续和高效互联的跨欧洲网络，促进增长、就业和竞争力。CEF 计划为电力、天然气、智能电网和跨境二氧化碳网络基础设施项目提供资金，旨在将能源网络更好地连接到单一的欧洲能源市场。

---

① European Commission. 2021. Modernisation Fund：First EUR 304 million to support climate neutrality in 3 beneficiary countries. https://ec. europa. eu/clima/news/modernisation-fund-first-eur-304-million-support-climate-neutrality-3-beneficiary-countries_en［2021-08-06］.

② European Commission. 2022. Modernisation Fund invests €2. 4 billion to accelerate the green transition in 7 beneficiary countries. https://ec. europa. eu/commission/presscorner/detail/en/ip_22_3488［2022-06-08］.

③ European Commission. 2020. Sustainable Europe Investment Plan. https://ec. europa. eu/commission/presscorner/detail/en/FS_20_48［2020-01-14］.

为了帮助创建一体化的欧盟能源市场，欧盟委员会于 2019 年 10 月通过了第四份共同利益项目清单。2014～2020 年，CEF 计划获得总计 58.5 亿欧元的财政支持。重点项目包括[①]：①在电力行业，投入 3.227 亿欧元用于波罗的海同步项目。该行动涉及在拉脱维亚、立陶宛和爱沙尼亚建设新的或重建现有的线路，以及在立陶宛建设新的自耦变压器和开关站。支持安装新的电压控制装置，在波罗的海地区提供惯性和频率调节的设备，以及自动发电控制（AGC）和频率控制监测系统的准备工作。②在天然气行业，投入 2.15 亿欧元用于波罗的海管道建设项目。该行动涉及波罗的海双向天然气管道的建设，将通过波罗的海连接丹麦和波兰的天然气输送系统，允许每年从挪威进口 100 亿 m^3 的天然气到波兰，然后再到其他欧盟国家。波罗的海管道的反向功能将允许向丹麦输送高达 30 亿 m^3/a 的天然气。③在智能电网部门，投入 9120 万欧元用于 ACON 智能电网项目。捷克和斯洛伐克不同地区高、中电压配电网效率的现代化和改进，包括架空电缆、地下电缆、变电站和跨境互联的建设和改造，以及安装智能元件、新通信系统和综合 IT 解决方案。

2023 年 12 月，欧盟委员会宣布通过 CEF 计划向八个跨境能源基础设施项目提供 5.94 亿欧元资金支持，用于支持 5 个二氧化碳网络项目、2 个电力部门项目和 1 个储气库项目。其中，二氧化碳运输和储存项目将获得近 4.8 亿欧元的工程资金，它们构成了未来全欧洲碳价值链的第一个组成部分，计划在本十年结束前完成，将有助于欧盟 2030 年脱碳目标的实现；位于捷克和德国之间的 Gabreta 智能电网项目将获得 1 亿欧元的工程资金；罗马尼亚现有的 Depomures 天然气储存设施将获得 1277 万欧元的资金[②]。

（六）环境与气候行动（LIFE）计划

LIFE 计划是欧盟资助环境和气候行动的工具。自 1992 年以来，LIFE 计划共资助了 5500 多个项目，2014～2020 年资助预算为 34 亿欧元。2021～2027 年，LIFE 计划主要包括 4 个主题：自然与生物多样性、循环经济与生活质量、减缓和适应气候变化以及清洁能源转型。其中，减缓和适应气候变化领域将投入预算 9.05 亿欧元，用于制定和实施应对气候挑战的创新方法，支持气候中和、有韧性的社会。具体目标包括：①开发、示范和推广创新的技术、方法和途径，以实现欧盟气候行动立法和政策的目标；②支持制定、实施、监测和执行相关的欧盟

① European Commission. 2020. Connecting Europe Facility: Energy 2020 Key Figures. https://op. europa. eu/en/publication-detail/-/publication/87ad3b1e-e80c-11ea-ad25-01aa75ed71a1 [2020-08-24].

② European Commission. 2023. Connecting Europe Facility: Nearly € 600 million for energy infrastructure contributing to decarbonisation and security of supply. https://energy. ec. europa. eu/news/connecting- europe-facility-nearly-eu600-million-energy-infrastructure-contributing-decarbonisation-2023-12-08_en[2023-12-08].

气候行动立法和政策，改善各级治理；③通过推广成果、将相关目标纳入其他政策以及公共和私营部门、调动投资和改善融资渠道，促进大规模部署成功的技术和政策相关解决方案。优先领域包括减缓气候变化、适应气候变化、气候变化治理和信息3个方面①。

2020年2月，欧盟委员会宣布向LIFE计划下的环境与气候行动项目资助1.01亿欧元，支持9个成员国的10个大型环境和气候项目，帮助欧洲向可持续经济和气候中和转型。资助项目如下。①自然保护：改善爱沙尼亚的自然保护区；保护和恢复爱尔兰的毯式沼泽；改善塞浦路斯Natura 2000网络的管理。②废物管理：用于循环经济的废物管理。③空气质量：减少公民对空气污染物的接触。④水资源：改善爱尔兰湖泊和河流的水质；改善拉脱维亚河流和湖泊的水质。⑤适应气候变化：增强巴斯克地区应对气候变化的能力；支持基于自然解决方案的气候变化适应。⑥可持续金融：促进可持续金融②。

2021年2月，欧盟委员会宣布向LIFE计划下的环境与气候行动项目资助1.21亿欧元，支持欧盟11个成员国的12个大型环境和气候项目，促进成员国的绿色复苏，资助金额比2020年增加了20%。资助项目如下。①自然保护：越冬鸟类回归欧洲湿地；翁布里亚Natura 2000网络；改善自然保护区管理；与土地使用者共同促进生物多样性；斯洛伐克的Natura 2000网络。②水资源：卢瓦尔河地区清洁水资源；清理波兰的皮利察河（Pilica）地区。③废物管理：闭环减少塑料浪费。④气候变化减缓：可再生能源替代褐煤；为波兰的马沃波尔斯卡（Malopolska）地区的气候行动做好准备；爱尔兰泥炭地恢复。⑤气候变化适应：亚速尔群岛的气候变化③。2021年11月，欧盟委员会宣布向LIFE计划下的环境与气候行动资助2.9亿欧元，支持欧盟23个成员国的132个大型环境和气候项目。新的LIFE项目将帮助欧洲到2050年成为气候中和的大陆，到2030年使欧洲的生物多样性走上恢复的道路，并为欧盟新冠疫情后的绿色恢复做出贡献④。

2022年2月，欧盟委员会宣布向LIFE计划下的环境与气候行动项目资助超

① European Commission. 2021. LIFE Climate Change Mitigation and Adaptation. https：//climate. ec. europa. eu/eu-action/funding-climate-action/life-climate-change-mitigation-and-adaptation_en#supporting-a-climate-neutral-and-resilient-society [2021-04-29].

② European Commission. 2020. EU invests more than € 100 million in new LIFE Programme projects to promote a green and climate-neutral Europe. https://ec. europa. eu/clima/news/eu-invests-more-100-million-new-life-programme-projects-promote-green-and-climate-neutral_en [2020-02-17].

③ European Commission. 2021. LIFE Programme：EU invests € 121 million in environment，nature and climate action projects. https：//ec. europa. eu/commission/presscorner/detail/en/ip_21_501 [2021-02-17].

④ European Commission. 2021. More than € 290 million for nature，environment and climate action projects. https://ec. europa. eu/clima/index_en [2021-11-25].

过 1.1 亿欧元，支持欧盟 11 个成员国的环境和气候项目，以支持《欧洲绿色协议》中"到 2050 年使欧盟气候中和及零污染"的目标①。同年 11 月，欧盟委员会宣布向 LIFE 计划提供 3.8 亿欧元资助，用于支持欧盟各成员国的 168 个新项目。资助的主题包含自然与生物多样性、循环经济与生活质量、气候变化减缓与适应，以及清洁能源转型。其中，清洁能源转型领域的项目总预算超过 1 亿欧元，用于促进和推广能源效率和小型可再生能源解决方案②。

2023 年 11 月，欧盟启动新一轮 LIFE 计划资助，为欧洲环境和气候领域的 171 个项目提供超过 3.96 亿欧元资金。该计划支持的技术领域包括：自然和生物多样性、循环经济和生活质量、缓解和适应气候变化，以及清洁能源转型。其中，缓解和适应气候变化领域共资助 34 个项目，预算约 1.1 亿欧元（其中欧盟出资约 6500 万欧元），重点关注减缓气候变化、适应气候变化、气候治理以及气候变化影响相关研究，主要涉及减少温室气体排放、农田和林地的碳去除、可持续粮食系统、可再生能源和提高能效、含氟温室气体的气候友好型替代品等。清洁能源转型领域的预算超过 1.02 亿欧元（其中欧盟出资约 9700 万欧元），将支持实施 REPower EU 计划和"Fit for 55"一揽子计划中规定的能效和可再生能源政策，以及能源联盟的总体目标③。

二、科技创新重点方向

欧盟碳中和科研部署重点方向包括氢能技术、风能技术等。

（一）氢能技术

氢气作为一种高效的能源载体，它的开发与利用被认为是世界新一轮技术能源变革的重要方向。欧盟预测到 2050 年氢能将提供总能源需求的 24%，约为 2250TW·h。预计到 2030 年，氢能将广泛应用于电力、交通运输、工业、建筑

---

① European Commission. 2022. Green Deal：EU invests over € 110 million in LIFE projects for environment and climate in 11 EU countries. https://ec. europa. eu/commission/presscorner/detail/en/ip_22_864［2022-02-17］.

② European Commission. 2022. LIFE Programme：€ 380 million for 168 new green projects all around Europe. https://ec. europa. eu/commission/presscorner/detail/en/ip_22_6983［2022-11-23］.

③ European Commission. 2023. Commission funds 171 new LIFE projects in environment and climate across Europe with over € 396 million. https://ec. europa. eu/commission/presscorner/detail/en/ip_23_5736［2023-11-14］.

等领域①。欧盟委员会在《针对气候中和的欧洲氢能战略》中提出将促进氢能技术的研究和创新。主要行动包括：①作为"地平线2020"计划下《欧洲绿色协议》倡议的一部分，启动一个100MW的电解槽和一个"绿色机场和港口"计划；②建立拟议的"清洁氢能伙伴关系"，重点关注可再生氢的生产、储存、运输、分销以及具有价格优势的清洁氢终端优先使用的关键部件；③与欧洲战略能源技术计划协调，指导开发支持氢价值链的关键试点项目；④在欧盟排放交易体系创新基金下，通过发起提案征集，促进基于氢的创新技术示范；⑤在碳密集区域，基于《凝聚力政策》，启动氢技术区域间创新试点行动。除此之外，欧盟还资助了多个大型项目以促进氢能开发与创新。

2021年11月，欧盟宣布与工业界合作开展20亿欧元"清洁氢工业伙伴关系计划"，以扩大绿氢电解槽的规模，利用可再生能源分解水制氢，实现从兆瓦级电解槽到千兆瓦级的转变，并建立与国际社会、工业界以及研究人员的合作关系。这一举措将加速欧盟氢能技术的开发与部署，降低目前过于昂贵的绿氢技术成本，使欧盟占据技术领先地位②。

2022年7月，欧盟委员会宣布将通过创新基金向17个大型清洁技术创新项目资助18亿欧元③。其中，3个氢能项目为：通过海上风电提供的电解槽，进行绿色氢能的生产、分配和利用；可再生氢气生产；处理不可回收的固体废物，并主要将其转化为氢气。

2022年9月，欧盟委员会宣布为第二个氢能项目"IPCEI Hy2Use"提供52亿欧元资金支持，其将专注于工业领域的氢相关基础设施和氢应用，主要包括：①建设与氢相关的基础设施，特别是大型电解槽与运输基础设施，以生产、储存与运输可再生和低碳氢；②开发将氢集成到工业过程的技术，特别是钢铁、水泥、玻璃等难以脱碳的行业。该项目将增加可再生和低碳氢的供应，从而减少对天然气供应的依赖。各种大型电解槽预计将在2024~2026年投入使用，集成创新技术将在2026~2027年部署，整个项目计划将于2036年完成④。

2022年10月，欧盟委员会批准了1.34亿欧元资金支持德国巴斯夫公司生产

① 丛然，徐威，邢通.2022.中国油气行业在"双碳"目标下的挑战与机遇——基于欧盟能源转型的启示.天然气与石油，40（2）：136-143.

② Science Business. 2021. EU launches €2 billion industrial partnership on clean hydrogen. https://science-business. net/climate-news/news/eu-launches-eu2-billion-industrial-partnership-clean-hydrogen[2021-11-29].

③ European Commission. 2022. Innovation Fund：EU invests €1.8 billion in clean tech projects. https://ec. europa. eu/commission/presscorner/detail/en/ip_22_4402[2022-07-12].

④ European Commission. 2022. Commission approves up to €5.2 billion of public support by thirteen member states for the second important project of common European interest in the hydrogen value chain. https://ec. europa. eu/commission/presscorner/detail/en/ip_22_5676[2022-09-21].

可再生氢，额外可再生氢将用于运输车辆。该项目将支持在巴斯夫路德维希港基地建设和安装一个大型电解槽，该电解槽的年生产能力将达到 54MW，每年生产约 5000t 可再生氢，预计将于 2025 年投入使用①。此外，欧盟委员会批准了 10 亿欧元资金支持德国萨尔茨吉特钢铁制造工艺绿色化投资，该项目将支持大型电解槽的建设和安装，该电解槽每年将生产约 9000t 可再生氢，产生的氢气将用以直接还原铁。绿色炼钢工艺预计将于 2026 年开始运行②。

为了确保完整的氢能供应链，欧盟将从以下几个方面进一步促进氢能技术的研究和创新③。

（1）在发电方面，升级到更大尺寸、更高效率和更具成本效益的吉瓦规模电解槽，利用大规模制造能力和新材料，为大型消费者提供氢气。鼓励和开发技术就绪水平较低的解决方案，如从海藻、直接太阳能水分解或以固体碳作为副产品的热解过程中生产氢气。

（2）发展基础设施，以储存、分配和远距离输送氢气。研究和开发将现有的天然气基础设施重新用于运输氢气或氢基燃料。

（3）发展大规模终端用能设施，特别是在工业和运输行业，如在炼钢过程中使用氢气替代炼焦煤，在化学和石化工业中升级可再生氢，以及重型公路运输、铁路、水上运输和航空。

（4）研究支持交叉领域的政策制定，特别是改进和统一安全标准以及监测和评估社会与劳动力市场影响。制定评估氢能技术及其相关价值链对环境的影响的可靠方法，包括全生命周期温室气体排放和可持续性。

（二）风能技术

欧洲风能技术与创新平台（ETIPWind）在《风能路线图》中确定了 2020 ~ 2027 年欧盟风能技术 5 个重点领域的研发优先事项，具体如下。

（1）并网及系统集成。①近期（2020 ~ 2022 年），发电量和需求量预测、短期储能技术研究、长期储能技术研究、多种配置风电场，以及未来系统需求建模；②中期（2023 ~ 2024 年），输电基础设施优化、系统辅助服务，以及可持续

---

① European commission. 2022. Commission approves €134 million German measure to support BASF in the production of renewable hydrogen. https://ec. europa. eu/commission/presscorner/detail/en/ip_22_5943［2022-10-03］.

② European Commission. 2022. Commission approves €1 billion German measure to support Salzgitter decarbonise its steel production by using hydrogen. https://ec. europa. eu/commission/presscorner/detail/en/ip_22_5968［2022-10-04］.

③ European Commission. 2020. A Hydrogen Strategy for A Climate- neutral Europe. https://ec. europa. eu/energy/sites/ener/files/hydrogen_strategy. pdf［2020-07-08］.

混合能源系统解决方案；③长期（2025～2027年），100%可再生能源的系统稳定性研究。

（2）运行与维护。①近期，寿命评估和运行情况监测、用于控制和监测的数字技术，以及利用机器人进行检查和维修；②中期，动态电缆修复解决方案、智能运行的数字化解决方案、预测环境参数、退役策略和技术，以及极端环境下的运行解决方案。

（3）下一代风能技术。①近期，组件材料的验证与开发、叶片回收示范、将风电系统整合到周围的自然和社会环境中，以及开发大型零件运输的新方法；②中期，开发可持续材料，制定标准，制造工艺开发，传感器、诊断和响应技术，下一代风力发电机，降噪技术，以及组件的可靠性研究；③长期，开发组件和材料的回收技术，以及颠覆性技术研究。

（4）降低海上风电成本相关技术。①近期，数据可用性和共享，以及子结构批量生产的流程分析；②中期，布线和连接相关研究，以及材料耐用性和保护方面的研究；③长期，制定跨行业标准和协议、集成优化设计方案、验证方法和流程，以及开发供应链物流。

（5）浮动式海上风电。①近期，精益制造、验证设计工具、系泊和锚、动态电缆，以及控制方法；②中期，开发供应链中的集成设计流程，以及浮动安装、组装和大型维护；③长期，停机控制研究。

海上风能的部署是实现《欧洲绿色协议》的核心。2021年，欧盟海上风电装机容量为14.6 GW，欧盟将利用欧洲五大海盆的巨大潜力，使海上风电装机容量到2030年至少增加25倍。2019年8月，NER 300通过创新基金能源示范项目（InnovFin EDP）资助6000万欧元用于海上风电能源示范项目（WindFloat）。该项目将建成第一个采用漂浮半潜式平台的海上风电场，在原型测试成功后进入试运行阶段。该项目包括一个25MW漂浮式海上风电场的设计、安装、运行和维护①。2022年7月，欧盟委员会宣布通过创新基金向可再生能源方面的大型清洁技术创新项目提供资助，将建造和运营一个海上风电场，实施涡轮机和氢气的创新解决方案②。

---

① European Commission. 2019. NER300 funds to support innovative projects in wave energy, offshore wind and charging infrastructure for electric vehicles. https://ec. europa. eu/clima/news/ner300-funds-support-innovative-projects-wave-energy-offshore-wind-and-charging-infrastructure_en［2019-08-01］.

② European Commission. 2022. Innovation Fund：EU invests €1. 8 billion in clean tech projects. https://ec. europa. eu/commission/presscorner/detail/en/ip_22_4402［2022-07-12］.

（三）海洋能源技术

欧洲海洋能源丰富且可再生，可以在能源结构中发挥重要作用。海洋能量的主要形式是波浪、潮汐、洋流、盐度梯度和温度梯度。海洋能源技术，如波浪和潮汐能转换，是欧盟"蓝色经济"的一部分，可以提供稳定和可预测的电力输出，有助于实现欧盟的气候和能源目标。由于其与水电、造船、风力涡轮机制造和海上石油与天然气的工业联系，海洋能源技术可以依赖强大的欧洲供应链。在适当的条件下，到 2050 年，海洋能源可以贡献欧盟电力需求的 10% 左右。

欧盟通过"战略能源技术"（SET）计划制定了未来十年的海洋技术成本降低目标。对于潮汐流技术，到 2025 年，成本应降至 0.15 欧元/（kW·h），到 2030 年降至 0.10 欧元/（kW·h）；对于波浪能技术，到 2025 年，成本将降至 0.20 欧元/（kW·h），到 2030 年降至 0.15 欧元/（kW·h）。可以从海洋能源技术中受益的第一个领域是如今电力成本高昂的海上设施和岛屿。

2019 年 8 月，NER 300 通过创新基金能源示范项目资助波浪能发电装置能源示范项目（Wave Roller），旨在示范商业规模波浪能技术的可行性。近岸振荡波浪涌转换器（OWSC）装置能够将波浪能转换为电能，该项目旨在缩小示范装置与商业部署之间的差距。NER 300 计划向该项目提供 1000 万欧元[①]。

2020 年 11 月，欧盟委员会在《海上可再生能源战略》中提出，欧盟将在2050 年前在欧盟海域内部署 40GW 的海洋能及其他新兴技术，重点支持海上项目的研究和创新。重要举措包括：①支持开发风能、海洋能和浮动式太阳能的新型设计；提高整个海上风能价值链的工业效率，包括使用数据驱动方法和物联网设备的数字技术；将"可持续设计"原则系统融入可再生能源研究与创新中。②研究如何将海上能源发电和基础设施的技术开发与社会经济和海洋环境发展可持续融合。③与成员国和地区（包括岛屿）合作，协调利用可用资金开发海洋能技术，以期实现欧盟海洋能总装机容量到 2025 年达到 100 MW，到 2030 年达到 1 GW 左右。

2020 年 9 月，欧盟委员会发布《有前景的新技术将帮助欧洲实现其雄心勃勃的气候目标》报告，介绍了欧盟在海洋能源领域资助的十大海洋能源技术项目，主要包括：①波浪和潮汐能项目软件；②具有成本效益的高性能潮汐技术；③新型波浪能启动系统；④降低未来波浪能转换系统的能源成本；⑤优化海洋能

---

① European Commission. 2019. NER300 funds to support innovative projects in wave energy, offshore wind and charging infrastructure for electric vehicles. https://ec. europa. eu/clima/news/ner300-funds-support-innovative-projects-wave-energy-offshore-wind-and-charging-infrastructure_en［2019-08-01］.

源；⑥解决涡轮机故障可提高潮汐能的可行性；⑦开源技术释放波浪能潜力；⑧创造新的潮汐和河流发电潜力；⑨降低潮汐能成本的发电机设计；⑩波浪能商业案例新技术试验①。

（四）太阳能技术

太阳能在清洁能源转型中发挥着关键作用，有助于实现欧盟 REPower EU 计划的目标，并减少欧盟对化石燃料的依赖。太阳能是欧盟增长最快的能源，2020年，欧盟太阳能市场增长了 18 GW，欧盟总发电量的 5.2% 来自太阳能。

2021 年 8 月，欧盟委员会宣布通过现代化基金向捷克、匈牙利和波兰提供约 3.04 亿欧元，帮助其实现能源系统现代化和 2030 年能源目标。例如，分别投资 3900 万欧元和 1.63 亿欧元用于捷克的 2 项可再生能源新项目，建造装机容量达到和超过 1 MW 的光伏发电厂②。

2022 年 5 月，欧盟委员会发布《欧盟太阳能战略》，该战略作为 REPower EU 计划的一部分，旨在到 2025 年实现太阳能光伏发电装机容量超过 320 GW，到 2030 年装机容量达到近 600 GW。《欧盟太阳能战略》主要提出了 3 项举措。①欧洲太阳能屋顶倡议。该倡议旨在释放未充分利用的屋顶太阳能发电潜力。它包括一项提案，即在未来几年内逐步引入在不同类型的建筑物中安装太阳能的义务，从新的公共和商业建筑开始，包括住宅建筑。②欧盟大规模技能伙伴关系。目前，太阳能行业劳动力瓶颈将成为清洁能源转型中新的绿色工作机会。欧盟将支持成员国采取行动支持劳动力的再培训和技能提升，以及劳动力市场向太阳能等增长型行业市场过渡。③欧盟太阳能光伏产业联盟。该联盟是该行业利益相关者的论坛，专注于确保欧洲太阳能光伏的投资机会，帮助供应链多样化，提供高效和可持续的光伏产品③。

欧盟支持有助于降低太阳能技术成本并提高其能源效率和可持续性的研究和创新项目，其中许多项目正在考虑将太阳能光伏整合到农业、运输和工业中。在

---

① European Commission. 2020. Promising new technologies to help Europe achieve its ambitious climate goals. https://ec. europa. eu/inea/sites/default/files/innovationfunds/cordis _ rp _ oceanenergy _ brochureen _ v1. pdf [2020-09-09].

② European Commission. Modernisation Fund：First EUR 304 million to support climate neutrality in 3 beneficiary countries. https://ec. europa. eu/clima/news/modernisation-fund-first-eur-304-million-support-climate-neutrality-3-beneficiary-countries_en[2021-08-06].

③ European Commission. 2022. EU Solar Energy Strategy. https://eur- lex. europa. eu/legal- content/EN/ TXT/？uri=COM%3A2022%3A221%3AFIN&qid=1653034500503[2022-05-18].

"地平线 2020" 支持下，2014～2020 年，对光伏相关活动的总财政贡献约为2.595 亿欧元①。欧盟将继续支持太阳能研究创新，主要举措包括：①通过"地平线欧洲"科研框架计划，继续支持研究和创新，以降低太阳能技术的成本，同时提高能源效率和可持续性，这些技术主要包括异质结电池、钙钛矿和叠层电池。2023～2024 年计划中将制定一项支持太阳能研究和创新的旗舰计划，重点关注新技术、环境和社会经济可持续性以及综合设计。②在"地平线欧洲"计划下，欧洲清洁能源转型伙伴关系将在 2021～2027 年争取成员国、能源行业和公共机构对太阳能研究创新的支持，制定太阳能研究与创新议程，进一步扩大成员国的合作。航天部门将作为新的创新因素，欧盟将推动开发高性能太阳能电池，并促进空间与地面之间的协同。③2020～2030 年，创新基金将提供约 250 亿欧元的资金支持用于包括太阳能在内的低碳技术商业示范，以弥补研究成果和商业发展之间的差距。欧洲区域发展基金将支持成员国确定研究创新的优先领域。欧盟提出将创新太阳能部署技术，包括：①车联网光伏。太阳能和电动汽车以创新的技术方式集成。通过提高电动汽车的能源自主性，用船上太阳能电力部分取代电网电力，从而减少交通运输部门的排放。电动汽车在停车时可成为电网的额外电力来源，是有助于整体电网弹性的储能解决方案。②光伏建筑一体化（BIPV）。光伏建筑一体化代表了一种新颖的太阳能部署形式，尽管成本有所降低，但其潜力有待通过建筑部门规模经济来释放②。

（五）碳捕集、利用与封存技术

碳捕集与封存是一套旨在捕集、运输和永久储存原本会排放到大气中的二氧化碳的技术，可应用于水泥或钢铁等工业设施、发电厂，以及生产低碳氢。碳捕集与利用技术允许再利用捕集的碳，提高其循环性并减少其对大气的排放。

欧盟委员会积极支持碳捕集、利用与封存项目，将其视为关键工业部门脱碳的优先领域。2021 年 11 月，在欧盟创新基金首次征集大型项目的 7 个获奖项目中，有 4 个项目涉及碳捕集与利用价值链的组成部分，包括化石燃料结合 CCUS制蓝氢示范，水泥厂碳排放捕集与地质封存，开发完整的碳捕集、运输和封存产业链，以及利用现有生物质热电联产厂建造碳捕集与封存设施③。第二次大规模征集的 17 个项目中，有 7 个采用了 CCUS 技术，包括水泥行业的第二代氧燃料

① European Commission. 2022. In focus：Solar energy – harnessing the power of the sun. https://commission. europa. eu/news/focus- solar- energy- harnessing- power- sun-2022-09-13_en[2022-09-13].

② European Commission. 2022. EU Solar Energy Strategy. https://eur- lex. europa. eu/legal- content/EN/TXT/? uri = COM%3A2022%3A221%3AFIN&qid = 1653034500503[2022-05-18].

③ European Commission. 2021. EU invests over €1 billion in innovative projects to decarbonise the economy. https://ec. europa. eu/commission/presscorner/detail/en/ip_21_6042[2021-11-16].

碳捕集工艺、端到端的碳捕集与封存链、石灰生产过程的碳捕集与封存、全链条碳捕集与封存，化工行业的二氧化碳制甲醇，炼油行业的热电联产工厂收集二氧化碳，以及高度可扩展的陆上碳矿物储存终端①。

欧盟委员会于2021年6月通过了"地平线欧洲"2021~2022年主要工作计划，即在2021年和2022年分别提供3200万欧元和5800万欧元资金资助CCUS技术研发②。CCUS领域拟资助主题包括：将CCUS集成至工业枢纽或集群，通过新技术或改进技术降低碳捕集成本，通过CCUS进行工业脱碳，以及直接空气碳捕集和转化。同年10月，欧盟启动PyroCO$_2$创新项目，预算4400万欧元，为期5年，最终目标是建设运营一个每年能够捕集10 000t工业CO$_2$的设施，并将其用于生产化学品③。

第五节　欧盟碳中和战略行动主要特点

一、通过气候立法明确实现碳中和的监管体系

欧盟积极推进气候中和立法，通过出台《欧洲气候法》明确了温室气体减排目标，并建立了目标分解机制以及政策实施进展评估机制，要求从2023年9月开始，每5年评估欧盟及其成员国采取的措施是否与气候中和目标一致，为欧盟实现碳中和目标提供了法律保障。

二、建立相对完善的碳中和政策框架

欧盟从顶层设计出发，以"气候目标–气候立法–综合战略–领域行动"形式自上而下构建了碳中和政策框架，包含能源、产业、碳市场、财政金融等方面较为完善的政策举措，并适时调整减排目标，为欧盟中长期不同领域脱碳指明了道路。

---

① European Commission. 2022. Innovation Fund：EU invests €1.8 billion in clean tech projects. https：//ec. europa. eu/commission/presscorner/detail/en/ip_22_4402［2022-07-12］.

② European Innovation Council. 2021. Main work programme of Horizon Europe adopted. https：//eic. ec. europa. eu/news/main-work-programme-horizoneurope-adopted-2021-06-16_en［2021-06-16］.

③ SINTEF. 2021. Converting CO$_2$ emissions into products–European Green Deal project PyroCO$_2$ kicks off. https：//www. sintef. no/en/latest-news/2021/converting-co2-emissions-into-products-european-green-deal-project-kicks-off/［2021-10-01］.

三、制定重点领域关键减排措施

欧盟通过发布重点领域中长期转型发展战略，部署了重点鲜明的领域减排政策措施。欧盟在能源、工业、交通、建筑等重点领域提出了具体的减排路径，并将能源系统转型作为经济脱碳的关键驱动力。

四、部署大型计划支持碳中和科技创新

为支持低碳技术研究与创新，欧盟以《欧洲绿色协议》为基础，提供了支持实现欧盟 2050 年气候中和的多个大型资助计划和系列研发项目，部署了结构化的科技创新体系，如欧盟研发第九框架计划（"地平线欧洲"计划）、欧盟创新基金等多个科学计划，重点支持了清洁能源创新、工业转型、低碳建筑和智能交通等方面的关键创新性低碳技术的研发和商业示范[①]。

---

① 王建芳，苏利阳，谭显春，等. 2022. 主要经济体碳中和战略取向、政策举措及启示. 中国科学院院刊，37（4）：479-489.

第五章 | 英国碳中和战略与实施路径

第一节 引 言

英国是全球首个立法承诺 2050 年实现净零排放的主要经济体，旨在通过引领全球绿色工业革命浪潮再造碳中和时代绿色工业"发源地"[①]。作为全球主要发达国家和传统工业强国，英国也是全球应对气候变化的倡导者和领导者，其战略体系经历多个发展阶段。特别是碳中和战略实践中，英国有着清晰的宏观、中观、微观特征，在净零目标约束和总体战略指导下，制定部门减排战略、行动计划、路线图等一揽子政策，与我国"1+N"政策体系相类似，因此其经济发展轨迹、气候战略演变等规律，对我国推进"双碳"进程具有一定参考价值。

作为世界上最早实现工业化的国家，英国历史累计排放量及人均排放量均较高，早期社会经济发展高度依赖煤炭等化石燃料，"伦敦雾"等环境问题广受关注[②]。因此，英国一直以来极为重视温室气体排放治理，较早开始对绿色低碳转型开展探索，在中长期减排目标上取得了较为显著的进展，并积极参与和推动全球气候治理体系的改革创新。英国在中长期减排目标上取得了较为显著的进展，于 1973 年实现达峰，脱碳速度比七国集团（G7）其他国家都要快。英国碳排放趋势如图 5-1 所示。

本章通过系统梳理英国应对气候变化战略演变、政策体系，从战略政策体系的文本内容和逻辑结构两方面，解析英国碳中和战略行动主要特点。

---

① 曲建升，陈伟，曾静静，等.2022. 国际碳中和战略行动与科技布局分析及对我国的启示建议. 中国科学院院刊，37（4）：444-458.

② 中央财经大学绿色金融国际研究院. 气候金融丨英国应对气候变化工作经验借鉴. http://iigf. cufe. edu. cn/info/1012/1506. htm［2022-06-02］.

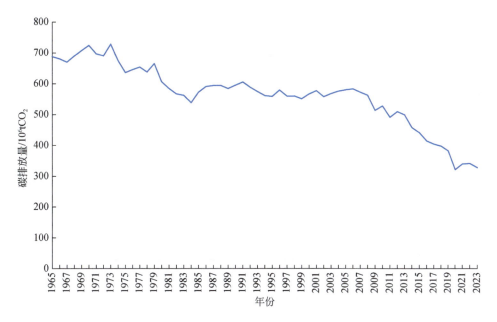

图 5-1　英国碳排放趋势

第二节　英国碳中和战略顶层设计

基于全球应对气候变化治理体系的发展历程和特点，通过分析英国政府过去数十年应对气候变化的战略顶层设计框架，可总结出英国应对气候变化战略演变的四个典型阶段，分别为：治理起步期（1990～1999 年）、治理探索期（2000～2009年）、改革转型期（2010～2018 年）、净零推进期（2019 年至今）4 个发展阶段（图5-2）。

一、治理起步期（1990～1999 年）

20 世纪 80 年代末，国际社会开始重视气候风险问题[①]，联合国政府间气候变化专门委员会（IPCC）应运而生。1992 年，《联合国气候变化框架公约》发布，促使气候治理成为全球性议题；1997 年，《京都议定书》发布，推动全球气

---

① 张海滨. 2022. 全球气候治理的历程与可持续发展的路径. 当代世界，(6)：15-20.

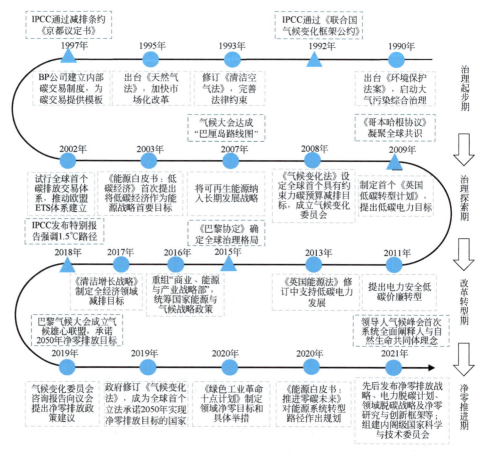

图 5-2　英国应对气候变化的战略演变示意图

候治理机制初步建成①。在此期间，英国政府采取积极严格的措施以应对日益凸显的大气污染问题②，颁布《电力法》《环境保护法》等多部法案，积极推动天然气和电力市场化改革，启动建立多种大气污染物控制体系。

二、治理探索期（2000～2009 年）

进入 21 世纪后，全球气候治理陷入僵局，2009 年《哥本哈根协议》维护应

① 张中祥，张钟毓．2021．全球气候治理体系演进及新旧体系的特征差异比较研究．国外社会科学，（5）：138-150，161．

② 乐小芳，翟羽帆，董战峰，等．2021．英国大气污染与气候变化协同治理经验及对中国的启示．环境保护，49（Z2）：94-98．

对气候变化"双轨制"谈判底线，并再次凝聚了全球金融危机下发达国家和发展中国家行动共识。这一阶段英国碳排放趋势持续波动，英国深刻意识到工业革命所带来的气候负面影响，政府积极探索推行能源低碳化转型策略[①]，试行全球首个国家碳排放市场交易体系——UK ETS，颁布全球首个具有约束力的国家《气候变化法》[②]，成立国家气候变化委员会（Committee on Climate Change, CCC）[③]，出台首个《英国低碳转型计划》[④]。

三、改革转型期（2010～2018 年）

经历短暂的停滞期后，全球气候治理迎来改革新阶段，2015 年达成全球首个普遍适用的治理体系——《巴黎协定》，以"自下而上"的国家自主贡献形式激发各方气候治理意愿和活力。这一阶段，英国碳减排治理取得一定成效，并对国家能源和气候政策框架实施全面重大改革，试图填补美国退出《巴黎协定》后的领导地位真空。其间，修订《英国能源法》[⑤] 推动低碳电力成为未来能源供应主力，并提出煤电淘汰日程。2016 年，英国通过体制机制改革统筹推进国家能源和气候战略政策，将能源、气候等相关部门整合为商业、能源与产业战略部（BEIS）。2017 年发布的《清洁增长战略》[⑥] 把减排作为英国工业战略的核心，制定各领域减排目标，并进一步强调降低脱碳成本。

四、净零推进期（2019 年至今）

百年变局下国际风险因素交织延缓气候治理进程，碳中和成为全球气候治理

① 中国能源报. 英国能源战略——市场力量（世界能源风向）. http://paper. people. com. cn/zgnyb/html/2019-02/18/content_1909563. htm［2024-12-13］.

② Department of Energy & Climate Change. Climate Change Act 2008. https://www. legislation. gov. uk/ukpga/2008/27/contents［2024-12-13］.

③ Committee on Climate Change. Framework Document April 2010. https://www. theccc. org. uk/wp- content/uploads/2013/03/CCCFramework- Document. pdf［2024-12-13］.

④ Department of Energy & Climate Change. The UK Low Carbon Transition Plan: National Strategy for Climate and Energy. https://www. gov. uk/government/publications/the- uk- low- carbon- transition- plan- national-strategy-for-climate-and-energy［2024-12-13］.

⑤ Department of Energy & Climate Change. Energy Act 2013. https://www. legislation. gov. uk/ukpga/2013/32/contents［2024-12-13］.

⑥ Department for Business, Energy & Industrial Strategy. The Clean Growth Strategy: Leading the Way to A Low Carbon Future. https://assets. publishing. service. gov. uk/government/uploads/system/uploads/attachment_ data/file/700496/clean- growth- strategy- correction- april-2018. pdf［2024-12-13］.

和可持续发展的关键议题，各国竞相部署国家层面碳中和全面战略，谋求绿色低碳发展先机。这一阶段，英国碳排放趋势有所反弹，政府快速部署"脱欧"之后国家气候战略，以重新领导全球气候治理体系。2019 年，英国政府完成《气候变化法》修法[1]，成为全球首个立法承诺到 2050 年实现净零排放的主要经济体，正式迈入碳中和治理的全新阶段。此后，政府出台《绿色工业革命十点计划》纲领性战略[2]，并密集发布《净零战略》[3]、《工业脱碳战略》[4]、《交通脱碳计划》[5]、《氢能战略》[6] 和《净零研究与创新框架》[7] 等一揽子体系化政策。同时，英国成立由首相主持的内阁级国家科学与技术委员会（NSTC）[8]，设立由科学家领导、多个部委参与的科学和技术战略办公室（OSTS）[9]，将净零排放与生命健康、国家安全、数字经济列为国家四大关键科技领域。

第三节 英国碳中和政策部署与实施路径

在碳中和行动实践中，英国中央政府充分汲取智库建议，修法强化净零排放约束目标，出台《绿色工业革命十点计划》（简称《十点计划》），制定未来数十年净零行动路径，管理部门相继发布减排脱碳战略、行动计划、技术路线图等一系列政策，国家智库机构提交政策建议、监测评估、行业指导等战略咨询报告，

---

① Department for Business, Energy and Industrial Strategy. The Climate Change Act 2008 (2050 Target Amendment) Order 2019. https://www. legislation. gov. uk/uksi/2019/1056/contents/made[2024-12-13].

② Department for Business, Energy & Industrial Strategy. The Ten Point Plan for A Green Industrial Revolution. https://assets. publishing. service. gov. uk/government/uploads/system/uploads/attachment _ data/file/936567/10_POINT_PLAN_BOOKLET. pdf[2024-12-13].

③ Department for Business, Energy & Industrial Strategy. Net Zero Strategy: Build Back Greener. https://www. gov. uk/government/publications/net-zero-strategy[2024-12-13].

④ Department for Business, Energy & Industrial Strategy. Industrial Decarbonisation Strategy. https://www. gov. uk/government/publications/industrial-decarbonisation-strategy[2024-12-13].

⑤ Department for Transport. Transport Decarbonisation Plan. https://www. gov. uk/government/publications/transport-decarbonisation-plan[2024-12-13].

⑥ Department for Business, Energy & Industrial Strategy. UK Hydrogen Strategy. https://www. gov. uk/government/publications/uk-hydrogen-strategy[2024-12-13].

⑦ UK Goverment. UK Net Zero Research and Innovation Framework. https://assets. publishing. service. gov. uk/government/uploads/system/uploads/attachment_data/file/1030656/uk-net-zero-research-innovation-framework. pdf[2024-12-13].

⑧ Prime Minister's Office. Prime Minister sets out plans to realise and maximise the opportunities of scientific and technological breakthroughs. https://www. gov. uk/government/news/prime-minister-sets-out-plans-to-realise-and-maximise-the-opportunities-of-scientific-and-technological-breakthroughs[2024-12-13].

⑨ HM Government. Office for Science and Technology Strategy. https://www. gov. uk/government/groups/office-for-science-and-technology-strategy[2024-12-13].

由此形成 1 份立法文件、1 份顶层规划、*N* 个行动计划、*X* 份战略咨询组成的"1+1+*N*+*X*"政策体系，如图 5-3 所示。

图 5-3　英国碳中和战略政策体系总体设计

通过对战略政策的文本挖掘和迭代分析，基本勾勒出英国碳中和战略的总体思路和特征。①在内容上：英国为谋求在世纪疫情、能源危机和"脱欧"风波等多重危机下的经济复苏，制定了法律法规、国家战略、政策举措、科技计划、行业目标和路线图等一揽子碳中和政策，旨在通过引领全球绿色工业革命浪潮再造碳中和时代绿色工业"发源地"。②在逻辑上：英国中央政府决策层充分汲取专业机构的战略咨询建议，将 2050 年实现碳中和纳入国家法律文件，并制定碳中和行动纲领性战略文件，步入碳中和绿色革命"赛道"；政府管理机构及战略咨询机构，相继发布细分行业减排脱碳计划、技术路线图、指导或评估白皮书等文件，由此进入以实现碳中和目标为核心的经济社会全领域绿色变革转型新阶段。

一、宏观战略：重视系统全面性、决策科学性、反馈有效性

基于对政策文本数据的结构化处理和归类，英国碳中和战略政策体系从"战略咨询—战略决策—战略执行—外部评估"4 个阶段螺旋式推进（图 5-4）。①战略咨询层，主要为政府资助成立的智库机构，由相应领域科学家、战略专家及政

府管理人员等组成，以国家碳中和战略需求为导向提供具体的科学建议；②战略决策层，作为国家战略和政策最高制定者，为应对气候变化、经济增长等制定行动纲领；③战略执行层，由多个政府职能部门和监管机构组成，负责制定分部门分阶段的行动计划和路线图；④外部评估层，作为第三方专业机构，实时监测和评估碳中和行动绩效，并提出下一阶段改进措施的建议，形成及时有效的反馈。

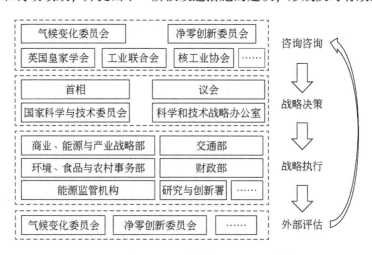

图 5-4　英国碳中和战略政策体系层次结构

二、中观架构：政府、智库、金融多方协同促成全社会共识

在政策组织实施上，英国形成中央政府统筹部署、主管机构分工推进、私营部门协同发力、智库机构支撑决策的 4 类主体协同推进机制，进而服务于维护国家绿色变革的战略导向（图 5-5）。①中央政府统筹部署。中央政府审定发布了具有法律约束力的碳中和雄心目标，统筹制定未来 30 年的碳中和战略总领计划，全面拉开英国绿色工业革命序幕。②主管机构分工推进。政府各主管机构出台更加详细的中长期战略、领域行动计划、技术路线图及投融资计划，机构之间举措相互呼应、分工协作，形成自上而下的政策体系。③私营部门协同发力。英国极为注重私营部门的协同作用，并专门成立投资办公室（Office for Investment）、设立基础设施投资银行，各项政策也提出吸引私营投资的具体举措，以此推动国内绿色产业的培育和壮大。④智库机构支撑决策。智库机构在应对气候变化实践中发挥了重要支撑作用。20 余年来，气候变化委员会、净零创新委员会、工业联合会等国家智库机构为应对气候变化战略提出详细具体的政策建议，其中碳中和科学问题、多份能源白皮书，以及碳预算计划和多份专家战略咨询报告，为碳中

和行动的战略推进和政策部署提供有力参考。例如，气候变化委员会长期追踪评估英国气候战略目标并通过战略咨询为政府决策提供科学依据，推动政府修订《气候变化法》，强化 2050 年净零排放目标约束，并对净零行动、关键技术等进展进行监测评估，相应结果在政策制定中被充分吸纳。

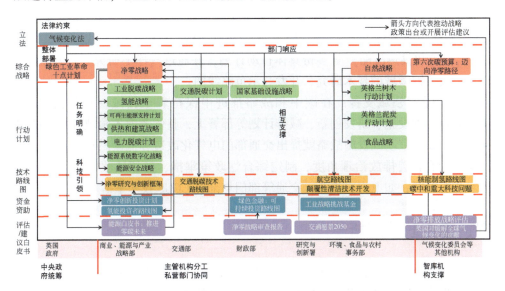

图 5-5　英国碳中和行动重点战略中观架构与微观特征示意图

三、微观结构：内在逻辑特征深刻反映战略政策的布局重点

通过对政策语义的归纳总结，可以看出，英国主要从强化法律约束、加强整体部署、明确重点任务、注重部门响应、强调领域支撑等方面纵深布局（图5-5）。

（1）强化法律约束。英国将碳中和目标写入法律文件，为未来30年内经济全领域的绿色工业革命赋予了最具约束的立法保障，以保持目标的长期稳健性。在法律体系保障下，英国制定了中长期脱碳具体政策举措，推动政府、行业、企业、社会等形成统一认识。

（2）加强整体部署。依据碳中和战略顶层设计，差异化制定不同领域、不同地区的具体目标和举措，并广泛采用产业技术、人力保障、基础设施、税收、金融及国际合作等多种政策工具。

（3）明确重点任务。战略政策重点任务部署针对性强且具有延续性。①聚焦本国主要用能和排放部门，制定中长期行动计划和脱碳路线图；②瞄准现阶段发展矛盾和困境，推动绿色转型、经济重振、净零目标协同发展；③重点发展保持本土优势产业和技术竞争力，推动氢能、电动汽车、零碳交通等新兴技术规模化应用，加快部署 CCUS、直接空气碳捕集利用、自然解决方案等尚处于发展早期的技术。

（4）注重部门响应。各政府机构依据总体战略和各领域中长期规划，出台更加具体的行动计划或路线图，并在目标、技术路径等方面保持着高度一致性，体现出较强的政策执行力。例如，根据《绿色工业革命十点计划》和《净零战略》，商业、能源与产业战略部制定《工业脱碳战略》《电力脱碳计划》《氢能战略》《建筑和供热战略》等多份具体行动计划，并通过《净零研究与创新框架》制定七大关键领域的技术研究、开发与示范路线图。

（5）强调领域支撑。在碳中和战略推进中保持着全领域一盘棋的思路。①政府在基础设施、研发创新、减排计划等部署上，整体考虑各领域各技术的协同融合，如国家基础设施战略就提出交通部门电气化改造和低碳燃料替代；②从产业链发展和碳排放治理角度，制定综合性政策举措，各领域政策之间相互交叉、相互关联，如电力、工业、交通等部门均部署 CCUS 技术举措。

四、重点政策解析

本研究遴选《绿色工业革命十点计划》《净零战略》两份具有代表性的综合政策，进一步深入解析英国碳中和战略政策网络体系。

（一）碳中和总领计划：《绿色工业革命十点计划》

《绿色工业革命十点计划》由英国政府发布，是碳中和写入法律后的首份综合政策，也是英国碳中和战略的顶层设计文件。英国把《绿色工业革命十点计划》作为未来数十年重振全球工业中心和经济绿色增长的纲领性计划，核心主题是绿色技术变革、经济振兴、创造就业、吸引投资，提出 10 个领域净零发展愿景和要点，目标通过公共投入 120 亿英镑撬动超过 400 亿英镑私营投资，并新增25 万个就业岗位。

为此，中央政府、地区政府及相关机构以《绿色工业革命十点计划》为依据制定各项落实举措。在整体部署上，商业、能源与产业战略部和环境、食品与农村事务部分别发布《净零战略》和《自然战略》。在具体领域上，商业、能源与产业战略部启动最大规模的可再生能源支持计划，重点投入 2 亿英镑发展海上风电；出台《氢能战略》支持氢能发展；设立高达 3.85 亿英镑的"先进核能基金"资助核能技术创新与商业化；制定交通脱碳计划与技术路线图支持零排放汽车、绿色出行；发布航空路线图支持零排放飞机，启动清洁海事示范计划支持绿色海运；出台《供热和建筑战略》支持零碳建筑；制定工业脱碳计划支持 CCUS

发展，并启动部署 4 个 CCUS 产业集群；启动泥炭和树木行动计划，通过 "自然气候基金" "绿色复苏基金" 资助自然保护；启动 10 亿英镑净零创新投资组合，资助 10 个优先领域，如图 5-6 所示。

图 5-6　英国《绿色工业革命十点计划》重点任务部署

（二）碳中和综合战略：《净零战略》

《净零战略》是英国发布的应对气候变化的中长期战略，以《绿色工业革命十点计划》为基础，从电力、燃料供应及氢能、工业、供热及建筑、交通、温室气体去除，以及自然资源、废物和含氟气体七个方面，制定了经济全领域减排计划，支持英国向清洁能源和绿色技术转型，如图 5-7 所示。

在宏观层面上，该战略为中央政府（决策层）积极响应气候变化委员会向议会提交的减排进展评估（评估层）和政策建议（咨询层），最终由商业、能源与产业战略部（执行层）制定发布。

在中观架构上，其以《绿色工业革命十点计划》主要目标为基础，综合考虑疫情复苏和绿色增长因素，确保国家碳预算、2030 年国家自主贡献、2050 年净零排放目标走向正轨，并体现出由政府整体部署、主管机构出台、智库机构支撑、私营资金投资的组织架构。

在微观结构上，其主要内容从电力，燃料供应及氢能，工业，供热及建筑，交通，自然资源、废物和含氟气体，以及跨领域交叉八大方面系统部署，详细制定一系列绿色发展目标和低碳技术措施，以及关键领域技术创新路线图，重点任务与《绿色工业革命十点计划》对应且清晰明确。在此基础上，商业、能源与产业战略部还制定了《供热和建筑战略》《聚变战略》《电力脱碳计划》《能源安全战略》《净零研究与创新框架》等多份详细举措；此外，该战略还与英国交通

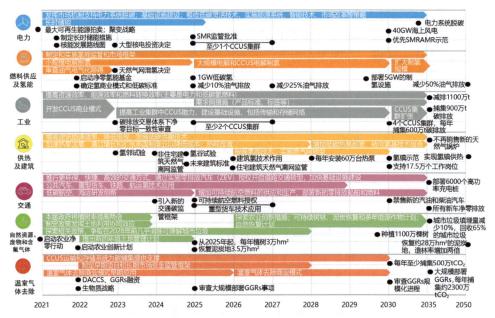

图 5-7　英国《净零战略》各部门中长期路线图

GGRs 的全称是 Greenhouse Gas Removal（温室气体移除）

部出台的交通脱碳计划和环境、食品与农村事务部发布的"自然恢复网络计划"相互支撑。

第四节　英国碳中和科技创新行动

英国政府把科技创新作为实现碳中和目标的关键动力，以实现绿色工业革命为目标重点部署面向未来的低碳技术，旨在加快降低净零转型成本，培育新产业和商业新模式。

一、发布关键科学问题清单

2021 年 5 月，英国皇家学会发布气候变化科学解决方案简报，提出实现净零温室气体排放、应对气候变化的 12 个重大科学技术问题①，为政府决策提供参

---

① Climate change：Science and solutions. https://royalsociety.org/topics-policy/projects/climate-change-science-solutions/［2025-01-10］.

考。具体如下。

（1）下一代气候模型。建立一个基于百亿亿次计算和数据设施的国际下一代气候建模中心，实现分辨率和计算能力的跨越式变化，充分了解公里范围内的气候变化对全球的影响，以支持净零技术路线图和气候适应方面的投资。

（2）碳循环。提高对碳循环理解的研究应包括：通过现场和卫星数据对大气、陆地和海洋进行连续观测监测，更好地了解碳汇的潜在不稳定性，以及开发更全面表征碳循环复杂性的模型。

（3）数字技术。基于大量数据，计算科学有可能创建"数字孪生"，模拟和优化多个经济部门，到2030年显著减少碳排放。

（4）未来电池储能解决方案。开发更强大、更持久、更快充电的电池以及零碳制造工艺。

（5）低碳供热和制冷。加快热泵、电加热器、区域系统、可再生能源供热和氢气技术创新。

（6）通过氢和氨应对净零挑战。进一步研究、开发、示范和部署，以确定氢和氨在实践中可以产生重大影响的领域。

（7）碳捕集与封存（CCS）。加快CCS技术在电力、工业部门的脱碳应用。

（8）气候弹性和适应性。通过更好的预测、适应气候变化的基础设施和基于自然的解决方案增强气候适应。

（9）气候变化与土地。以可持续的方式保护、恢复和管理土地有助于实现净零排放目标以及适应气候变化的影响。

（10）弹性粮食生产。开发支持可持续、创新、气候智能型全球粮食生产系统。

（11）气候变化与健康。缓解和适应气候变化，提升人类健康水平。

（12）政策选择和经济前景。跨学科研究有助于为应对气候变化和其他相关挑战所需的社会和环境转型提供信息。

二、制定科技创新战略框架

2021年10月19日，英国制定了《净零研究与创新框架》，确定了英国在未来5～10年内关键行业的净零研究和创新挑战及需求。该框架是英国发布的聚焦碳中和目标的首个综合研发创新指南。该框架聚焦电力、工业、低碳氢供应、CCUS与温室气体去除、供热与建筑、交通、自然资源与土地利用、全系统等挑战，确定了未来5～10年的关键优先领域，以推动提高清洁技术研发公共投入占比（2019年仅为0.03%），加速处于原型阶段的碳中和关键技术的研发，引导私营部门对商业化应用的资金支持，并加强国际研发合作交流，其路线图如图 5-8 所示。

图 5-8　英国《净零研究与创新框架》路线图

三、加强清洁技术研发投入

一是设立有组织的净零创新投资计划。英国以《绿色工业革命十点计划》为基础投入 10 亿英镑实施"净零创新组合计划",目标成为全球清洁技术领导者,重点支持绿色低碳技术十个优先领域,包括:浮动式海上风电;先进模块化反应堆;灵活储能;生物质能;氢能;建筑脱碳;直接空气碳捕集;先进 CCUS;工业燃料转型;颠覆性技术,如人工智能赋能能源技术创新等。

二是加快构建清洁技术创新体系。2024 年,英国政府通过清洁能源创新一揽子资金计划,支持清洁能源创新,在储能、零排放发电、清洁交通、材料和系统效率等方面进行创新。2022 年,英国发布首个《关键矿产战略》、建立首个关键矿产情报机构、建造首家磁铁材料精炼厂,通过"法拉第电池挑战赛"资助先进动力电池技术,支持开发推动能源系统变革的创新绿色技术,多举措保障电动汽车、储能、海上风电等技术供应链自主可控。此外,英国还支持利用数据中心废热为家庭供暖,利用"先进燃料基金"(AFF)支持废弃物生产可持续航空燃料创新项目,以促进建筑、交通等领域技术攻关,通过战略创新基金(SIF)支持能源网络大型示范项目。

三是系统性推进工业脱碳技术创新。英国政府通过工业燃料转型计划、工业能源转型基金、工业氢加速计划、CCUS 创新计划等基金计划,推动氢能和CCUS 研究创新及其在工业领域的应用示范。设立 10 亿英镑 CCUS 基础设施基金,助力英国成为全球技术领导者。在"工业战略挑战基金"(ISCF)支持下,实施"工业脱碳挑战"计划,支持开发减少重工业和能源密集型工业(如钢铁、水泥、炼油和化工)碳足迹的技术。通过"地方工业脱碳计划"(LIDP)竞赛,支持多个工业净零排放转型项目,促进企业和合作伙伴共同制定减排计划,推进氢能和碳捕集等脱碳技术的应用部署。

四是强化脱欧后先进核能自主研究。在退出欧洲原子能共同体研究和培训计划(Euratom R&T)以及聚变能计划后,英国启动新的替代聚变研发计划,加速聚变商业化,确保实现聚变战略所需的技术和能力,并进一步支持加强国际合作项目。

第五节　英国碳中和战略行动主要特点

作为全球应对气候变化领域的先行者和领导者,英国应对气候变化战略先后经历了治理起步期、治理探索期、改革转型期,特别是 2020 年脱欧以后加快转向净零推进期，在气候治理上的相关政策部署更加系统、更为全面，并形成"1+1+N+X"的碳中和战略政策体系。其主要特征如下。

一、构建国家战略决策推进体系

为保障政策部署的一致性，英国构建了"咨询–决策–执行–评估"战略决策推进体系。首先，由战略咨询层根据国家战略需求，提供具体的科学建议。其次，战略决策层制定国家碳中和战略行动纲领和综合性政策。再次，战略执行层制定分部门分阶段的行动计划和路线图。最后，外部评估层实时监测和评估碳中和行动绩效，提出改进建议。

二、建立多主体协同的组织架构

在政策组织实施上，建立了中央政府、主管机构、私营部门、智库机构 4 类主体协同的组织机制，以形成全社会共识。其中，中央政府发布碳中和立法文件，统筹制定碳中和战略总体计划；各政府职能机构分工协作，出台详细的行动计划，形成自上而下的政策体系；鼓励私营部门投资，加快国内绿色产业发展和基础设施建设；智库机构积极主动开展决策支撑，提出详细具体的政策建议。

三、全方位规划制定政策举措

英国从行动立法、整体部署、任务明确、细化呼应、相互支撑、科技引领等方面，制定了政策实现路径。具体包括：①强化法律约束。《气候变化法》将碳中和目标写入法律文件，基于此制定中长期行动政策举措，凝聚各方力量的统一认识。②加强整体部署。根据《绿色工业革命十点计划》，统筹部署不同领域、不同地区差异化举措。③明确重点任务。结合自身基础和未来需求，重点推动绿色转型、经济重振、净零目标协同发展。④注重部门响应。在总体战略指导下，各政府机构出台具体的政策举措，保持目标的高度统一。⑤强调领域支撑，确保各领域政策举措的融合及衔接。⑥突出科技引领，把科技创新作为碳中和行动的关键支撑，启动 10 亿英镑投资组合计划，制定首个《净零研究与创新框架》。

第六章 | 德国碳中和战略与实施路径

第一节　引　言

当前，全球应对气候变化已进入碳中和治理的新阶段，并逐渐演变为国际经济、政治和外交等事务的竞争焦点。作为欧洲传统工业强国和绿色革命先锋，德国一直积极推行并坚持高约束、高标准的气候政策。2021年，德国"气候选举"尘埃落定，执政联盟组建政府，《执政联盟协议》中"气候"一词出现198次，超过"德国"（144次），副总理罗伯特·哈贝克兼任经济和气候保护部（BMKW）部长，全面掀起面向2045年碳中和革新的新征程。与此同时，2022年俄乌冲突爆发，叠加新兴技术革命、大国竞争加剧、全球经济颓势等因素，维护能源与气候安全成为国际博弈的新阵地，并推动全球产业链供应链体系本土化、阵营化发展。由于德国早已确定"退煤弃核"路线，俄乌冲突和"北溪工程"爆炸事件导致德国深陷能源危机风暴，不仅能源供给短缺、价格飙升，而且化工、钢铁、汽车等工业生产成本高涨，加上美国政策引导，出现产业转移和经济衰退现象。对此，德国政府被迫延迟核电站关闭并启用退役燃煤电厂，但也受到各方环保势力批判，气候行动、能源安全、经济增长三者之间的矛盾突出。

对国内外复杂严峻形势和多重危机，2022年德国总理奥拉夫·朔尔茨总结为"时代转折"。这一词汇迅速成为德国政客、专家、媒体和民众热议话题，也成为德国当前和未来的政策基调。在此背景下，德国政府因时制宜，以应对俄乌冲突等带来的能源紧张形势为契机，采取务实行动不断增强碳中和政策的灵活性和衔接性，推动经济社会全面深刻改革。尽管执政联盟在数次调整中维持碳中和长期目标的法律约束，但战略内涵、实施路径一改此前的激进策略，在能源、电力等领域采取"安全优先"原则，强调保障国家能源安全、维护工业竞争力、提升在欧盟和全球气候秩序中的领导力，防控碳中和行动风险成为重要任务。因此，深入剖析德国时代转折下如何正确处理碳中和行动与能源转型、经济发展之间的关系，具有重要的现实意义和参考价值。本章基于德国碳中和战略政策的最新动向，探析其战略调整与推进的内在动因和实施路径。

作为全球第六大碳排放国家和第四大经济体，德国的气候能源政策和治理绩效近年来一直备受诟病，与其欧洲经济"火车头"的地位极为不符。煤炭一直是德国经济增长和社会发展的基石[①]，硬煤及褐煤在电力结构中占比很大，其"弃核"政策又使得煤炭退出行动放缓，此外农业和交通业持续高碳排放[②]。德国负责能源转型评估的独立专家委员会分析结果显示，其必须紧急调整目标以适应新的气候目标[③]。德国碳排放量发展趋势如图6-1所示。

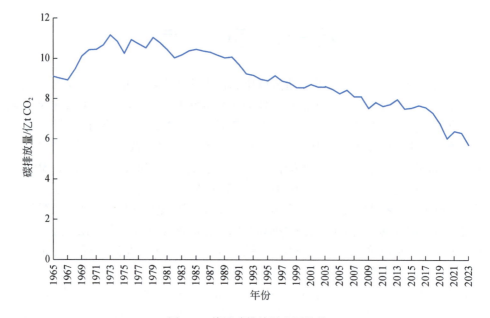

图6-1 德国碳排放量发展趋势

本章基于德国碳排放现状，梳理了德国推进碳中和目标的战略政策和脱碳行动，分析了德国碳中和科技创新行动，总结了德国碳中和战略行动主要特点，以期为我国碳中和实现路径提供参考。

① Agora Energiewende. A roadmap for a just transition from coal to renewables. https://www.agora-energiewende.de/en/publications/the-german-coal-commission/[2024-12-13].

② 傅聪. 2019. 欧盟气候能源政治的新发展与新挑战. 当代世界，(3)：42-47.

③ Climate Energy Wire. Germany must urgently adapt energy targets to new EU climate goals-experts. https://www.cleanenergywire.org/news/germany-must-urgently-adapt-energy-targets-new-eu-climate-goals-experts[2024-12-13].

第二节　德国碳中和战略顶层设计

战略演化是短期国家战略要点和中长期规划愿景共同驱动的结果，在国际秩序深刻调整背景下，"时代转折"的挑战和机遇推动德国执政联盟强化碳中和战略行动的紧迫性和竞争意识，并被视为德国增强全球气候行动话语权和经济竞争力的关键举措。

一、"时代转折"下德国国家战略定位

在俄乌冲突爆发三天后，德国总理朔尔茨发表了"时代转折"演讲，基于对过去一段时期全球博弈和德国形势的总结，前瞻判断未来全球局势动态以及德国困境和机遇，并对国家发展战略进行再定位，提出以更加积极、主动、有为的战略自主路线参与到国际事务中。根据执政联盟政府相关政策文件，德国对"时代转折"的战略定位有以下几层含义。

一是地缘博弈延宕复杂，局部性冲突常态化、扩大化、极端化，国际秩序将迎来新的平衡调整周期。朔尔茨认为"俄乌战争标志着冷战后开放、繁荣时代的正式结束，世界将开启一个充满动荡、封闭、对抗、极权和诸多不确定因素剧烈碰撞的新阶段"。这一论断一方面表明了德国政府对国家未来前途命运的强烈危机感和时代紧迫感，另一方面极大渲染了批评"默克尔时代"主权滑落的声调①，试图在国内营造战略主权的共识基础，在国际实现更加独立、更具影响的政治和外交诉求，以此增强应对未来世界不确定性、不稳定性因素的战略自主能力。尤其是俄乌冲突以来，世界对抗冲突形势紧张，不少国家地缘战略意识显现，德国政府在防务政策取向上发生明显变化，由"谨慎克制"调整为"积极开放"，大幅增加国防开支②。

二是国家安全内涵深刻变化，已成为跨部门多维度综合性事务，并贯穿经济发展全领域全链条。国家安全概念泛化向经济社会各个领域蔓延，近年来，在新冠疫情、地缘政治、气候危机、逆全球化、网络攻击等因素冲击下，全球产业链供应链风险层出不穷且复杂多变，美国、日本、欧盟等主要经济体积极奉行"经济安全"政策，先后出台经济安全战略，还借气候危机之名行单边保护主

---

① 李润薇. 2024. 德国安全战略中"克制文化"的式微及影响. 西部学刊，(3)：44-48.
② 郑春荣，李勤. 2022. 俄乌冲突下德国的"时代转折"——基于历史记忆影响的分析. 德国研究，37 (6)：4-19，120.

义之实。对此，2023 年德国政府发布首份《国家安全战略》，系统阐释了德国安全综合政策方向、原则和基本框架，除了在军事、防务等传统领域采取积极主动的安全策略，还囊括了国家安全相关的经济、能源、技术、工业、生态、金融以及空间等诸多领域，并通过一体化垂直推进机制，打破联邦各机构、各级政府壁垒。

三是能源与气候安全问题突出，全球碳中和行动加速清洁技术制造竞赛。根据联合国政府间气候变化委员会第六次评估报告，工业革命以来全球平均温度上升 1.1℃，预估未来二十年内有可能突破 1.5℃，进一步强调气候行动的紧迫性和严峻性。国际能源署评估认为，尽管实现《巴黎协定》1.5℃路径较为困难，但全球能源行业正进入清洁技术制造时代，各国正积极部署更具雄心的工业战略，在碳减排、经济效益和安全因素作用下，2020 年以来全球清洁能源投资增长 40%，清洁能源投资达到化石能源投资的 1.8 倍。当前德国依然饱受能源资源"受制于人"之苦，尽管德国官方文件强调履行排放大国的责任，但未来能源需求的刚性增长、减排行动的差距弥合、工业结构的转型压力等，成为考验德国经济发展的关键。此外，供应链的地理集中问题成为全球能源秩序重构的重要议题，主要国家积极部署重塑国家清洁能源生态以构建更具韧性的产业链供应链，而德国在关键原材料以及电池、光伏组件、风电零部件等关键产业上存在基础不牢、依赖进口和传统行业恶意竞争等问题。

四是尖端技术竞争激烈，以科技创新为核心的国家霸权竞争愈演愈烈，并从局部性摩擦变成了全局性事务。随着人工智能、量子、生物、半导体等尖端技术快速革新，科技安全俨然成为国家安全的独立要素，尤其是数字化技术的快速发展，对全球经济结构和竞争环境产生了巨大影响。德国政府认为技术创新与国家安全和繁荣密切相关，也是全球政治和经济竞争的重要工具，而其在未来技术竞赛上已然掉队。因此，德国呼吁欧盟强化技术主权概念内涵，将科技安全阵地战略前移，确保德国和欧盟在维护新兴技术市场份额、强化前沿布局上的优势。

因此，"时代转折"根本之变就是全球局势动荡变革进程中国家安全内涵的深刻变化，传统安全博弈频发极端，非传统安全问题凸显，长周期、多维度、不确定的威胁因素催动德国政府重塑国家综合安全观，试图寻求新阶段德国战略自主和未来繁荣的长期制度基础。

二、"时代转折"下碳中和战略调整

德国将应对气候变化作为综合性政府议题，并视之为塑造德国国际形象和国际领导者角色的重要手段。2022 年俄乌冲突是德国碳中和战略的转折点，剧烈震荡的国际局势和能源市场迫使德国政府重新评估"时代转折"下的能源与气候政策，在全面实施气候保护政治主张基础上，统筹战略，调整实施更为系统的改革举措，加速碳中和转型进程。

（一）以气候行动为切口推动气候外交

碳中和时代气候治理成为国际政治和外交事务的重要战场，随着美国拜登政府推行气候危机政治主张，欧盟持续强化在国际气候秩序中的话语权和主动权，德国政府不仅强化气候行动的履约责任，而且在欧盟气候政策中扮演着重要的"桥梁"角色，促成欧盟"Fit for 55"气候一揽子提案和碳边境调节机制的出台，计划 2023～2028 年投入超过 2000 亿欧元支持国内外气候行动。同时，《国家安全战略》明确提出将气候外交作为气候政策战略组成，旨在在全球气候治理新秩序中发挥积极作用。时任德国总理朔尔茨倡导并推动建立国际气候俱乐部，基于碳关税等共同规则和贸易受益机制，将气候保护由成本负担转变为国际贸易竞争优势。时任外交部长安娜莱娜·贝尔伯克表示"气候危机是时代转折的安全问题，德国将利用力所能及的各类工具，为所有国家提供可靠的气候保护和可持续发展保障。"

（二）以更加坚决的态度加强能源转型

鉴于能源危机的持续深远影响以及对气候变化的认识，为缓解短期能源短缺和保障中长期能源供应安全性、经济性及可持续性，德国联邦内阁各利益方把气候行动作为政治博弈的核心，实施了 21 世纪以来德国规模最大、范围最广的能源体系政策改革。总体来看，执政联盟政府把可再生能源和能源效率作为实现能源碳中和转型的两大支柱。一方面，首次确立可再生能源优先级高于生态的政策导向，取消光伏、风电等领域的要素限制，以加速推动清洁能源大规模扩张。德国总理强调，到 2030 年每天须安装 4～5 台风电机组、40 多块太阳能电池板，加快电网现代化升级，加大对氢经济的投资，并在电动汽车领域取得进展。另一方面，将节能和能效提升作为保障能源安全与提高产品竞争力的重要举措[1]。为支持《能源效率战略》的实施，德国政府还制定了《国家能效行动计划》《2045 年能效路线图》等措施与计划，并建立执行监督和定期评估机制。

---

[1] Die Bundesregierung. Energie und Klimaschutz. https://www.bundesregierung.de/breg-de/schwerpunkte/klimaschutz[2023-07-10].

（三）全面布局构建碳中和工业强国

德国政府将碳中和行动作为维护并增强其工业全球竞争力的重要契机，目标到 2045 年成为全球首个实现碳中和转型的工业化国家。近年来，天然气价格持续走高大幅增加了德国汽车、化工等优势领域企业的生产成本，加上美国对欧盟能源贸易的捆绑以及欧盟碳关税机制带来的内部矛盾，德国出现了较为严重的工业转移潮。对此，2023 年德国政府出台《时代转折中的工业战略：确保工业地位，提升繁荣，加强经济安全》①，重点关注碳中和转型、数字和技术主权等领域。其主要目的是应对俄乌冲突造成的"贸易武器化"、美国去风险和大规模刺激政策调整、能源价格转嫁的工业成本、劳动力缺失等带来的产业失衡和不利影响，在相互依存和依赖的供应链关系中，保障极端情况下关键矿产、光伏组件等初级产品的供应安全，从而确保工业制造竞争力并实现经济繁荣。

（四）以更加多元的举措降低系统性风险

当前全球产业链分工体系依然高度复杂、密切关联，考虑到自身资源禀赋和技术现状，尤其是清洁能源零部件制造市场份额偏低，德国碳中和战略导向由"效率优先"转向"安全优先"，重点在于保持供应链的稳定。在国内方面，实施能源应急一揽子计划削减能源账单，扩建液化天然气接收终端和基础设施，重启燃煤电厂，延迟核电关闭期限。在国外方面，加强与中东、北非等地区油气合作，推动北海清洁能源岛联合开发，加快与比利时、荷兰、瑞典、瑞士等国的能源互联，与欧洲内外国家缔结新的能源伙伴关系。

综上所述，德国政府将碳中和行动作为实现国家积极进取战略的有效手段，全面推动高约束气候目标下跨部门、全覆盖的战略政策纵深改革，试图在政治外交、能源转型、工业强国、安全防范上取得重大突破，以强化碳中和时代的国际话语权。需要说明的是，德国仍是全球十大温室气体排放国之一，尽管执政联盟政府通过磋商、修法、改革等形式实施了号称最具雄心目标的气候政策，但一些政策目标似成为党派博弈的筹码，比如"2035 年前电力系统实现温室气体中和"目标受到反复质疑最终被认为"激进"而取消。同时，能源和气候政策论证过于理想主义，现实与目标之间差距显著，对于各领域减排

① Bundesministerium für Wirtschaft und Klimaschutz. Habeck legt Industriestrategie vor- Industriepolitik in der Zeitenwende. https://www. bmwk. de/Redaktion/DE/Pressemitteilungen/2023/10/20231024- habeck- legt- in- dustriestrategie- vor. html% E2% 80% 82［2023-10-23］.

的总体预期被高估，尤其是建筑和交通，减排所需的基础设施较为滞后，对于气候目标与能源安全之间的新平衡，政策实施效果尚需观察。

三、统筹推进经济发展与气候行动

德国组建了全新的经济和气候保护部（BMKW）[①]，由国家副总理担任部长，融合了经济、气候保护、能源、环境等部门相关机构，以此全面领导德国的气候与能源转型路径，并试图在欧盟乃至全球碳中和治理中发挥引领作用。

经济和气候保护部核心任务是在保证经济繁荣的同时实现气候中和，以应对气候变化、数字革命、人口变化、确保能源供应等 21 世纪主要挑战，确保德国的经济竞争力和高就业水平。其具体政治行动指导方针包括：①气候保护只有在强大且可持续的经济基础上才能成功。该部门主要处理气候保护的挑战与机遇，实现经济与气候目标共存，推动市场经济转向生态市场经济。②能源转型是商业成功的基础。其目标致力于发展绿色可持续电力，减少对外国供应商的依赖，并推动可再生能源扩张、电网现代化和能源效率提升。③保持气候行动动力并加快速度。未来几年减排速度必须增加一倍多，气候行动责任必须增加三倍，以实现 2030 年目标。④加强工业和中小企业竞争力。建立并发展从能源密集型采掘到高科技制造的全价值链，以及高性能中小型企业和研究机构。⑤解决技术劳动力短缺问题。碳中和转型必须拥有足够的专业技能人才，德国清洁能源相关人力资源缺口较大，仅光伏和风能就存在 20 万劳动力短缺，热泵、半导体芯片等行业专业人才也存在不足。未来德国将通过采取行业补贴计划、简化技术工人移民程序、引入技术专家、海外招募以及能源行业转型培训等多种方式，扩大清洁能源劳动力队伍。

四、持续完善气候协调组织体系

为弥合长期以来减排行动与气候目标之间的差距，以及保持弃核、退煤[②]后的气候雄心和工业竞争力，德国在《欧洲绿色协议》战略框架和 "Fit For 55"

---

① Bundesministerium für Wirtschaft und Klimaschutz. Bundesministerium für Wirtschaft und Klimaschutz：Klimaneutraler Wohlstand an einem starken Wirtschaftsstandort. https：//www. bmwk. de/Navigation/DE/Ministerium/Aufgaben-und-Struktur/aufgaben-und-struktur. html［2023-07-13］.

② Federal Ministry for Economic Affairs and Climate Action. Final decision to launch the coal-phase out－a project for a generation. https：//www. bmwi. de/Redaktion/EN/Pressemitteilungen/2020/20200703-final-decision-to-launch-the-coal-phase-out. html［2020-07-03］.

一揽子政策基础上，于 2019 年 12 月 17 日颁布《气候变化法》[①]，强调鉴于全球气候变化对当前和未来构成的巨大挑战，基于《巴黎协定》提出加快实现 2050年碳中和目标，2021 年 6 月再次修法将实现碳中和期限提前至 2045 年[②]，进一步强化各年度减排任务。与此同时，能源主权事关国家安全问题，2022 年是欧盟和德国能源政策的转折点。俄乌冲突标志着德国能源供应的转折，剧烈震荡的国际局势和能源市场迫使德国重新评估能源与气候政策，并坚持气候保护政治主张，加速向温室气体中和和基于可再生能源的能源系统转型。

德国根据《气候变化法》设立了独立的跨学科"气候问题专家委员会"，由联邦议院任命的五名不同领域科学家组成，就确定或调整年度排放量、更新气候行动计划、制定气候保护规划等内容为联邦政府提供决策咨询建议。

此外，经济和气候保护部成立了专门的"气候中和政府协调办公室"[③]，进一步发挥联邦政府机构在迈向碳中和路径上的示范作用，推动公务部门实现 2030年碳中和目标。其主要职责包括：编制碳足迹报告和监测气候保护措施，为相关行动领域提供具体建议和指导，以及协调联邦各部门和各州定期经验交流。鉴于俄乌冲突导致能源紧张局势，该办公室向政府提出节约能源紧急措施十条建议，最终由联邦政府推动实施。

第三节　德国碳中和政策部署与实施路径

在迈向碳中和经济转型进程中，德国从改革法律体系、变革未来能源体系、重塑工业价值链、优化调整科技创新布局四方面，构建"四位一体"的碳中和政策体系。具体而言：执政联盟政府通过大规模体系化的法律法规体系修订，为能源、工业、建筑、交通、农林等领域的跨部门战略行动提供根本指引；发挥能源与工业双螺旋结构的核心动力，推动能源与工业结构的深刻变革与耦合，以全面推动经济社会全面深刻改革；把创新和技术进步作为实现碳中和目标的基础条件，大幅度调整国家科技创新布局，如图 6-2 所示。

---

①　Federal Ministry for the Environment, Nature Conservation, Nuclear Safety and Consumer Protection. Federal Climate Change Act (Bundes-Klimaschutzgesetz, KSG). https://www.bmu.de/fileadmin/Daten_BMU/Download_PDF/Gesetze/ksg_final_en_bf.pdf[2019-10-24].

②　Bundesministerium für Wirtschaft und Klimaschutz. Habeck: "Klimaschutzziele rücken erstmals in Reichweite". https://www.bmwk.de/Redaktion/DE/Pressemitteilungen/2023/06/20230621-habeck-klimaschutzziele.html[2023-06-21].

③　Bundesministerium für Wirtschaft und Klimaschutz. Die Koordinierungsstelle Klimaneutrale Bundesverwaltung (KKB). https://www.bmwk.de/Redaktion/DE/Dossier/kkb.html[2023-08-13].

图 6-2　德国碳中和行动战略政策体系

一、系统立法，编制碳中和行动路线图

德国是最为重视气候与能源立法的发达国家之一，在促进碳中和法律体系的构建过程中注重系统性、科学性、前瞻性。除了碳中和行动基本法——《气候变化法》，德国执政联盟政府先后针对性修订了可再生能源、海上风电、建筑能源等一系列具体领域单行法，对每个排放行业和经济部门的具体行动措施作出明确规定，为碳中和战略政策实施提供多层次依据，并促使国家气候与能源相关政策趋于一致且全面贯彻。

（一）凝聚共识，强化碳中和战略约束

2021 年，德国执政联盟政府启动 2045 年实现碳中和目标的气候修法，强调鉴于全球气候变化对当前和未来构成的巨大挑战，基于《巴黎协定》敦促各政府、各机构、全社会加快气候变化行动的落实。

德国历经数次政治磋商最终汇集了执政联盟各方利益，使得碳中和战略成为国家气候行动最高指导，将气候保护作为联邦政府的跨部门优先事务，并提出各年度、各领域碳预算预期目标和指导路径。德国制定了阶段性减排预算，相较于 1990 年，到 2030 年温室气体减排至少 65%，到 2040 年减排至少 88%，并提出其间各年度任务；到 2045 年实现净零排放，2050 年以后实现负排放（图 6-3）。

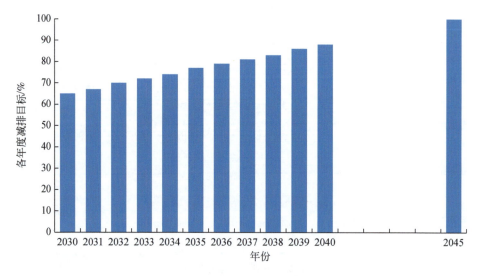

图 6-3 德国实现碳中和各年度温室气体减排目标

（二）系统谋划碳中和行动具体路径

在《气候变化法》基本法框架指导下，德国政府结合国际能源市场动荡以及自身能源产业发展需求，因时制宜不断完善相应领域单行法以及配套法律法规。

1. 确立可再生能源优先地位

可再生能源是德国最重要的电力来源之一，尤其是俄乌冲突以来，被视为德国能源转型支撑碳中和目标的核心支柱。自正式提出碳中和目标以来，德国政府先后启动 2021 年、2023 年两轮《可再生能源法》（EEG）修订①，这是过去二十余年以来能源相关政策法的最大修正案，EEG 2023 最终于 2023 年 1 月 1 日正式实施。该法案从立法层面确立了德国可再生能源的优先地位，其规定可再生能源属于国家优先发展领域且服务于公共安全，必须全面确保可再生能源优先决策权，以显著加快其规划和审批程序。

随着能源供应安全问题日趋紧迫，德国修法首次提出可再生能源建设优于环境保护，为解决可再生能源设施相关环境保护法规冲突提供依据。其中，《陆上

---

① Die Bundesregierung. Ausbau erneuerbarer Energien massiv beschleunigen. https：//www. bundesregierung. de/breg-de/schwerpunkte/klimaschutz/novelle-eeg-gesetz-2023-2023972［2023-03-01］.

风电法》引入必要风能资源的土地义务，确保到 2032 年德国有超过 2% 的土地面积用于风电开发[1]；《海上风能法》规定在海洋空间规划中将海上风电作为优先事项[2]；《自然保护法》解除土地等资源要素限制[3]，确保在保持高标准生态保护的同时推动可再生能源的快速部署。

2. 细化分阶段分领域发展目标

为实现对可再生能源发电量目标的阶段性监测，EEG 2023 明确不同阶段的可再生能源累计发电量，设定发电量临时目标的参考值，即 2023 年 287TW·h 至 2030 年的 600TW·h。总量目标制度的确立为政府不断调整优化可再生能源发展政策提供依据，有利于实现碳排放目标，推进能源转型。同时，EEG 2023 对太阳能、陆上风能、海上风能、生物质能等制定了更详尽的发展规划，还首次规定了氢能（尤其是绿氢）、储能等新兴产业的阶段目标。

此外，为保障可再生能源的场景应用，德国政府还同步修订工业、建筑等领域碳中和行动的法律法规。具体包括：①将匹配碳中和目标的电网目标写入修订的《能源工业法案》，加快电网基础设施的超前部署，并发挥监管机构在管控天然气和电力网络方面的作用，制定氢能网络发展的相关规定，旨在提供最安全、最具成本效益的环保友好电力，确保供应网络长期高效可靠运行；②修订《建筑能源法案》，合并了此前的《节能法案》《节能条例》《可再生能源供热法案》，设置了可再生能源设备占比达 65% 的要求，到 2045 年所有建筑强制性采用可再生能源供热网络；③批准最新的《能源效率法案》，建立首个提升能源效率的跨部门框架。

3. 系统完善气候行动配套机制

为加强能源危机的预警、准备和管理，德国政府再次修订 20 世纪 70 年代第一次石油危机时期出台的《能源安全法》，强化政府对于关键能源基础设施、零部件以及企业等的管控能力，为应对能源危机的广泛行动提供依据。在俄乌冲突以后，德国还批准短期和中期能源供应保障条例，细化公务部门和企业节能强制性义务。

面对最具争议的煤电行业，2022 年底修订的《燃煤发电退出法案》维持到

---

① Die Bundesregierung. Mehr Windenergie für Deutschland. https://www.bundesregierung. de/breg- de/schwerpunkte/klimaschutz/wind- an- land- gesetz-2052764［2023-02-01］.

② Bundesministerium der Justiz. Gesetz zur Entwicklung und Förderung der Windenergie auf See（Windenergie-auf-See-Gesetz-WindSeeG）. https://www. gesetze-im-internet. de/windseeg/BJNR23 1000016. html［2023-03-22］.

③ Bundesministerium der Justiz. Gesetz über Naturschutz und Landschaftspflege（Bundesnaturschutzgesetz-BNatSchG）. https://www. gesetze-im-internet. de/bnatschg_2009/BJNR254210009. html［2022-12-08］.

2038 年退煤期限目标，为未来提前退煤以及应对能源短缺的备选方案提供可能性。为坚持公平稳定的煤炭淘汰路线，德国政府还修订《热电联产法》鼓励运营商开展低碳能源替代或改造，避免老旧电厂强制关停，此举也充分说明德国对于未来能源供应的担忧，为短期内应对时代转折的潜在可能风险预留了缓冲空间。

根据《燃料排放交易法案》，德国 2021 年正式启动国家碳排放交易系统，其适用于能源行业、能源密集型行业和航空业，并在供热、交通、建筑部门引入碳定价。碳排放交易体系的所有收入都将纳入政府改组的"气候与转型基金"，用于支持气候保护计划措施，2021～2025 年采用固定价格模式，2026 年开始采用配额制拍卖，2027 年完全采用市场竞价，进一步增强其市场竞争力，确保气候行动资金保障。

二、加快能源系统碳中和转型

德国政府强调，实现 2045 年碳中和目标需要整个能源系统进行根本性转型①。能源各子系统以及与其他不同部门之间的互动必须大大增加，未来能源供应将基于可再生能源和低碳能源，尤其是广泛使用电力和基于电力的燃料，如绿氢、热泵、电动交通等。

（一）构建未来能源供应体系

受俄乌冲突等因素影响，德国政府对坚持能源转型的政策决心较为统一，从主要战略政策来看，其短期优先发展可再生能源，提升能源效率和加强配套电网基础设施，中期重点推动氢能规模化应用、远期实现聚变能商业化，从而构建适应能源体系变革的供应体系。

1. 全面加快可再生能源发展

随着地缘博弈形势加剧对能源产业链供应链的影响持续，执政联盟政府在保障当前能源需求的基础上为确保长期本土化能源供应，将可再生能源视为实现 2045 年碳中和目标的先决条件，全面推动其在工业、交通、建筑等多个领域的快速发展。执政联盟成立 100 天便提交了包含可再生能源、海上风能等法律的全面修法方案，并于 2022 年 7 月通过"复活节一揽子计划"，消除政策障碍，推动

---

① Bundesministerium für Wirtschaft und Klimaschutz. Die Systementwicklungsstrategie：Ein Rahmen für die Transformation zum klimaneutralen Energiesystem. https://www. bmwk. de/Redaktion/DE/Dossier/ses. html［2023-08-13］.

德国可再生能源全面迈入发展快轨。其最为显著的特点是根据国家战略需求加快能源与气候转型步伐,强调可再生能源已成为国家安全问题,是解决能源成本上涨、应对气候危机的关键,并提出"加速可再生能源大规模扩张"的三大目标:①首次致力于实现《巴黎协定》的温升控制 1.5℃ 路径,是向完全基于可再生能源的可持续和温室气体中性电力供应转型;②在 2021 年修订版本 65% 的目标基础上,将 2030 年德国可再生能源发电占比上调至 80%;③降低对化石能源进口的依赖。

主要政策举措如下。一是通过低门槛政策引导,推动太阳能光伏大规模扩张。2023 年 3 月,经济和气候保护部陆续发布《德国光伏战略》《陆上风能战略》,《德国光伏战略》聚焦 11 个方面加快推进光伏建设,加快地面安装光伏的规划和审批程序,支持屋顶、阳台光伏发电等细分市场,鼓励农业光伏等新型系统建设。二是消除政策障碍,推进风能产业的快速扩建。《陆上风能战略》重点加快风电项目审批,保障建设用地以及设备更新。德国政府还联合丹麦等国推动北海风电开发,到 2030 年建成欧洲最大的海上可再生能源集群。三是从扩大可再生能源发展、增加绿氢使用、提高电网灵活性三方面,推动电网现代化改造,确保与可再生能源产业齐头并进。四是增强能源系统韧性,推动分布式发电、电动汽车、热泵和电解槽等与电网的系统集成耦合,加快部署智能电表和智能电网,应对可再生能源快速发展信息网络安全性。

2. 全力打造氢能经济增长点

考虑到德国气候目标升级和能源市场形势及挑战的变化,以及俄乌冲突凸显出氢能在确保国家能源安全方面的重要地位,2023 年德国政府更新《国家氢能战略》[①],重新定义氢能产业定位,将氢能视为碳中和时代经济增长、能源供应的重要来源。该战略调高氢能产业目标,把 2030 年电解槽产能 5GW 增加至 10GW,通过国内生产、进口、基础设施、行业应用和技术创新等多方面的综合布局,加快形成全球领先的氢能产业,为德国实现碳中和目标和经济转型做出贡献。

3. 着力构建可持续发展生物经济

德国政府认为,生物经济是实现可持续经济及碳中和目标的有效途径。最新版国家生物质能战略[②]旨在增强德国在生物经济领域的领先地位,在生物质能利用与食品安全、能源和原材料供应安全、生物多样性和环境保护相关政策框架

① Bundesministerium für Wirtschaft und Klimaschutz. Markthochlauf für Wasserstoff beschleunigen-Bundeskabinett beschließt Fortschreibung der Nationalen Wasserstoffstrategie. https://www. bmwk. de/Redaktion/DE/Pressemitteilungen/2023/07/20230726-markthochlauf-fuer-wasserstoff-beschleunigen. html[2023-07-26].

② Bundesministerium für Wirtschaft und Klimaschutz. Bundesministerien legen gemeinsame Eckpunkte für eine Nationale Biomassestrategie vor. https://www. bmwk. de/Redaktion/DE/Pressemitteilungen/2022/10/20221006-bundesministerien-legen-gemeinsame-eckpunkte-fur-eine-nationale-biomassestrategie-vor. html[2023-05-23].

下，创造可持续生物质生产和利用条件，重点推动可再生原材料制造、生物质供热和发电、储能调峰、梯级循环以及废弃物高值利用。

4. 加强核聚变技术战略布局

面对气候变化、能源需求增长以及能源危机多重挑战，德国政府将核聚变技术作为扩大清洁能源生产的未来解决方案。2022 年，德国联邦教育研究部成立专家委员会开展激光聚变能发展现状和潜力分析，2023 年德国政府采纳相关建议发布《激光惯性约束聚变能备忘录》[①]，未来 10 年或 20 年内开发出首个聚变发电站的使能技术，2040 年左右建成首个聚变示范电站，并在未来五年投资超过 10 亿欧元重点推进相关技术、材料和设备研发，以解决聚变电站技术商业化挑战[②]。

（二）推动终端消费场景脱碳

坚持"节能优先，能效第一"的原则，在欧盟 2024 年最新《能源效率指令》框架下，德国政府调高能源效率目标，提出到 2030 年、2050 年一次能源消费量分别较 2008 年减少 40%、50%，并细化工业、供热、建筑、交通以及农业等主要排放领域的脱碳路径。

1. 供热系统低碳化

供热系统超过 80% 的能源来自化石能源，占德国碳排放总量的 1/4。为此，德国政府强调在未来 20 年彻底变革供热系统，到 2030 年低碳供热至少占一半，2045 年几乎完全使用可再生能源供热。2022 年，德国启动实施高效供热网络补贴，支持地热能、太阳能光热、大型热泵等可再生能源供热，以及热网基础设施和能效提升。

2. 建筑领域脱碳化

在建筑领域，德国实施"高效建筑联邦补贴"（BEG），明确侧重于改善建筑物的能效性能，严格关注可持续性、前瞻性和可行性，促进能源效率技术发展。同时，启动"气候友好型新建筑"计划，旨在减少建筑生命周期的温室气体排放，降低一次能源需求，增加可再生能源消费占比。

3. 交通领域电气化

德国交通领域温室气体排放很大程度上来自石油消费。因此，德国政府重点

---

① Bundesministerium für Bildung und Forschung. Stark-Watzinger: Brauchen mehr Ambition auf dem Weg zu einem Fusionskraftwerk. https：//www. bmbf. de/bmbf/shareddocs/pressemitteilungen/de/2023/05/220523- MemorandumLaserfusion. html[2022-05-22].

② Bundesministerium für Bildung und Forschung. Eine Milliarde Euro für die Fusionsforschung bis 2028. https：//www. bmbf. de/bmbf/shareddocs/kurzmeldungen/de/2023/09/230905 _ fusion- PK. html［2023- 05- 09］.

推动交通领域深度电气化、数字化和现代化改造。一是加快公共基础设施升级改造，推动铁路和轨道等公共交通网络的现代化改造和扩建。二是增强碳中和"新基建"制造竞争力，挖掘合成燃料潜力，加强气候友好型燃料（特别是电力制燃料）生产和使用，促进电力制燃料的技术研究和大规模开发；支持卡车和重型商用车低碳动力转型，建立充电和加氢基础设施网络，打造固态电池和氢燃料电池等替代驱动技术创新集群。三是加快航空和海运等难脱碳领域电气化进程，在2026年前开发实现基于碳中和发动机的航空计划，将碳中和船舶作为海事研究计划优先项目。四是加强先进信息技术应用推动交通数字化，扩建光纤和通信基础设施，利用智能网联提高汽车节能潜力。

4. 农业领域节能化

在农业领域，德国政府进一步提高可再生能源的固定场景普及率，除直接使用电力，还采用农机设备替代动力技术，包括动力电池、燃料电池、先进生物燃料、生物甲烷等。

三、重构碳中和工业价值链

工业企业是德国迈向可持续、有竞争力的繁荣未来的关键。2022年，工业增加值约占德国经济增加值的1/4，温室气体排放占总排放量的1/4。因此，德国政府强调在全球碳中和转型中继续保持并增强工业竞争力，充分发挥能源转型与工业价值链重构的深度耦合，构建重振繁荣的新型能源体系与工业结构。其重点从以下几个方面打造碳中和工业价值链。

（一）强化德国工业竞争优势

充分利用德国强大的工业基础，以及大量的龙头企业、隐形冠军企业优势，维护和确保德国在工业、技术和经济方面的世界领先地位。主要举措总结如下。

一是加快传统优势工业数字化、低碳化转型，增强碳中和时代全球市场竞争力。对于受能源危机影响显著的钢铁和化工行业，德国实施欧洲共同利益重要项目（IPCEI）氢能、工业脱碳计划等项目进行支持，以及《钢铁行动计划》、化工生物基产品和工艺改造。重点推动汽车工业深刻变革，尤其是面对日益严峻的电动汽车市场，设立《汽车工业未来基金（2021-2025）》支持建设德国电池创新生态系统。

二是提高工业生产所需的能源转型技术制造能力，如扩大电解槽、电池等关键技术产能，突破光伏、风力涡轮机、电池组件等技术瓶颈。通过政策工具扩大清洁技术本土制造能力，在差价合约（CfD）的基础上还引入碳差价合约

（CCfD），以补偿能源密集型企业在气候友好型生产上的额外成本。

三是推动工业数字化转型，实施"制造业+"计划，提高产业韧性和可持续性，建立跨行业工业数字网络。通过《专业人才移民法》吸引技术人才，加强劳动力培训和教育。促进前沿技术创新，激活科研机构、大学及科技企业等各类主体。

（二）确保产业链供应链安全

作为全球领先的技术中心和工业出口国，原材料是德国工业的基础，但其90%以上的原材料供应依赖进口。俄乌冲突带来的冲击以及全球清洁能源供应链的激烈竞争，极大凸显了德国能源供应链的短板，碳中和转型的供需矛盾扩大、供给风险突出，如从俄罗斯或乌克兰进口的镍、钛、铜，这使得德国政府意识到保障产业链供应链的重要性，《国家安全战略》等综合文件明确提出供应链中断成为国家"时代转折"的主要威胁。因此，近年来执政联盟政府极为重视能源转型、数字革命和新兴技术下的产业链安全，2023年更新《国家原材料战略》①，确保非能源矿产原料的可持续供应。主要举措：①寻求多样化开放合作，重新调整外贸政策工具，加强与多个国家的技术和贸易合作；②增强自主生产能力，提高国内资源地质调查、开采和初级生产、矿区改造、监测预警、资源梯级利用等能力，并推动脱碳化和现代化；③保障原材料和中间产品的供应；④促进价值链多样化，强化转型技术生产基础，包括太阳能电池、风能、电网组件、电解槽、大型热泵、CCUS等；⑤建立原材料循环利用体系，支持欧盟循环经济行动计划，优化解除原材料回收相关政策障碍，鼓励基于人工智能方法的原材料（稀土等战略矿产）识别、回收及再利用。

（三）推动产业链碳中和革新

德国处于欧洲复杂价值链的核心，为确保碳中和目标的全球竞争力，联邦政府强调必须通过科技创新推动工业制造变革，并保持产业链齐备完整和关键领域技术领先地位。主要举措包括：①在欧盟ETS工具基础上，推动并实施新的政策框架，进一步扩大碳排放交易和碳边界调节机制；②通过资助计划和税费机制，支持中小企业绿色转型，设立"绿色科技创新竞赛"项目支持开发气候友好型

---

① Die Bundesregierung. Neu denken bei der Rohstoffversorgung. https://www.bundesregierung.de/breg-de/schwerpunkte/klimaschutz/rohstoffversorgung-2166232［2023-02-17］.

技术；③打造领先的绿色市场，目前已实施 500 亿欧元的工业脱碳一揽子计划①，支持资本密集型和能源密集型的重污染企业投资研发新型脱碳技术，缓解欧洲工业正面临的原材料、能源和劳动力成本高的压力；④制定碳管理战略，细化激励 CCUS 变革技术生产工艺的措施，确定碳封存和利用的应用领域；⑤发展数字出行产业，未来三年将投入 60 亿欧元支持汽车工业技术转型，投入 4.6 亿欧元支持氢动力航空技术研发，支持低碳海运技术创新。

四、改革国家气候专项基金，保障资金投入

为全面向碳中和转型，德国联邦政府内阁 2022 年 7 月 27 日批准将原"能源与气候基金"（EKF）改革为"气候与转型基金"（KTF）②，作为德国能源转型和气候行动专项资金，将为能源密集型企业和家庭提供能源价格补贴，主要来自碳排放交易收入。作为特别专项基金，其最早是由默克尔政府 2010 年提出的低碳经济专项基金，近年来其资金规模和重要性在不断提升。2023 年 8 月 9 日，德国联邦政府内阁批准将基金总额提高至 2118 亿欧元，较之前的 1700 亿欧元大幅增加③，投资期限在 2024～2027 年，重点用于高效建筑、电动汽车、充电基础设施、氢能产业、能效提升及可再生能源利用等领域，从而为德国能源和气候政策目标、未来技术开发以及可持续碳中和经济转型的实现提供核心动力。

此外，德国早在 2020 年便出台了以气候行动和数字化转型为核心的经济复苏一揽子计划④，其中 500 亿欧元用来支持"未来方案"，聚焦考虑气候变化和数字化转型的影响，包括应对气候变化的多项举措，涉及电动交通、氢能、铁路交通和建筑等领域。为应对气候变化、新冠疫情、俄乌冲突等诸多危机，尤其是能源供应领域，德国还通过"复苏和弹性计划"现代化改革方案。该计划重点聚焦气候变化和数字化两大挑战，2020～2026 年共计将在 6 个优先领域投入 280 亿欧元，其中气候政策与能源转型支出将达到 115 亿欧元（约 41%），包括建立高效能氢经济（33 亿欧元）、促进气候友好型交通（55 亿欧元）和改善建筑能

① Bundesministerium fur wirtschaft und Klimaschutz. Förderprogramm für Klimaschutzverträge startet. https：//www. bmwk. de/Redaktion/DE/Pressemitteilungen/2023/06/20230605- foerderprogramm- fuer- klimaschutzvertraege- startet. html［2023-06-05］.

② Die Bundesregierung. 170 Milliarden Euro für Energieversorgung und Klimaschutz. https：//www. bmwk. de/Navigation/DE/Ministerium/Aufgaben- und- Struktur/aufgaben- und- struktur. html［2022-07-27］.

③ Die Bundesregierung. Bundeskabinett beschließt Wirtschaftsplan des Klima- und Transformationsfonds（KTF）. https：//www. bmwk. de/Redaktion/DE/Pressemitteilungen/2023/08/20230809- bundeskabinett- beschliesst- wirtschaftsplan- des- ktf. html［2023-08-09］.

④ The Federal Government. Economic stimulus package："An ambitious programme". https：//www. bundesregierung. de/breg-en/news/konjunkturpaket-1757640［2020-06-03］.

源性能（25 亿欧元）等。

第四节　德国碳中和科技创新行动

面对技术竞争、供应链危机、气候变化、数字化转型、自然灾害等诸多问题和挑战，以及德国在人工智能、先进电池等尖端技术领域面临的不利局面，德国政府认为当前世界正处于关键性十年，针对性、前瞻性科技战略研究对捍卫自身竞争优势、抢占气候转型创新高地至关重要。

一、重新调整国家高技术创新战略

2023 年，德国政府出台最新的科技创新顶层战略规划——《未来研究与创新战略》①，取代默克尔政府的《高技术战略 2025》，将研究与创新统筹纳入各项政府议程，其创新之处在于采用整体创新观，注重持续跟踪和调整，针对具体问题制定新的解决方案。

该战略强调跨部门资源的协调利用，将研究与创新视为政府开展各项工作的重要交叉议题，推动建立重大问题举国创新攻关机制。一方面将大力推动科学研究的发展，并注重科研成果的转移转化，为技术创新、商业模式创新和社会创新等各领域创新提供动力；另一方面将依靠研究与创新解决和应对经济、社会和生态领域的关键任务，加速转型进程。另外，该战略提出了循环经济、气候与生态保护、卫生健康、数字和技术主权、空间海洋利用、社会凝聚力六项可持续发展使命任务，强调德国繁荣必须基于强大、创新的未来经济，更加有力地推动可持续的温室气体减排技术创新。

二、深度优化能源转型研究计划

一直以来，德国重视对能源技术研发的公共投入，持续实施长周期能源研究计划。为推动碳中和目标下的能源转型，2023 年执政联盟政府发布最新的"第8期能源研究计划"②，在上一期能源研究计划基础上做了大幅度调整。新一期计

---

① Die Bundesregierung. Innovationsstandort Deutschland mit neuen Lösungen stärken. https：//www. bundesregierung. de/breg-de/aktuelles/zukunftsstrategie-forschung-innovation-2163454［2023-02-08］.

② Bundesministeriumfür Wirtschaft und Klimaschutz. 8. Energieforschungsprogramm zur angewandten Energieforschung. https：//www. bmwk. de/Redaktion/DE/Publikationen/Energie/8- energieforschungsprogramm- zur- angewandten-energieforschung. html［2023-10-23］.

划以面向碳中和、经济繁荣以及安全韧性能源体系为基本方针，以技术应用为导向，聚焦能源系统、供应安全、低碳供热以及氢能经济关键要素，提出能源系统、供热、电力、氢能、全社会转型五大使命任务[①]。

（1）2045年能源系统：通过创新推动建立气候友好、高效、弹性的未来能源系统。未来能源系统以可再生能源为主体，呈现出电气化、分布式、灵活性、数字化、部门耦合等特点，绿氢将发挥重要的载体作用，多元化技术至关重要。

（2）2045年供热转型：加速向碳中和高效供热/制冷系统转型，加快可再生能源、废弃物等供热技术研发，并促进电力和供热基础设施的耦合使用，重点突破高温热泵（超过300℃）工业过程、中深部和深部地热能、余热储热利用、新型建筑保温材料等关键技术。

（3）2045年电力转型：通过创新实现安全、低碳和可再生能源供应的电力，到2030年可再生能源在电力消费中占比达到80%以上，到2045年达到100%。重点突破大规模高性能风力发电机、综合能源网络等关键技术，建立完整光伏价值链。

（4）2030年氢能：为可持续氢能经济提供全价值链技术解决方案，提高电解制氢效率和性价比，完善绿氢"制-运-储-用"全链条基础设施，成为全球绿氢技术领导者。

（5）推动全社会转型：通过透明、参与和实践，加强能源研究推动经济社会发展的作用。继续采用"应用创新实验室"模式支持能源转型研究，提高能源研究项目总额中女性受资助占比，稳步增加采用非官僚化灵活资助形式（如微型项目）的研发预算。

三、持续完善研发创新生态体系

德国能源研究创新体系获得成功且一直沿用的最大原因，就是坚持把能源研究计划作为能源系统转型的重要组成部分，并推动多层次的研究力量协同。在传统创新布局的基础上，"第8期能源研究计划"进一步将国家碳中和战略嵌入其中，构建以任务为导向的学习型研究计划推进机制，如图6-4所示。

在创新推进机制上，德国能源研究资助项目由经济和气候保护部统筹部署，联邦教育及研究部（BMBF）负责基础研究领域，联邦食品和农业部（BMEL）

---

① Bundesministeriumfür Wirtschaft und Klimaschutz. BMWK startet Konsultation für neues Energieforschungs-sprogramm. https：//www. bmwk. de/Redaktion/DE/Pressemitteilungen/2023/03/20230301-bmwk-startet- konsultation-fur- neues- energieforschungsprogramm. html［2023-03-01］.

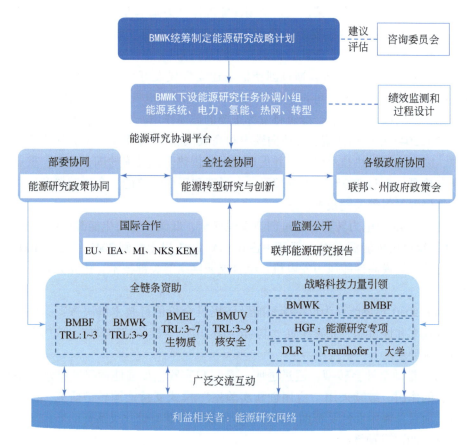

图6-4　德国能源研究计划架构体系

DLR：德国宇航中心；Fraunhofer：德国弗劳恩霍夫协会

负责生物能源研究领域，联邦环境、自然保护、核安全和消费者保护部（BMUV）负责核安全研究领域的资助。经济和气候保护部还将成立项目咨询委员会，为能源研究具体技术项目方向和设计提供专业的建议，并进行项目的进展监测与评估。

在创新实施路径上，德国积极推动广泛的利益相关方参与能源研究创新网络的建设。首先，充分发挥国家战略科技力量的策源地作用，一方面继续加大对亥姆霍兹联合会（HGF）的长期支持，致力于前瞻性的国家战略研究目标；另一面任命亥姆霍兹联合会副总裁共同领导国家能源研究平台，为能源研究决策部署与审查提供指导。其次，在经济和气候保护部资助下成立9个开放专家论坛作为能源研究网络的核心，通过汇集政界、科学界和产业界各类专家，促进能源研究的跨学科、跨行业、跨技术领域对话，支持将能源研究成果转化应用，为能源研究的政策部署和项目实施提供评估建议，并通过扁平化形式按需策划专题研究。

在技术资助方向上，研究计划对技术研究、开发、示范进行全链条部署，并强调加速技术的规模化应用，为 2045 年能源碳中和转型提供持续支撑。根据研究主题与技术成熟度（TRL）等级进行分工，联邦教育及研究部负责资助技术成熟度为 1~3 级的应用导向基础研究，经济和气候保护部负责资助技术成熟度为 3~9 级的应用研究，联邦食品和农业部负责资助技术成熟度为 3~7 级的生物能源研究。近年来，鉴于能源与气候转型的紧迫性，德国能源研究资金在保障亥姆霍兹联合会基础研究的同时加大了对应用导向技术项目的资助力度，自 2014 年以来能源研发示范获资助项目金额占研究项目总金额的比例持续提高至 2022 年的 75%。

第五节　德国碳中和战略行动主要特点

如前所述，剧烈震荡的国际局势和能源市场迫使德国重新评估并调整碳中和战略行动，持续优化调整碳中和战略布局，更加注重政策部署的协调性、适配性、系统性，这是朔尔茨政府时代转折下积极有为战略自主思想的集中体现。其主要特征如下。

一、重新调整复杂环境下的国家战略定位

国际秩序将迎来新的平衡调整周期，德国政府试图在国际上实现更加独立、更具影响的政治和外交诉求，统筹实施更为系统的改革举措加速碳中和转型进程。一是以气候行动为切口推动气候外交，旨在在全球气候治理新秩序中发挥积极作用。二是以更加坚决的态度加强能源转型，实施了 21 世纪以来规模最大、范围最广的能源体系政策改革。三是全面布局构建碳中和工业强国，确保工业竞争力并实现碳中和愿景下的经济繁荣。四是以更加多样化的举措降低系统性风险，保持供应链的稳定。

二、推动国家气候治理体系改革

通过改革管理机构、健全协调组织、设立专项保障资金，推动治理体系创新。一是组建全新的经济和气候保护部，融合了经济、气候保护、能源、环境等相关职能，一体化推进德国气候与能源转型路径。二是设立气候问题专家委员会，成立气候中和政府协调办公室，进一步为联邦政府决策提供咨询建议。三是调整设置"气候与转型基金"，确保专项资金投入。

三、构建"四位一体"的政策体系

德国政府强化碳中和战略约束，明确发展路线图，加快能源供应体系和消费场景革命，推动工业绿色转型，增强产业链韧性和竞争力，优化国家科技布局，推动碳中和能源转型研究。一是系统立法编制碳中和行动路线图，制定碳中和行动基本法——《气候变化法》，修订可再生能源、海上风电、陆上风电等一系列具体领域单行法律，对每个排放行业和经济部门的具体行动措施作出明确规定。二是加快能源系统碳中和转型。构建未来能源供应体系，短期优先发展可再生能源，中期重点推动氢能规模化应用，远期实现聚变能商业化；推动终端消费场景脱碳，支持高效建筑、工业能效、交通电气化、农业节能等。三是重构碳中和工业价值链。加快传统优势工业低碳化转型，提高清洁能源制造能力，推动工业数字化转型；确保产业链供应链安全，寻求多样化开放合作，建立原材料循环利用体系，确保非能源矿产原料的可持续供应；推动产业链碳中和革新，保持产业链齐备完整和关键领域技术领先地位。四是变革碳中和科技布局。重新调整国家高技术创新战略，强调德国繁荣必须基于强大、创新的未来经济，更加有力地推动可持续的温室气体减排技术创新；深度优化能源转型研究计划，"第 8 期能源研究计划"以技术应用为导向，提出能源系统、供热、电力、氢能、转型五大使命任务。

需要说明的是，尽管执政联盟通过磋商、修法、改革等形式实施了号称最具雄心目标的碳中和战略，但一些政策目标似成为党派博弈的筹码，比如绿党提出的"2035 年前电力系统实现温室气体中和"目标受到反复质疑最终被认为"激进"而取消。同时，能源和气候政策论证过于理想主义，现实与目标之间差距显著，对各领域减排的总体预期被高估，尤其是建筑和交通行业，减排所需的基础设施较为滞后，对于气候目标与能源安全之间的新平衡，政策实施效果尚需观察。

第七章 ｜ 日本碳中和战略与实施路径

第一节　引　言

在全球范围内来看，日本碳排放量排名靠前。根据独立统计数据公司Worldometer 整理的数据，2022 年日本碳排放量水平在全球范围内排名第五，占世界份额的 2.81%。2022 年日本人均二氧化碳排放量为 8.28t，比 1990 年下降 11.5%，同比下降 2.1%[①]。尽管日本在低碳发展方面相较英国、德国等欧洲国家，未能跻身"领先行列"，但是从其他国家的发展历程与碳排放量的历史轨迹来看，日本在控制碳排放上做出了颇有成效的努力，使其绝对量一直处于较低水平。20 世纪 80 年代，日本国内生产总值规模一度接近美国的七成，即便在这一经济繁荣时期，日本的碳排放总量依然保持在相对较低的水平。

日本由于地域狭小、资源匮乏，一直致力于节能减排、推动低碳社会建设，并在实质上朝着"碳达峰"的愿景迈出坚实的步伐。在 1973 年第一次石油危机爆发后，油价上涨，企业生产成本上升，迫使日本加速产业结构调整。2011 年日本大地震引发严重的福岛核电站泄漏事故，导致日本关闭部分核电机组，替代使用化石燃料供应电力能源，碳排放量持续升高。直到 2013 年日本实现了碳达峰，这一时期日本经济恰巧是从高速增长转为中低速增长的转型期。

日本在实现碳达峰后，依然继续发展循环经济、低碳经济以及绿色经济路线，碳排放量一直保持下降趋势，如图 7-1 所示，2013~2020 年碳排放量从 13.15 亿 t 下降至 10.40 亿 t，每年平均减少约 0.39 亿 t，累计下降 20.9%。受新冠疫情影响，日本经济减速，碳排放量的下降速度明显加快，2020 年同比下降 5.9%。

近五十年来，日本碳排放结构相对稳定。能源行业、制造和建筑业、工业过程和产品使用始终为碳排放前三大行业，如图 7-2 所示。日本政府最新披露的数据显示，2022 年碳排放总量中，燃料燃烧占 94.9%，其次是工业过程和产品使用（4.0%）以及废弃物部门（1.1%）。在燃料燃烧类别内的碳排放量细分中，

---

① 国立環境研究所 . 2024. 日本国温室効果ガスインベントリ報告書（NID）. https://www. nies. go. jp/gio/archive/nir/pi5dm3000010ina4-att/NID-JPN-2024-v3. 0_gioweb. pdf[2024-08-20].

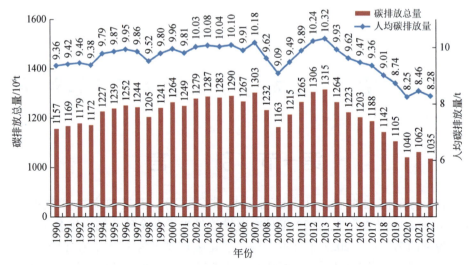

图 7-1　1990～2022 年日本碳排放总量及人均碳排放量

资料来源：国立環境研究所 . 2024. 日本国温室効果ガスインベントリ報告書

能源行业占 42.0%，其次是制造和建筑业（占 22.7%），交通运输业占 17.9%，其他行业占 12.3%。与前一年相比，碳排放量减少的主要驱动因素是制造和建筑业碳排放量的减少。

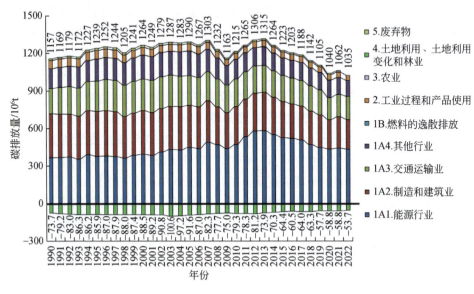

图 7-2　1990～2022 年日本碳排放结构

资料来源：国立環境研究所 . 2024. 日本国温室効果ガスインベントリ報告書

从 1990~2022 年各部门碳排放量的变化趋势来看（图 7-3），与 1990 年相比，2022 年能源行业的燃料燃烧碳排放量增加了 18.2%，但与 2021 年相比下降了 1.7%。这一增长的主要驱动力在于电力生产中固体与气体燃料消耗碳排放量的显著增加，尽管液体燃料排放有所减少，但仍未能抵消前者的增长效应。2022 年制造和建筑业的碳排放量相比 1990 年减少了 32.9%，相比 2021 年减少了 6.3%，主要原因是钢铁行业固体燃料消耗的碳排放量减少。2022 年交通运输业的碳排放量与 1990 年相比下降了 8.5%，主要原因是公路运输中柴油燃料碳排放量的减少，但与 2021 年相比增加了 4.0%。2022 年其他行业的碳排放量自 1990 年以来减少了 19.3%，与前一年相比减少了 5.3%，主要原因是商业/机构子部门的液体燃料消耗碳排放量减少。

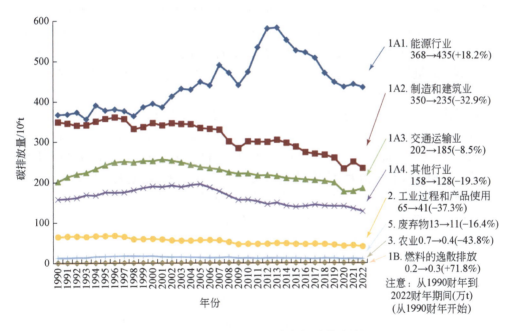

图 7-3　1990~2022 年日本各部门碳排放趋势

资料来源：国立環境研究所.2024.日本国温室効果ガスインベントリ報告書

从世界范围来看，日本与美国、欧盟等发达经济体在碳排放趋势上展现出一定的相似性，均已跨越了高速增长的排放阶段，目前正处在稳步下降的过程中。日本在能源消费结构上，对化石能源的依赖依然显著，尤其是煤炭与石油等传统化石燃料的燃烧，构成了其碳排放总量的主要部分。日本的碳排放源主要集中在工业行业和交通运输行业，这两大行业合计贡献了接近一半的碳排放量。这些排放量的变化深受日本经济发展态势的影响，特别是随着产业结构的调整与升级，对电力等富含高碳能源的需求变化，成为驱动碳排放增减的关键因素。因此，在推动经济持续发展的同时，如何有效减少这些关键行业的碳排放，成为日本乃至全球共同面临的重大挑战。

本章基于日本碳排放现状，梳理了日本推进碳中和目标的战略政策和脱碳行动，分析总结了日本碳中和战略行动主要特点，以期为我国碳中和实现路径提供参考。

第二节　日本碳中和战略顶层设计

日本政府正式提出碳中和这一概念，是在2020年10月召开的第203次临时国会上，时任首相菅义伟宣布日本力争2050年实现碳中和，提出"将以经济与环境的良性循环为成长战略的支柱，尽全力建成绿色社会"[①]。2021年4月，日本政府确定了具体目标：2030年日本的总碳排放量比2018年减少46%~50%，届时碳排放量将从11.42亿t下降至5.71亿~6.17亿t，到2050年要使碳排放总量降低至能够完全被吸收的水平，最终实现碳中和目标。同年5月，日本国会正式通过修订后的《全球变暖对策推进法》（2022年4月施行），以立法的形式确定到2050年实现碳中和的目标，为实现碳中和目标奠定了法律基础。随后在当年12月，菅义伟批准成立"实现脱碳社会国家和地方委员会"，由内阁官房长官任议长，相关政府机构大臣和地方政府负责人参与，商讨制定大众生活和社会领域如何实现碳中和的路线图，以及中央政府与地方如何协调行动的方案。

碳中和的深远意义远远超越了其对自然环境和气候变化的直接影响范畴，它是社会进步的一个关键里程碑，即向绿色、低碳、环保的发展模式全面转型。为实现这一目标，日本采取了双管齐下的战略路径：一是通过优化能源供应结构、革新能源消费模式以及强化环境治理措施，积极构建绿色生态社会；二是推动传统高碳排放的"黑色"产业体系向绿色、低碳的"绿色"产业体系深刻转变，这不仅是一场产业结构的绿色革命，更是推动经济向可持续发展、环境友好型模式迈进的必由之路。为此，日本政府在2020年12月发布了其首个以碳中和为目标的重大战略《2050碳中和绿色增长战略》（简称《绿色增长战略》）[②]，日本经济产业省将通过监管、补贴和税收优惠等激励措施，动员超过240万亿日元（约合2.33万亿美元）的私营领域绿色投资，针对包括海上风电、核能产业、氢能

---

① 首相官邸.2020.第二百三回国会における菅内閣総理大臣所信表明演説.https://www.kantei.go.jp/jp/99_suga/statement/2020/1026shoshinhyomei.html[2024-08-20].

② 経済産業省.2023.2050年カーボンニュートラルに伴うグリーン成長戦略.https://www.meti.go.jp/policy/energy_environment/global_warming/ggs/pdf/green_honbun.pdf[2024-08-20].

等在内的 14 个产业提出具体的发展目标和重点发展任务，以碳中和为契机来促进日本经济的持续复苏，预计到 2050 年该战略每年将为日本创造近 2 万亿美元的经济增长。在《绿色增长战略》指导下，日本着手制定系列绿色产业政策，构建面向碳中和的绿色产业体系，助力实现经济与环境的协同发展。

第三节　日本碳中和政策部署与实施路径

在新一轮技术革命和产业革命浪潮的推动下，能源转型、绿色转型已成为产业进步、经济发展的必由之路，甚至是国际政治博弈的道德高地。日本提出碳中和目标及调高 2030 年减排目标，有多方面的考量，尤其希望创造经济增长的新动能。日本在前首相菅义伟执政期间举改革大旗，将脱碳和数字化确定为两大核心目标，呼吁经济界转换思路，不再将应对气候变化看作经济增长的制约因素，而将其视为调整产业结构、促进经济社会发展的增长机遇。《绿色增长战略》宣布将运用一切政策工具促进民间投资，同时吸引全球绿色资金，以此创造更多就业、带动经济增长①。日本政府估算，《绿色增长战略》的经济效益为到 2030 年每年可新增 GDP 约 90 万亿日元，到 2050 年每年新增 GDP 约 190 万亿日元并创造 1500 万个就业岗位。岸田文雄执政后，进一步将绿色转型作为其"新资本主义"的重要内容之一，继续引导全社会加大对清洁能源的投资。此外，在交通运输、生产制造以及社会民生相关的产业方面，日本都制定了实现绿色增长的举措及目标②。

一、重点领域脱碳目标和路径

（一）能源领域

1. 提高海上风电保障能力

日本政府预计，到 2030 年，海上风力发电量达到 1000 万 kW，到 2040 年，达到 3000 万 ~4500 万 kW，在 2030 ~2035 年将海上风电成本削减至 8 ~9 日元/（kW·h），到 2040 年风电设备零部件的国产化率提升到 60%。同时，加快海洋风力发电相关方向（风力涡轮机、浮动结构）的基础技术开发，着眼示范应用。

---

① 刘平，刘亮. 2021. 日本迈向碳中和的产业绿色发展战略——基于对《2050 年实现碳中和的绿色成长战略》的考察. 现代日本经济，4：14-27.
② 李东坡，周慧，霍增辉. 2022. 日本实现"碳中和"目标的战略选择与政策启示. 经济学家，5：117-128.

2019 年 4 月，日本开始实施《可再生能源海域利用法》，政府主导海况和风速调查确保项目实施，开展临海地带输送电及港湾设施，全电网接入再生能源发电线路。《合理利用能源法》修订案也提到要增加海上风力发电地质构造调查。在 2022 年 12 月，日本首个商业化海上风电项目秋田能代（Akita Noshiro）海上风电场正式投入运营，由十几家公司共同合作开发，总投资 1000 亿日元，总装机容量为 140MW，分布于秋田县秋田港（13 台）和能代港（20 台）附近的两处海域。此外，在技术研发、标准制定等方面深化国际合作。日本主要和美国在海上风能等领域合作开发简单的清洁能源解决方案，推动国内外海上风电部署。

2. 发展氨燃料及氢能

氢能产业以其广泛的跨界特性，成为连接氨燃料产业、核工业、汽车工业、船舶工业、航空工业以及碳循环产业等多个关键领域的桥梁，是这些重点行业中互动最为频繁、融合度最高的产业之一①。2021 年 10 月，日本政府发布的《第六次能源基本计划》确立了氢能社会的构建为能源转型与碳中和的核心战略，并指示须依据氢能在碳中和进程中的角色。随后，在 2023 年 2 月，《实现绿色转型的基本方针》进一步强化了氢能作为清洁能源对达成碳中和目标的关键作用。2023 年 6 月，日本对《氢能基本战略》进行了全面更新，明确了氢能的战略定位与适用范围，并规划了推动氢能社会快速发展的蓝图，旨在构建一个稳定、经济、低碳的氢（氨）供应链体系，同时激发市场需求，拓展多元应用场景②。具体的举措包括：第一，推广零碳排放氨燃料，扩大煤炭混入 20% 氨燃料应用，建设氨燃料工厂，优化港口及储运设施以扩大进口规模；第二，提高氢能应用能力，利用研发优势推进氢气燃气轮机发电、燃料电池（FC）汽车、氢还原炼铁技术应用，并参与国际标准制定；第三，加强液化氢运输船及停靠港口设施建设，建造世界最大电解装置，显著提高产能，大幅降低氢能成本，增强市场竞争力。

3. 高质量利用核能

日本的核能发展起步于 20 世纪中叶，起初作为经济复兴与工业推进的关键驱动力。进入 20 世纪 70~80 年代，面对全球石油危机，核能地位显著上升，成为日本能源版图的核心支柱。然而，2011 年福岛第一核电站因地震引发严重核事故，不仅冲击了公众对核能的信心，也促使日本核能政策深刻调整。面对能源安全与碳中和目标的双重挑战，日本重新评估核能角色，明确其在未来能源结构中的重要性。政府通过出台多项政策文件，如《关于核能利用的基本原则》《未

---

① 周杰 . 2023. 碳中和目标下日本氢能产业发展战略变化分析 . https://mp. weixin. qq. com/s/nzfm8tJdDO-dPZLKGyZIAw[2024-08-20].

② 経済産業省 . 2023. 水素基本戦略 . https://www. meti. go. jp/shingikai/enecho/shoene_shinene/suiso_seisaku/pdf/20230606_2. pdf[2024-08-22].

来核能政策方向与行动指南》《今后原子能科学技术的政策方向》等，为核能复兴和进一步推广奠定政策基础，旨在到 2030 年实现核能发电占比达到 20%～22% 的目标[①②]。在技术探索方面，日本聚焦小型模块化反应堆（SMR）的研发，旨在提升安全性与灵活性，并积极融入美英加等国际分工，参与国际标准制定。同时，日本也在高温试验反应堆（HTTR）技术、脱碳制氢及核聚变研究等领域加大投入，如推动高温试验反应堆冷却剂缺失异常情况下的应对实验，加快高温条件下甲烷催化、碘硫循环（IS Cycle）等脱碳制氢技术研发，以及和欧盟就大型托卡马克装置（JT-60SA）的运行和开发展开合作，该装置已于 2023 年 12 月开始运行，并计划在 2035 年实现聚变运行。

（二）交通领域

1. 推广电动汽车

在汽车及蓄电池领域，日本推广电动汽车、氢氧混合燃料电池汽车、插入式混合动力汽车、混合动力汽车。首先，政府制定了相关政策，规划到 2035 年国内新车市场淘汰汽油车，实现新乘用车销量中电动汽车销量 100%，到 2050 年实现汽车从制造到回收全周期碳中和。其次，利用从发电站和工厂等地回收的碳与氢合成液态燃料，通过加工设施与工艺改进提高燃烧率，到 2050 年使市场价格低于汽油。最后，通过量产和财政补贴降低蓄电池价格，2030 年前使车载和家庭太阳能电池价格分别降至 1 万日元/（kW·h）和 7 万日元/（kW·h）；依靠技术革新和完善技术规则减少锂电池碳排放量、推进 2035 年实现氟离子和锌负极等新型电池商用化。日本各级地方政府亦积极响应国家号召，纷纷采取措施推动电动汽车的普及。以东京都为例，地方政府推出了"促进零排放汽车的普及"计划，旨在通过构建完善的充电基础设施网络及提供电动汽车购置补贴等激励措施，有效降低汽车二氧化碳排放[③]。

2. 推广新型船舶动力

在船舶工业，日本推广新型动力，到 2028 年实现零碳排船舶商业运营，2050 年船舶全面使用氢氨燃料，推广氢能小型船，开发应用远距离大型氢氨燃料船；开发小巧高效的燃料仓和风力辅助系统，提高液化气船效率。依据国际海

① 経済産業省 . 2023. 今後の原子力政策の方向性と行動指針 . https://www. meti. go. jp/press/2023/04/20230428005/20230428005-2. pdf [2024-08-22].

② 原子力委員会 . 2023. 原子力利用に関する基本的な考え方 . https://www. aec. go. jp/jicst/NC/about/kettei/kettei230220. pdf [2024-08-22].

③ 東京都環境局 . 2021. ゼロエミッション・ビークルの普及に向けて . https://www. kankyo. metro. tokyo. lg. jp/vehicle/sgw/promotion [2024-08-22].

事组织（IMO）规则和标准，改造船体和动力系统，引入新型船舶，大幅降低碳排放量。日本在构建 CCUS 价值链的措施中，成功促成了航运巨头与造船业龙头的深度融合与协同发展。其三大主导航运集团率先引领，积极部署二氧化碳的海上转运业务，并与造船行业的佼佼者携手，共同投入到二氧化碳运输船舶的创新设计与研发之中。这一进程中，三菱重工集团担当了核心角色，负责建造技术先进的二氧化碳运输船。此外，日本政府通过专项研发计划的实施，为相关技术的突破与应用的加速提供了强有力的政策与资金保障。2024 年，三菱重工集团旗下三菱造船、日本造船厂携手三井物产株式会社及三菱商事株式会社，共同签署了一项旨在探索远洋液化二氧化碳（LCO_2）高效运输技术的谅解备忘录[①]。各方计划自 2028 年起，正式启动并推进二氧化碳的捕集、液化及大规模海上封存业务，这成为日本在推动全球碳减排事业上的又一重要里程碑。这一举措不仅彰显了日本在 CCUS 领域的技术实力与战略远见，也为全球航运与造船行业的绿色转型树立了典范。

3. 搭建低碳交通运输系统

日本交通运输领域在 2001 年实现碳达峰，但目前其交通运输领域的碳排放量仍占日本总排放量两成左右，因此该领域减排措施的综合支持极为重要。针对物流与基础设施建设，日本规划至 2050 年实现港口与建设施工领域的零碳排放愿景，旨在构建一个环境友好、低碳高效的交通运输体系。一是构建碳中和港口，依托先进的数字物流系统缓解交通拥堵，推动机械设备燃料的低碳转型，并积极探索构建氢能运输网络。二是发展智慧交通体系，包括推广"出行即服务"（MaaS）理念，优化公交系统如轻轨与快轨的布局，以及完善自行车道网络，鼓励绿色出行方式。三是强化绿色物流建设，仓库储存方面推广自然冷媒设备，利用数字化拼车与智能交通技术减少空驶率，同时在铁路系统中加速燃料电池等清洁能源车辆的研发与应用，通过卫星通信与气象系统的深度融合，优化航线设计，缩短航程，并在机场设施中广泛采用 LED 照明与智能化管理手段。为实现上述目标，"绿色创新基金"对交通领域的资助也提出了两大方向：电动汽车续航能力的提升与自动驾驶技术和基于大数据的高效智能交通系统，旨在通过技术革新引领交通运输行业的绿色转型与智能化升级。

4. 推动航空用能电力化和氢能化

在航空飞行器领域，日本主导装备与动力系统的全面电力化转型，把氢能作为未来航空动力的重要替代能源。针对轻量、安全的储存舱及部件，以及高效的

---

① 三菱重工. 2023. 2028 年以降の国際間大規模液化 CO2 海上輸送の実現に向けて液化 CO2 輸送船の共同検討に関する覚書を締結. https://www.mhi.com/jp/news/231227.html［2024-08-22］.

原料补给设施，日本正加速研发并推进其商业化进程，旨在为航空业带来前所未有的能源利用效率与环保性能。与此同时，日本还专注研发轻型、耐热且成本效益高的新材料，如碳纤维复合材料，旨在实现飞机机体与引擎的高效轻型化，从而显著提升飞行效率并降低能耗。在燃料技术方面，日本充分利用费托合成技术、醇制喷气燃料（ATJ）技术以及微型藻类培养技术等前沿科技，不断提升生物质及合成燃料的利用效率，旨在到 2050 年将飞机碳排放量较 2005 年减少50%。为加速这一进程，日本政府已郑重承诺从"绿色创新基金"中划拨巨资，向两大氢能源研究项目提供总计 173 亿日元的资金支持。其中一项目的目标为五年内成功构建并展示专为航空应用设计的大型 4MW 燃料电池推进系统原型；另一项目则聚焦于开发高燃油效率的发动机控制系统，旨在到 2031 年实现氢燃料电池推进系统在 80 座及以上飞机中的商业化应用①。

（三）制造领域

1. 全面实施制造业数字化转型

日本对信息通信技术的革新与应用给予高度重视，将其视为推动能源高效利用与低碳转型的关键驱动力。首先，日本致力于半导体及数字产业的蓬勃发展，旨在通过技术创新促进各产业、企业及城乡区域的全面数字化转型。新一代云处理软件和平台的崛起，正引领着数字化技术的深入应用，有效减少二氧化碳排放，预计到 2030 年，这一领域将形成价值高达 24 万亿日元的市场规模，展现出巨大的经济与环境双重效益。其次，日本积极发展可再生能源与脱碳电力，力求在新建数据中心领域实现能效的显著提升。至 2030 年，日本目标将新建数据中心的能效提高 30%，彰显其在绿色数据中心建设方面的前瞻布局与坚定决心。再次，在 5G 电信服务已全面启动的基础上，日本政府正大力推动产学研深度融合，加速"后 5G"技术的研发与商业化进程，以期在未来通信技术领域占据领先地位。最后，日本聚焦绿色节能型数字设备的研发与推广，特别是在功率半导体这一国际竞争高地上，加快氮化镓（GaN）、碳化硅（SiC）、氧化镓（Ga_2O_3）等高导热材料的研发与普及步伐。这些先进材料的应用，将有效减少热量传导过程中的电能损耗，提升设备能效。

2. 升级精细化智能化制造水平以提高能效

面向 2050 年实现碳中和的目标，不仅需要以清洁能源尤其是可再生能源逐步替代化石能源，创新能源结构，同时也需要在能源使用的控制上实现精细化和

---

① 日本経済新聞 . 2023. 電動航空機向け電池など306 億円補助経産省が正式発表 . https://www. nikkei. com/article/DGXZQOUA106H00Q3A011C2000000/［2024-08-22］.

智能化，包括能源输供电网络、储能装置等的设计和控制，以便减少能源浪费，实现节能。同时，能源终端消费需提升智能化水平，涉及工厂、农林的自动化控制以及住宅建筑的电气化、智能化和节能化升级。例如，在农林水产领域，日本正引领一场由信息通信技术驱动的绿色革命。从作物基因改良到农村地区综合能源管理体系的建立，均融入了高精尖的智能技术，旨在通过提升生产经营的智能化与精细化程度，有效削减碳排放。同时，农业技术的深度挖掘不仅增强了农田、森林、湖泊及海洋等自然资源的碳汇能力，还为实现碳中和贡献了宝贵力量。农林水产省发布并实施的《绿色粮食系统战略》，目标直指2050年，届时有机农业将覆盖四分之一的国内耕地面积，成为推动可持续农业发展的重要里程碑①。此外，日本还致力于加强国际农业合作，将先进的甲烷减排-灌溉等环保农业技术输出至东南亚等地区，助力全球农业绿色转型。

3. 发展碳循环经济与低碳材料

日本积极发挥其独特优势，在碳循环经济与先进材料领域发力，力求在全球绿色转型中占据领先地位。一方面，该国在基础设施建设上创新应用，引入含有消石灰的吸碳混凝土于道路铺设等项目中，以增强碳吸收能力。同时，聚焦生物质燃料的优化，特别是加速藻类繁殖，提升其对环境的适应性及二氧化碳吸收效率，并努力压缩生产成本。此外，日本还借助光触媒技术的革新，实现了从水中高效分解氢气，进而与二氧化碳融合，创造出新型塑料原料，开辟了资源循环利用的新路径。为进一步扩大碳分离回收技术的应用边界与经济效益，日本设定了雄心勃勃的目标：至2050年，该领域年产值将达到3万亿日元，并力争在全球碳分离回收市场中占据30%的份额。另一方面，日本经济产业省于2021年7月对《碳循环利用技术路线图》进行了前瞻性修订，明确提出了直接空气捕集（DAC）技术的分阶段发展目标：力争在2030年前构建起DAC技术系统的基础框架，加速推进至2040年实现其商业化应用，并预见到2040年前后，碳循环产品将在日本社会得到广泛普及与使用。

二、重点领域脱碳政策行动

为实现碳中和目标，日本政府提出以环境、经济、社会的综合可持续发展为目标的构想，也初步建立了日本国家层面的政策架构。同时，日本也面临着国家经济增长停滞、区域发展差异扩大、能源结构不良以及传统重工业企业转型难等

---

① 農林水産省.2021.みどりの食料システム戦略. https://www.maff.go.jp/j/kanbo/kankyo/seisaku/midori/attach/pdf/index-10.pdf[2024-08-23].

问题带来的困扰。基于此，本节重点探究根据日本现有政策，日本政府为实现碳中和目标作出的政策规划和调整。

（一）以循环经济和碳中和为目标，打造一体化绿色发展战略体系

为了提升国家实力，缩小地区发展差距，以及减轻老龄化问题对社会的冲击，日本急需找到新的经济增长点。显而易见，新的经济增长方式需要建立在可持续发展的区域循环经济基础之上。

区域循环经济是将地区特点融入整体绿色发展、低碳发展中，它旨在高效利用区域内充裕的可再生能源资源，不仅促进内部经济体系的良性循环，还强化与周边区域的资源互补与协作，共同构筑起一个相互支撑、协同进化的可持续发展经济生态。这种模式有利于提升地区就业率，激发企业创新活力，激发社会创新积极性，引领从示范区域率先启动脱碳进程，逐步辐射全国，迈向"零碳"未来的宏伟目标。为此，日本在 2021 年发布《区域脱碳路线图》（图 7-4），将其作为引领国家脱碳行动的蓝图，掀起"行动中的脱碳多米诺骨牌"运动，2030年后将地区脱碳工作扩大到全国，甚至力争在 2050 年前在多数地区实现脱碳目标，并向下一代的有弹性和充满活力的地方社区过渡①。日本将该路线图与《绿色粮食系统战略》《国土交通绿色挑战》《绿色增长战略》等关键政策举措紧密衔接，形成了一体化的绿色发展战略体系。这一系列政策组合拳旨在通过精准施策、协同推进，不仅在本地区域内催生显著的脱碳成效，更期望通过示范引领和机制创新，持续激发并扩散全国范围内的脱碳动能，最终实现全面绿色转型与可持续发展的宏伟愿景。

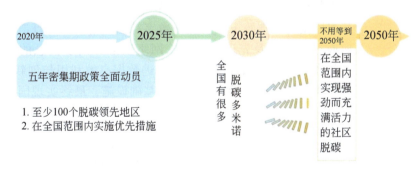

图 7-4　《区域脱碳路线图》的行动目标

资料来源：日本环境省脱碳社区发展支持网

---

① 内阁官房.2021.地域脱炭素ロードマップ.https://www.cas.go.jp/jp/seisaku/datsutanso/pdf/20210609_chiiki_roadmap.pdf[2024-08-20].

1. 构建多层主体一体化脱碳机制

日本积极建立国家和地区一体化脱碳机制，号召政府、地区居民、企业等主体共同参与。日本倡导先建设脱碳先行区域，以地方自治体政府、当地企业和金融机构为中心，国家通过环境省来积极策划。区域经济活动的利益相关方，如能源供应部门（电力、燃气等）、主要服务部门（医院、交通运输等）以及为地区脱碳机制提供信息、技术支持的高校、研究所等科研机构也需要加入其中。以东京都为例，东京认为需要为区域内外的二氧化碳减排负责，于是发挥示范带头作用，根据自身情况制定了《零排放东京战略》①《迈向 2030 年中期碳减半目标的计划及实施措施》②，提出将在 2030 年前将温室气体排放量降低到 2000 年的一半，具体涉及 6 个领域和 14 项政策，包括再生能源的使用、建筑部门与居民生活的减排措施以及区域资源循环等。同时，日本各有关部门也相继出台了支持区域脱碳工作的政策，如环境省的《地方政府执行计划》、可再生能源信息提供系统（REPOS)③，以及总务省推出的《分布式能源基础设施项目》④ 等。各政府部门协同建立的新型政策体系能够帮助各地区组建脱碳机制，推动地区"零碳"进程。

2. 强调绿色化与数字化的双轮驱动

日本政府十分强调绿色化与数字化的双轮驱动，即高度重视利用新一代数字技术和基础设施支撑绿色转型。日本为迎接第四次工业革命，早在 2016 年就提出"超级智能社会——社会 5.0"，旨在利用人工智能、区块链、物联网等新兴数字技术应对本国急剧老龄化带来的各种社会问题，并实现经济增长。2021 年，日本政府颁布六部数字改革关联法案，宣告"数字改革"时代正式到来。这六部法案中的《数字社会形成基本法》⑤（以下简称《基本法》）规定了数字社会形成措施制定的基本原则和基本政策，明确了数字社会的愿景——打造一个能够无障碍、安全地通过互联网及先进信息通信网络获取和共享信息的社会形态，并依托人工智能和物联网、云计算等技术促进数据高效利用与创新。《基本法》更侧重于数据的灵活应用，旨在完善网络基础设施，最终实现国民生活

---

① 東京都環境局 .2021. ゼロエミッション東京戦略 2020 Update&Report. https：//www. kankyo. metro. tokyo. lg. jp/policy_others/zeroemission_tokyo/strategy_2020update[2024-08-22].

② 東京都環境局 .2022.2030 年カーボンハーフに向けた取組の加速 . https：//www. kankyo. metro. tokyo. lg. jp/dbook/202202/carbonhalf/2022-02_tokyo_carbonhalf[2024-08-20].

③ 環境省 .2020. 「再生可能エネルギー情報提供システム（REPOS（リーポス))」（1.0 版）の開設について. https：//www. env. go. jp/press/108124. html[2024-08-20].

④ 総務省 .2023. 地域経済循環創造事業交付金（分散型エネルギーインフラプロジェクト）に関する交付団体の決定. https：//www. soumu. go. jp/menu_news/s-news/01gyosei05_02000195. html[2024-08-20].

⑤ 陈怡玮 .2022. 日本《数字社会形成基本法》述评 . 上海法学研究, 8 (2)：480-501.

质量的显著提升。此外，《基本法》详细划分了中央与地方政府及业界的责任，并设立了数字厅以执行"数字社会重点计划"，确保经济可持续发展与国民幸福目标的实现。

日本一直十分重视利用人工智能和物联网等数字技术来赋能行业节能减排，提升产业效能。2019 年，日本内阁通过《巴黎协定下的长期战略》，提出利用人工智能等技术降低交通、运输、建筑、农业等行业碳排放，到 2050 年实现地区层面供需控制数字技术的部署。《绿色增长战略》在半导体/信息通信领域部署下一代数字基础设施，打造绿色数据中心①，还在数字信息领域重点部署了"基础设施—智能网联—智慧交通"技术链。《第六次能源基本计划》强调要利用数字技术提升供应链的物流效率，优化能源使用和控制系统，提升发电效率和电力系统安全性等②；《促进向低碳化增长型经济结构转型的战略》③鼓励以脱碳为目的的数字投资。同时，日本将可持续发展社会技术开发也放在首位。2023 年 8 月 22 日，日本新能源产业技术综合开发机构（NEDO）发布《面向 2030 年可持续社会的技术发展综合指南》，阐释了为实现社会可持续发展的一体化的三大社会体系——以数字转型（DX）为基础的循环经济、生物经济、可持续能源的一体化。该指南根据最新的社会和技术动向，对"三大社会体系和 DX"相关技术进行了总结和评价，还对减少二氧化碳排放技术的潜力和成本进行了具体估算，整理了方法和结果，并进行了定量评价④。

3. 推动能源和原材料绿色转型

日本目前可再生能源供给比例较低，引进外来能源或技术需要时间较长，因此通过制定相应的法律法规或者政策来鼓励和支持可再生能源的开发与使用、能源回收再利用等可以有效地提高地方政府、企业对社会整体脱碳的积极性，如利用《全球变暖对策推进法》促进区域共生和有益的能源再利用，结合《加速地热开发计划》推动区域共同加速地热资源开发，根据《木材利用促进法》促进木材在公共建筑与中大型建筑物中的利用，批准《合理利用能源法》修订法案，提高非化石能源的使用率，制定《节能与非化石能源转换技术战略 2024》，推动

---

① 新エネルギー・産業技術総合開発機構.2022.グリーンイノベーション基金事業、「次世代デジタルインフラの構築」に着手. https://www.nedo.go.jp/news/press/AA5_101513.html[2024-08-20].

② 経済産業省.2021.第 6 次エネルギー基本計画が閣議決定されました. https://www.meti.go.jp/press/2021/10/20211022005/20211022005.html[2024-08-20].

③ 経済産業省.2023.「脱炭素成長型経済構造移行推進戦略」が閣議決定されました. https://www.meti.go.jp/press/2023/07/20230728002/20230728002.html[2024-08-20].

④ 新エネルギー産業技術開発総合機構.2023.持続可能な社会の実現に向けた技術開発総合指針 2023. https://www.nedo.go.jp/library/future_1.html[2024-08-21].

对节能和非化石能源转换有重大贡献的关键技术进入应用①。作为一个缺乏自然资源储备的国家，日本以其卓越的加工型经济模式在全球经济版图中独树一帜，其经济战略可概括为"大进大出"模式，即高度依赖国际市场的原材料进口，经过精细加工后，再将高附加值产品广泛输出至全球市场。2023 年 2 月，日本内阁批准的《实现绿色转型的基本方针》承诺将在接下来的十年内，向化学、钢铁、水泥、纸浆等关键材料产业投入高达 1.3 万亿日元的资金，用于升级生产装置，推动生产工艺的绿色化改造②。日本十分重视氢和氨作为工业清洁原料的作用，计划在未来十五年内，投入高达 3 万亿日元的资金支持，以弥补氢、氨等清洁能源与传统原料之间的成本差异，助力企业顺利实现原料燃料的绿色转换。

（二）推动能源供给侧改革，优化能源结构

日本早已针对自身能源供需结构问题提出了"3E+S"能源政策目标，即以能源安全性为前提，把保障能源稳定供给放在首位，在提高经济效率实现低成本能源供给的同时，实现与环境的协调发展，通过调整能源结构，提升能源供给的多样化，以降低对化石能源进口的依赖③。日本政府近年也一直在修订相关法案，以适应社会发展与零碳社会建设的需要。日本在确定 2050 年碳中和目标后，虽然立即提出要重点打造氢能等清洁能源供应与使用，但实施效果不尽如人意。日本为维护能源安全，进一步调整能源供需结构，降低可再生能源使用成本。2021 年 10 月政府在"3E+S"政策目标与前五次能源基本计划的基础上，推出了《第六次能源基本计划》，提出了三大改革方向。

1. 需求侧节能提效

依法推动产业、业务、家庭与运输四大部门彻底节能，充分利用先进技术提升能源效率。要实现需求侧的彻底节能，就需要各部门在《节能法》《建筑节能法》的指导下，以实现 2050 年碳中和为目标，结合人工智能、物联网等先进数字技术提升各部门能源使用效率。首先，产业部门作为能源需求与能耗最高的部门，虽然近年来在引进世界先进节能技术方面有所成效，但整体来看，对节能潜力大的新能源技术的进一步开发与引导是提高产业能源利用效率的关键。可依据经济产业省与新能源产业技术综合开发机构共同制定的《节能技术战略 2016》

---

① 新エネルギー産業技術総合開発機構.2024.「省エネルギー・非化石エネルギー転換技術戦略2024」を策定—脱炭素につながる技術の開発・普及を促進.https://www.nedo.go.jp/news/press/AA5_101741.html[2024-08-21].

② 経済産業省.2023.「GX 実現に向けた基本方針」が閣議決定されました.https://www.meti.go.jp/press/2022/02/20230210002/20230210002.html[2024-08-21].

③ 資源エネルギー庁.2018.第 5 次エネルギー基本計画.https://www.enecho.meti.go.jp/category/others/basic_plan/pdf/180703_01.pdf[2024-08-20].

等政策开发新节能技术。同时，在帮助大企业完成节能改造的同时，还需切实帮助中小企业实现彻底节能。其次，业务与家庭部门最佳的节能方式是提升建筑的节能效率。目前，日本通过制定《建筑节能法》已经提升了部分建筑的节能效果，为了更好地完成 2050 年的目标，需要完善和细化《建筑节能法》，使在 2030 年以后建成的建筑都符合零能耗建筑（ZEB）与零能耗房屋（ZEH）的标准，并在此基础上推进强化对"建材领跑者制度标准"等的讨论。家庭生活中的节能还可以运用人工智能、物联网等数字技术来实现。最后，运输部门最佳的节能方式是转向使用新能源动力。在《节能法》的指导下，运输部门提高能源效率的同时，引进并实施新技术，提高运输部门产业链的能源效率，鼓励运输工具制造商采用新标准实现节能。

2. 供给侧电力脱碳

在能源供给侧，完善多元化可再生能源供应机制，实现电力供应脱碳。清洁能源供给是解决能源消耗带来的碳排放的关键。将可再生的清洁能源转换为电力，是实现能源供给侧脱碳的重中之重。对此，《第六次能源基本计划》主要提出两点来解决能源供给侧的脱碳问题。一是继续扩大对包括可再生能源在内的分布式能源资源的引进。分布式能源主要包括电力的生产、储存和有效利用电力的节能和控制系统。日本计划在 2030 年前使运用分布式能源的智能电表取代目前的普通智能电表，并完善蓄电系统，降低蓄电成本，构造良好的脱碳能源管理系统。二是努力使可再生能源成为电能供应主力。从电力的供应来看，利用太阳能、电厂等地的废热等可再生能源发电，再用环保蓄电池对电能进行储存，最后将清洁电力输送至居民、企业等进行使用，可以有效地实现电力供应链及最后使用的脱碳。由此，可再生能源的供应就成了能源供给侧改革的重点。为此，日本自 2012 年引入了可再生能源固定价格收购制度（FIT），可再生能源的比例从 10% 扩大到 2019 年的 18%。而日本实现碳中和目标需要区域间可再生能源的相互流动、互相补充，因此日本自 2022 年 7 月起，在 FIT 制度的基础上，同时施行针对可再生能源发电电量溢价收购制度（FIP），即固定价格与市场溢价相结合，这样有利于提高能源供应商的生产积极性，促进可再生能源的普及，降低可再生能源的使用成本。2023 年 7 月，日本内阁批准通过"促进向低碳化增长型经济结构转型的战略"，提出让可再生能源成为发电主力，到 2030 年其发电比例达到 36% ~ 38%。

3. 推动能源体系改革

实施能源结构改革的前提是维护日本的能源安全。目前，日本所需的化石能源基本上来自海外，借能源结构脱碳的契机，提高再生能源的自我供给，既能增强能源安全，又能满足碳中和目标的要求。另外，能源结构性改革除了可再生能源的供需外，更需要关注传统化石能源的稳定与脱碳。因此，面向 2050 年碳中和目标，在彻底节能的基础上，日本还将致力于电气化、天然气等燃料使用的转换，以完成更深层次的能源体系改革。目前，日本已经在电力、燃料、天然气等领域开展了市场化改革，提高企业参与能源供应、满足市场需求的积极性。同时，日本更加重视能源系统的稳定，具体包括：电力的供应、天然气系统改革与深化、推进高效供热等，同时还要加强对市场的监管。

（三）大力发展绿色金融和碳金融，推进绿色转型

对日本社会全面实现碳中和目标来说，重工业和能量转换相关企业是脱碳的重要主体之一，这类企业的绿色转型需要大量资金支持，但这类企业又面临着融资难的困局，因此日本大力发展绿色金融与碳金融。为此，日本政府一方面资助工业部门和能源转换部门中的企业节能减排，稳步推进脱碳进程，同时资助这类部门中的企业对脱碳技术进行长期研究和开发，加速脱碳进程；另一方面持续建设和发展碳交易市场，利用金融手段促进企业主动寻求降低减排成本的方法并促进企业从中获利。

1. 多元化绿色金融支撑

日本目前主要采用的绿色金融工具包括绿色信贷和绿色债券，以及可持续发展挂钩贷款（SLL）、可持续发展挂钩债券（SLB）等，此外还有转型金融对绿色金融的有效补充，以通过资金支持推动更多高碳产业逐步向先进制造业、低碳绿色新兴产业转型发展，加快日本社会的脱碳进程[1]。其中，绿色债券发行量逐年增长，尤以金融和不动产部门发行量最多；绿色信贷融资额持续增加，自 2019年起能源领域的融资额和数量急速增加，2023 年达到 769 亿日元[2]。为支持工业和能源领域企业的转型，日本积极制定了一系列有关绿色金融的战略和指南，包括《气候转型金融概念》《气候创新金融战略 2020》《气候转型金融基本指南》《实现绿色转型的基本方针》等，为减排难度较大的行业提供资金支持，促进其向脱碳转型。以《实现绿色转型的基本方针》为例，日本政府通过这一政策承诺未来 10 年政府和私营部门投资将超过 150 万亿日元实现绿色转型并同步脱碳、稳定能源供应和促进经济增长，其中 20 万亿日元以"绿色经济转型债券"形式进行前期投资，资助对象是符合"增强产业竞争力"和"减少排放"要求的项目，鼓励企业采用可再生能源、核电等非化石能源，以及研发节能减排、资源循环利用和固碳技术等，2024 年 2 月，该债券开始发行。

---

① 環境省. 2024. グリーンファイナンスポータル. https://greenfinanceportal. env. go. jp/［2024-08-20］.
② 野村総合研究所. 2024. エネルギー市場動向 2023. https://www.nri. com/jp/knowledge/report/lst/2024/cc/0307_1［2024-08-21］.

日本政府通过绿色金融引导和支持企业参与绿色项目，积极推动转型金融，助力高二氧化碳排放行业实现脱碳转型。绿色信贷主要注重可再生能源和绿色建筑项目；绿色债券则在发行初期集中在金融和地产领域。2020 年后，对制造业企业的关注逐渐增加，如三菱重工等企业成功获得低息债券融资用于推进绿色可再生能源项目。日本国内公司在可持续发展挂钩债券和绿色债券的发行方面几乎同步进行，尽管可持续发展挂钩债券的发行量相对较低。2019 年 11 月，日本确认成立首个可持续发展挂钩贷款，并在次年 3 月，制定颁布《可持续发展挂钩贷款指南》，促进日本可持续发展挂钩贷款的加速发展。

日本政府为协助高碳排放企业实施脱碳转型，实施了转型金融政策，以帮助相关企业获取资金。例如，自 2021 年 10 月至 2022 年 3 月，日本经济产业省基于《气候转型金融基本指南》相继发布了 7 个高碳排放领域的转型金融路线图，涵盖钢铁、化学、造纸和纸浆、水泥、电力、石油、天然气等行业。这些路线图明确了这 7 个高碳排放领域实现脱碳转型的技术路径和时间表，引导企业在争取气候转型资金时审视其现行的气候变化对策。此外，这些路线图还协助金融机构审查企业在转型融资时提出的策略和措施，以评估其是否符合转型金融的资格。

2. 全国性碳交易市场

碳金融主要服务于与温室气体排放相关的金融活动，其核心活动是碳排放权的交易。早在 1997 年签署《京都议定书》后，日本就考虑引入碳排放交易体系。然而，由于国内商业团体和部分政府机构的反对，再加上随后的东京大地震，构建全国性碳交易市场的计划暂时搁置。为实现日本在 2050 年的碳中和目标，以及紧跟全球碳金融的发展趋势，建设全国性碳交易市场势在必行。日本是较早建立碳排放交易体系的国家之一，建立了环境省碳排放交易体系、经济产业省碳排放交易体系、各地方政府碳排放交易体系等多元化碳排放交易体系，并在此基础上建立了 J-Credit 体系（原国内信用体系与抵消信用体系合并），这些碳排放信用体系在助力日本企业脱碳方面发挥了一定作用。然而，各体系的设计目的与运行效果存在较大差异，独立性较强，未实现有效的示范性引领作用。

日本内阁在 2021 年 6 月公布的《增长战略执行计划》和《2021 年经济财政运营和改革基本方针》中都提出要建立碳排放交易市场、完善碳市场信用制度，以帮助企业尽快适应气候变化对其影响，帮助企业脱碳。在 2021 年 11 月内阁会议决定的《战胜疫情、开创新时代的经济措施》中，"创建碳信用交易市场和发展顶级联盟"也被定位为"2050 年实现碳中和的清洁能源战略"的一部分①。

---

① 首相官邸 . 2021. コロナ克服・新時代开拓のための经济对策 . https：//www. kantei. go. jp/jp/pages/keizaitaisaku_20211119. html［2024-08-22］.

2023 年 4 月，日本启动碳排放交易体系 GX-ETS 试行工作，标志着日本政府建立国家碳交易市场的工作步入正轨。GX-ETS 计划分三个阶段完成，分别为 GX-ETS 的初步建立（2023～2025 年）、GX-ETS 的进一步规范（2026～2032 年）、碳排放权配额拍卖分配机制的引入（2033 年之后）。在 GX-ETS 下，日本还允许企业通过基于国际层面的联合碳信用机制（JCM）和日本减排信用机制（J-Credit）来抵扣碳排放。2024 年 4 月，GX-ETS 还宣布接受其他国家"其他符合条件的碳信用"的项目注册申请，包括 CCUS、沿海蓝碳、生物质能碳捕集与封存以及直接空气捕集与封存①。这四类碳去除信用将被 GX-ETS 直接用作碳抵消，这一举措将推动日本碳抵消信用体系的完善，有望拉动全球范围内对于碳去除的需求。

当前，日本持续建设全国示范性碳信用额度交易市场，同时对欧洲、美国及东盟等其他国家的企业开放，积极打造、参与国际碳信用交易市场。日本一直在大力建设联合碳信用机制，与发展中国家签订双边协议，由日本向协议国提供帮助，在协议国开展减排项目，并获得项目实现的减排量，用于履行日本自身减排目标。

第四节　日本碳中和科技创新行动

在《绿色增长战略》指导下，日本政府设立了 2 万亿日元的"绿色创新基金"，围绕能源、交通制造等重点产业持续发布多项长周期大型资助计划，实施碳中和目标引领、管理机制改革、企业主导实施、社会应用推广、技术创新链构建等一系列创新举措。"绿色创新基金"由经济产业省管理，通过日本新能源产业技术综合开发机构（NEDO）组织实施，在能源、工业和交通这些主要的碳排放部门部署技术研发项目，主要涉及清洁能源、电池、生物基材料、碳循环技术等，且资助的项目主要集中在技术开发及示范应用阶段，以加快关键技术的大规模和产业化应用，契合日本寻求新的经济增长机遇的目的②。同时，日本还注重通过经济产业省促成国际政府合作项目的推进，加强能源产业链安全。

一、清洁能源和电池技术

2022 年 2 月和 3 月，日本先后发布了电力、燃气和石油行业 2050 年碳中和

---

① GX-League. 2024.「GX-ETSにおける適格カーボン・クレジットの活用に関するガイドライン」を策定いたしました. https://gx-league. go. jp/news/20240419/ [2024-08-21].
② 李岚春，陈伟，岳芳，等. 2023. 日本"绿色创新基金"研发计划及对我国的启示. 中国科学基金，37（4）：699-708.

转型技术路线图以及水泥和造纸行业到 2050 年的脱碳转型技术路线图；2023 年 2 月，日本又发布了燃料电池路线图，提出到 2030 年进入燃料电池重型车辆全面普及阶段，到 2040 年实现该领域的碳中和。在上述路线图的指导下，日本新能源产业技术综合开发机构发布了密集的资助计划，主要资助能源和电力供应技术，包括：能源储运重点资助储氢、电池等储能技术；资源回收重点布局废弃物利用、碳捕集回收等循环技术；场景应用涵盖工业、交通、信息等领域。

从项目资助的具体产业领域来看，绿色创新基金重点推动氢/氨燃料、碳循环、汽车智能化电气化、碳中和新基建四大产业技术创新。首先，将国际领先的氢/氨燃料产业链作为未来经济增长的战略重点，资助了"燃料氨利用及生产技术开发/蓝氨生产技术开发""超高压氢基础设施全面推广研发""构建有竞争力的氢气供应链技术开发"等计划下的项目，建成了福岛加氢技术研究中心。其次，碳循环被视为实现碳中和减排目标的关键技术，充分体现《绿色增长战略》的循环经济思路，资助了"碳循环、下一代火力发电等技术开发""加速实现碳循环的生物衍生产品生产技术开发""使用 CO_2 的混凝土和水泥制造技术开发"等计划下的项目，并取得了瞩目的研究成果[1][2]。最后，加快汽车产业电气化、智能化转型，该领域重点部署了下一代高性能动力电池及智能交通能源管理系统相关技术，资助了"下一代全固态蓄电池材料基础技术评估和开发""下一代蓄电池和电机开发""开发用于电动汽车节能的车载计算和模拟技术""构建智能移动社会"等计划下的项目。

二、生物质利用及产品

日本重视利用生物质原料和开发生物基产品及技术加速实现碳循环。日本制定的钢铁行业脱碳转型技术路线图，展现了钢铁领域实现 2050 年碳中和所需的技术以及方向，包括利用生物质代替焦炭和有效利用 CCUS 实现脱碳等。日本修订"J-Credit"制度以振兴碳信用认证机制，也提出扩大液体生物燃料（生物柴油、生物乙醇、生物油）可替代化石燃料或者电力的范围[3]。日本的化工行业实

① 新エネルギ産業技術総合開発機構.2024.世界最高の発電効率を誇る廃熱発電システムのオフグリッド化を実現—最大約 10kWh 超の LIB を搭載した ORC 発電システムを開発—. https://www.nedo.go.jp/news/press/AA5_101731.html[2024-08-21].

② 新エネルギー・産業技術開発機構.2024.CO₂ 排出量を 112% 削減した「CUCO-SUICOM テトラポッド」を開発、製造. https://www.nedo.go.jp/news/press/AA5_101715.html[2024-08-21].

③ 資源エネルギー庁.2018.省エネ法の概要. https://www.enecho.meti.go.jp/category/saving_and_new/saving/summary/pdf/20181227_001_gaiyo.pdf[2024-08-20].

现 2050 年碳中和转型技术路线图，也强调要开发以生物质为原料的生产技术，在 2030 年前后发展以生物质、CO_2、氢气、合成气体等为原料的化工产品生产。此外，日本在近两年先后发布的电力、燃气和石油行业 2050 年碳中和转型技术路线图以及水泥和造纸行业到 2050 年的脱碳转型技术路线图中，均提出了生物燃料开发和生物质转化技术发展目标。

为实现上述路线图中的目标，日本新能源产业技术综合开发机构持续在"绿色创新基金"框架下征集研发项目，包括支持利用 CO_2 和其他材料的塑料原料制造技术开发，如以乙醇和植物等为原料的合成橡胶制造技术开发、采用人工光合作用的化学原料生产的商业化等；加速实现碳循环的生物衍生产品生产技术开发，主要是利用生物原料生产石油，以及通过发酵生产实现以野生植物为原料的药品、保健品、化学品等活性成分工业化；还有通过生物制造技术促进以 CO_2 为直接原料的碳循环的资助课题，利用微生物制造技术推进碳回收材料产业发展等。

三、国际科技项目合作

日本倾向于通过国际合作弥补自身发展空间制约带来的限制，通过本国的优势技术输出，在国际合作中成为相关技术标准制定的主导者之一，进而主导低碳产业发展。日本先后与美国、欧盟、泰国等国家和地区达成伙伴关系，在核能、氢能等清洁能源、清洁氨以及 CCUS 等方面展开合作，合力加强各合作方能源安全，应对气候危机。2022 年 5 月，日本经济产业省与美国能源部发布关于合作实现能源安全和清洁能源转型的联合声明，旨在促进双方稳定、清洁的液化天然气供应；随后，两国还宣布在合作的基础上加强气候伙伴关系，旨在通过脱碳与普及清洁能源等措施加速国内与国际的气候行动；2023 年初，日本经济产业省又就能源安全和清洁能源转型与美国能源部合作发布联合声明，支持对美国的上游投资，以加强能源安全，并开发和建设下一代先进核反应堆，建立强大的核部件和燃料供应链，加强清洁氢和氨政策，之后又进一步扩大美日企业之间的合作，通过美国国家半导体技术中心和日本尖端半导体技术中心组成的日美联合工作组共同探索下一代半导体的发展①②。2022 年 12 月，日本经济产业省与欧盟委员会

---

① U. S. Department of Commerce. 2023. Joint Statement for the Second Ministerial Meeting of the Japan-U. S. Commercial and Industrial Partnership（JUCIP）. https://www. commerce. gov/news/press- releases/2023/05/joint- statement- second- ministerial- meeting- japan- us- commercial- and［2024-08-22］.

② 経済産業省. 2023. 米国政府との間で、エネルギー安全保障とクリーンエネルギー移行に向けた協力に関して共同声明を発表しました. https://www. meti. go. jp/press/2022/01/20230111003/20230111003. html［2024-08-21］.

签署氢能合作谅解备忘录，达成在国际氢能贸易方面的继续合作。2024 年，双方希望通过率先在氢能领域建立相关的国际标准，在市场开发方面占据有利地位。此外，日欧还计划在芯片、电动汽车电池等领域的关键材料研发上正式展开合作，部分原因是为了将有前途的新材料投入实际应用，减少对中国的依赖。同时，日本在通过基础设施出口振兴经济的方针下①，与东南亚地区也达成了多项碳中和项目合作，如日本经济产业省与泰国能源部就 CCUS、氨混烧技术等签署了 4 份日泰企业碳中和合作谅解备忘录②。

第五节　日本碳中和战略行动主要特点

日本面向实现碳中和目标制定了较为清晰的政策体系框架，不仅从经济增长、产业转型入手，还关注金融与社会，尤其在促进产业增长上，日本推进了"事无巨细""循环渐进"的实施方案以实现经济增长和绿色转型。例如，涵盖14 个产业领域的《绿色增长战略》，为每个领域都明确制定具体的工程表。这些工程表根据不同的业务类型分为开发、试验实证、降低成本和推广、投入商用等多个阶段，直观地界定各个阶段的起止年份，以及拟采取的政策方法，包括法规、标准、税制、预算、金融和公共资源配置等。此外，日本的战略政策还通过电力、氢能和碳循环三条技术路线的逐层拓展，覆盖主要领域，形成一体化的发展计划。

一、重视数字化技术对碳中和实现的支撑作用

日本高度重视借助人工智能和物联网等数字技术来赋能各个行业，以实现节能减排目标，并积极制定多项战略以推动数字技术在交通、运输、建筑、能源等领域的应用。《革新环境技术创新战略》强调了数字技术的关键作用，包括建设弹性电力网络、开发分布式能源的控制技术，以及推动"智能城市基础设施"的国际标准化。此外，《第六次能源基本计划》指出数字技术的应用领域，如提升供应链的物流效率、优化能源使用控制系统，提高发电效率和电力系统的安全性，以支持实现碳中和的目标。《巴黎协定下的长期战略》还提出了利用人工智能技术减少碳排放的具体方案，旨在到 2050 年在地区层面部署数字技术以实现

---

① 唐展凤，韦德华．2024．日本对东南亚基础设施外交的动因与策略研究．日本问题研究，38（4）：20-33．

② 経済産業省．2023．第 5 回日タイエネルギー政策対話を実施しました．https://www.meti.go.jp/press/2022/01/20230117001/20230117001.html［2024-08-22］．

供需控制。日本将信息通信产业视为推动绿色和数字化发展的关键要素，并在重要战略规划中明确了信息通信产业低碳发展的技术路径。政府计划打造绿色数据中心、下一代云平台和软件等绿色信息通信基础设施，并加大对下一代低功耗半导体器件、先进光子集成电路、多传感系统和分布式计算等绿色技术研发的支持。同时，政府强调了数字化和绿色化发展的协同推进。

二、健全低碳技术研发示范和推广的政策体系

日本投入大量资金对低碳技术进行示范和推广，利用杠杆机制，鼓励民间资本投资关键领域，实现了减排降碳、提高企业竞争力、促进经济增长和增加就业等多方共赢的局面。目前，尽管氢气制取成本较高，但日本将低成本、无碳排放的氨作为主要脱碳燃料，同时研发氢还原炼铁技术，以氢气替代煤炭作为还原剂，从而显著降低与煤炭使用相关的碳排放。

第八章 | 韩国碳中和战略与实施路径

第一节 引 言

从全球范围内来看，韩国碳排放量排名靠前，根据世界银行相关数据库的数据①，2020 年韩国碳排放量居世界第八位，且自 1990 年来整体呈波动上升趋势（图 8-1）。2021 年 10 月，韩国政府正式承诺，将致力于实现 2030 年本国温室气体排放量比 2018 年减少 40% 的目标，高于之前设定的 24.4% 目标。然而从当前排放水平和效果来看，韩国减排效力并不理想。2021 年，韩国碳排放量相比 1990 年增长 146%，较 2018 年仅减少 8%。

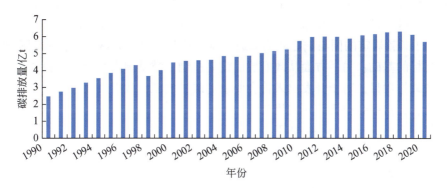

图 8-1 韩国碳排放量变化情况
资料来源：世界银行

从排放来源来看，韩国碳排放主要来源于化石燃料燃烧，占比 87% 左右，是韩国碳排放的最主要来源。其他来源，如工业工程、农业和废弃物对碳排放的影响较小（图 8-2）。

---

① 世界银行集团 . 二氧化碳排放量 . https://data.worldbank.org.cn/indicator/EN.ATM.CO2E.KT? locations＝KR&view＝chart［2024-08-20］.

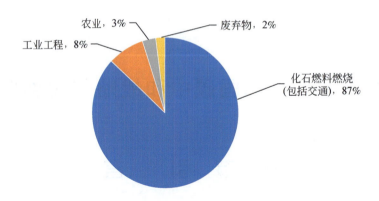

图 8-2　韩国碳排放来源占比

韩国提出的目标是在 2050 年实现碳中和，近期的目标是到 2030 年，碳排放量相对于 2018 年的基准值下降 40%，相当于全国碳排放从 2018 年的 7.2 亿 t 下降到 4.3 亿 t。值得注意的是，韩国实现 2030 减排目标的路线图明确了约 3300 万 t 的减排目标将通过购买国外的碳排放额来实现，其减排量符合《巴黎协定》6.4 条款机制（即 6.4ER）规定。为了实现通过购买国外的减排量来达成碳中和的目标，韩国已经开始做准备，一方面从国家层面开始推动建立符合《巴黎协定》6.2 条款规定的国与国之间的双边机制，这是通过海外购买碳排放额实现碳中和目标的基础；另一方面从政府层面建立机制，鼓励国内企业广泛投资与参与全球的减排项目，对于开发出来符合要求的碳排放额，政府层面承诺一个保底的收购价，让这些企业无后顾之忧。

韩国当前碳排放的特征如下。

1）与 GDP 的相关关系逐渐减弱

1990～2019 年，韩国经济除 1998 年受亚洲金融危机的影响明显下滑外，其他年份总体处于增长状态。1990～2012 年，韩国的温室气体排放趋势与 GDP 增长趋势相似，温室气体排放受经济影响较大；2012 年以后，通过实施应对气候变化和温室气体减排政策，温室气体排放量增长率持续低于 GDP 增长率，2018 年温室气体排放实现达峰，与韩国《2050 碳中和战略》预测达到排放峰值年份一致，2019 年温室气体排放总量（701.4MtCO$_2$e）同比下降 3.5%，GDP 同比上升 2.0%，温室气体排放与经济增长初步脱钩，二者之间关系不断弱化。

2）能源结构持续优化，低碳能源占比提升

近年来，韩国的能源发展思路向低碳转变和深化，从加大可再生能源、能源替代等方面全面部署。1990～2019 年，原油占比从 60% 下降至 50%，原煤占比从 26% 下降至 13.8%，电力和其他可再生能源占比达 24%。目前，化石能源仍占据主导地位，高碳排放模式亟须进一步调整。同时，韩国面临可再生能源资源条件不丰富的现实情境，国土面积小且约 70% 的国土面积是山地，以及建设风电和光伏电站造价较高等问题和挑战。因此，韩国将"氢能经济"上升到国家能源战略高度，同时重新提出重点发展核电，并将其作为实现能源安全及碳中和目标的重要手段。

3）碳减排仍面临较大压力

韩国是全球二氧化碳排放量占比较大的国家，全球排名第八，排放量约占全球排放量的 1.9%，主要来源于能源、工业、建筑和交通运输等领域。同时，韩国人均碳排放量为 12.3t，远高于世界人均碳排放量（4.5t），同时也远高于经济合作与发展组织平均水平（8.8t/人）。单位 GDP 二氧化碳排放量为 4.3t/万美元，与世界平均水平（4.0t/万美元）较为接近。按照韩国发布的《第二次应对气候变化基本规划》，21 世纪末韩国气候异常现象将进一步恶化，其升温幅度远高于全球平均水平，与 1981～2010 年的平均温度相比将上升 1.8～4.7℃。

本章基于韩国碳排放现状，梳理了韩国推进碳中和目标的战略政策和脱碳行动，分析了韩国碳中和科技创新行动，总结了韩国碳中和战略行动主要特点，以期为我国碳中和实现路径提供参考。

第二节　韩国碳中和战略顶层设计

一、早期相关战略与立法

韩国于 1998 年正式签署《京都议定书》，并先后制定三次应对气候变化框架公约综合对策。2009 年，韩国制定《低碳绿色增长基本法》及绿色增长战略实施计划与系列措施[1]，将减排目标写进法律，构筑绿色低碳增长基本框架，依法实施绿色低碳增长计划，从国家战略层面对气候变化、能源、绿色产业等项目给出实施计划。2009 年 7 月，韩国政府发布《绿色增长国家战略及五年

---

[1] Climate Policy Database. 2010. Framework Act on Low Carbon，Green Growth. https://climatepolicydatabase. org/policies/framework-act-low-carbon-green-growth-republic-korea-2010#：～：text = Reduction% 20of% 20GHG% 20emissions% 20by% 202027% -30%％20by［2024-08-20］.

计划》①，提出发展绿色产业寻求能源独立以应对气候变化，计划将韩国打造成"绿色大国"，这是韩国首个应对气候变化基本计划。《绿色增长国家战略及五年计划》的三大战略包括：①应对气候变化及能源自给；②创造新的成长动力；③生活品质改善和国家地位改善。根据该战略，韩国在这之后5年内投入107万亿韩元发展绿色经济，争取在2020年底跻身全球七大"绿色大国"之列。在2020年建成600个利用农业产品实现能源40%自给的"低碳绿色农庄"。此外，韩国政府选定可再生能源产业、低碳能源产业、LED应用产业、先进水处理产业、绿色运输系统和高级绿色城市六大绿色技术产业作为新的成长动力性产业进行培育。除了给予政策支持，还把加快传统产业及价值链的绿色化作为发展低碳经济的重要举措。

2015年，国际社会达成应对气候变化《巴黎协定》，韩国向联合国秘书处提交国家自主贡献目标，即2030年排放相对基准排放量减少37%的目标，2016年发布了首版《2030年国家温室气体减排路线图》②，为主动应对急剧变化的全球气候及经济新秩序作出承诺。2018年，韩国内阁批准了2030年温室气体路线图和国家排放交易体系第二阶段（2018~2020年）的分配计划，提出将2030年温室气体排放量降至5.36亿t，相比2017年的7.091亿t下降24.4%，以期达成"可持续低碳绿色社会"的目标③。

韩国通过发展低碳绿色增长战略，逐渐减少对石油、煤炭等化石能源的依赖，提高能源自给率和使用率，减少对海外的依赖度。韩国在环境保护方面的多项措施有效地降低了温室气体的排放，尤其是韩国倡导的绿色旅游，为全国创建绿色环境做出了模板和榜样。韩国关于低碳方面的多项措施减缓了气候变化，水污染、噪声污染和海洋污染等方面都有所改善。韩国的大邱庆北经济自由区发展低碳绿色技术项目，打造成韩国知名经济特区，该地区主要发展低碳绿色能源、绿色信息技术和绿色交通等行业，促进了地区经济发展。

---

① Green Growth Korea. 2009. National Green Growth Strategy and Five- year Plan Milestones. http://17greengrowth. pa. go. kr/？ page_id＝42450#：~：text＝In% 202009,% 20Korea% 20enacted% 20a% 20Framework% 20 Act [2024-08-20].

② Climate Policy Database. 2016. 2030 Greenhouse Gas Reduction Roadmap, Republic Of Korea（2016）. https://climatepolicydatabase. org/policies/2030- greenhouse- gas- reduction- roadmap- republic- korea-2016#：~：text＝2030% 20greenhouse% 20gas% 20reduction% 20roadmap[2024-08-20].

③ International Carbon Action Partnership. 2018. Republic of Korea approves 2030 GHG roadmap and 2nd phase ETS allocation plan. https://icapcarbonaction. com/en/news/republic- korea- approves- 2030- ghg- roadmap- and- 2nd-phase- ets- allocation- plan#：~：text＝The% 20roadmap% 20provides% 20details% 20at% 20three[2024-08-20].

二、碳中和目标及政策框架

（一）立法明确碳中和目标

韩国于 2020 年 10 月宣布 2050 年实现碳中和目标[1]，制定并发布《2050 碳中和战略》。韩国在全球应对气候变化进程中，以绿色、低碳作为国家发展方向，作出符合国际趋势的减排目标承诺，制定并采取系列应对和适应措施，部分措施在温室气体减排和能源结构优化等方面取得显著成效，并明确了工业、建筑、运输、农畜水产等各领域减排计划。

2020 年 12 月，韩国向《联合国气候变化框架公约》秘书处提交更新的 2030 年国家自主贡献目标和《2050 碳中和战略》[2]，提出在 2018 年基础上减排 24.4% 的 2030 年全经济范围绝对减排目标。2021 年 10 月，韩国进一步上调 2030 年国家自主贡献目标，即 2030 年实现在 2018 年基础上减排 40%。

2021 年，韩国将 2010 年出台的《低碳绿色增长基本法》更新为《为应对气候危机之碳中和与绿色增长基本法》，并于 2021 年 9 月通过国民议会[3]，该法案使韩国成为全球第 14 个将 2050 年碳中和愿景及其实施机制纳入法律的国家。法案规定韩国到 2030 年的温室气体排放量比 2018 年的水平减少 35% 以上，并制定了在气候影响评估、气候应对基金和公正转型等方面的政策措施。具体如下。

（1）法案将 2050 年碳中和愿景及其实施机制纳入法律。法案明确规定 2050 年实现碳中和是韩国的国家愿景，并在法律中规定了实现该愿景所需的实施体系，包括制定国家战略、中长期温室气体减排目标、框架计划以及审查执行情况。

（2）法案设定了实现 2050 年碳中和愿景的中期目标。法案规定，到 2030 年将温室气体排放量在 2018 年的水平上减少 35% 以上，比之前的目标提高了 9%。

（3）法案规定了社会成员的广泛参与式治理。2020 年 5 月成立的 2050 碳中和委员会被重新定义为具有法律地位的委员会。以前仅限于专家和企业的治理范

① European Parliament. South Korea's pledge to achieve carbon neutrality by 2050. https://www. europarl. europa. eu/RegData/etudes/BRIE/2021/690693/EPRS_BRI（2021）690693_EN. pdf#:~:text = In% 20October% 202020,% 20South% 20Korea's［2024-08-20］.

② United Nations Climate Change. 2020. 2050 Carbon Neutral Strategy of the Republic of Korea. https://unfccc. int/documents/267683#:~:text=2050% 20Carbon% 20Neutral% 20Strategy% 20of% 20the［2024-08-20］.

③ International Energy Agency. 2021. Carbon Neutrality and Green Growth Act for the Climate Change. https://www. iea. org/policies/14212-carbon-neutrality-and-green-growth-act-for-the-climate-change［2024-08-20］.

围将扩大到青年和工人。

（4）法案制定了实施碳中和的各种政策措施。法案将引入气候影响评估体系，对国家重大计划和发展项目的气候影响进行评估；也将引入应对气候变化的预算体系，即在起草国家预算时设定减排目标。此外，法案还将新设立气候应对基金，支持产业结构转型。

（5）法案明确了公正转型的详细政策措施。法案将指定特别地区和设立支援中心，旨在保护易受转型影响的地区和群体，如煤炭和内燃机汽车行业的工人。

（6）法案提议从中央集权制过渡到权力下放制。法案将地方计划和委员会列为地方执行机制的组成部分，还将建立中央和地方政府之间的互动和协作系统，以进一步共享信息。法案详细规定了支持措施，即支持当地排放数据收集，建立碳中和支持中心，以及建立碳中和城市联盟等地方政府间的合作机制。

（二）以绿色新政为核心构建碳中和政策体系

碳中和目标提出当年，韩国推出绿色新政，计划到2025年投入114.1万亿韩元（约合946亿美元）的政府资金，以摆脱对化石燃料的严重依赖，并推动以数字技术为动力的环境友好产业的发展，包括电动和氢动力汽车、智能电网和远程医疗等①。

2021年5月，韩国政府着手将绿色增长委员会、国家气候和空气质量委员会、治霾专项对策委员会等机构整合为总统直属机构2050碳中和绿色增长委员会，负责全面统筹、审议和推进社会各领域应对气候变化及碳中和政策，并于2021年6月，以气候变化与碳中和为核心，对韩国环境部进行组织机构改编，成立气候变化与碳中和政策室。

2022年10月，韩国政府发布《碳中和绿色增长促进战略》，确定碳中和绿色增长十二项任务，该战略及此前的立法以及此后陆续出台的《2030年甲烷减排路线图》《国家碳中和绿色增长基本计划》成为韩国碳中和战略顶层设计的重要政策。《碳中和绿色增长促进战略》以负责任、有序转型和创新主导三大政策方向为指导，制定四大战略和十二项任务②。具体如下。

---

① International Energy Agency. 2021. Korean new deal–digital new deal，green new deal and stronger safety net. https：//www. iea. org/policies/11514-korean-new-deal-digital-new-deal-green-new-deal-and-stronger-safety-net［2024-08-20］.

② 기후전략과. 2022. 윤 정부, 탄소중립·녹색성장 비전과 추진전략 발표. http://me. go. kr/home/web/board/read. do？ pagerOffset＝10&maxPageItems＝10&maxIndexPages＝10&searchKey＝&searchValue＝&menuId＝286&orgCd＝&boardId＝1556310&boardMasterId＝1&boardCategoryId＝&decorator＝［2024-08-20］.

（1）通过具体有效的方式减少温室气体排放，实现负责任生产和消费——协调核能和可再生能源向低碳产业结构和循环经济转变、由国土低碳化向低碳社会转变。

（2）实现非政府引领的碳中和绿色增长创新——加快科学技术创新和规制改善、培育核心产业引领全球市场、构建碳中和友好型财政金融方案并扩大投资。

（3）通过全社会合作，共同实现碳中和——全民践行节约低碳理念、制定区域主导的碳中和战略、实现公平公正转型。

（4）构建适应气候危机和引领国际社会的主动型碳中和体系——加强适应主体合作、引领国际社会履行碳中和承诺、建立针对所有任务的全流程管理体系。

2023年4月，直属韩国总统的2050碳中和绿色增长委员会和国务会议分别审议通过了韩国首个国家碳中和绿色增长基本计划方案。该计划涉及韩国政府应对全球气候危机的对策、推动可持续增长的相关举措。在未来20年内，每5年制定一次计划。

该基本计划是地方政府具体行动和国家长期战略的总体规划，包括电力供应规划、土地开发规划和资源流通规划。该基本计划主要由三部分构成：①净零社会转型的国家战略和愿景；②碳减排目标；③建立健全碳中和路线图实施体系的相关政策。

关于净零社会转型国家愿景和战略，该愿景和战略以有效化和可量化减少温室气体排放理念为中心，以私营部门创新为主导，目的是获得韩国民众对碳中和过渡必要性的支持和同情，并在碳中和竞争中成为世界领先国家。此部分设定了四项国家战略目标，即：①高效碳中和；②民间主导创新型碳中和绿色增长；③共同合作的碳中和；④适应气候和引领国际社会的主动碳中和。

关于碳减排目标和政策，韩国政府致力于实现2030年国家温室气体排放相较2018年减少40%的目标，同时放宽工业领域减排目标，收紧能源转型和海外减排领域减排目标。为实现这一目标，韩国2030年核电比例将扩大到32.4%以上（2021年为27.4%），可再生能源比例将增加到21.6%以上（2021年为7.5%）。此外，政府将完善碳排放权交易机制，从而激励企业、个人减排，并逐步提高碳排放权拍卖比例。到2030年，通过购买补贴和强化排放标准，将供应420万辆电动汽车和30万辆氢燃料汽车。政府也将提高垃圾减少量目标，生活垃圾减少量目标从减少56.7%增加到减少64%，工业垃圾减少量目标从减少84.4%增加到减少92.5%，并引入资源效率评价制度，从而推动废物减量，促进资源循环。韩国政府提出，制定海外减排项目具体方针，与海外减排项目主要意向国签订协议，从而实现到 2030 年减少 3750 万 t 海外温室气体排放的目标。

关于碳中和路线图，该基本计划包含碳中和技术创新路线图，涉及 100 项具有韩国特色的关键碳中和技术以及一项全面战略，提倡加强公私机构伙伴合作关系，推动气候技术发展。路线图还提出，要大力推动低碳材料、新型可充电电池、新型半导体等新兴绿色产业的发展。因此，基本计划预计将推动碳中和产业和绿色产业融资，鼓励发现更多企业尚存的环境问题，对非债券金融产品采用绿色分类制度，并通过"监管沙箱"、负面监管、减少分区监管和一站式许可服务等措施消除监管障碍。

此外，该计划还提出诸多政策举措，如为受碳中和转型影响的企业和这些企业的员工建立支持体系、加强基础设施建设并先发制人应对异常气候变化、建立由地方政府和社会主导自下而上的碳中和绿色增长体系、培养碳中和领域的青年人才，以及增强公众意识并加强与他国的双边、多边合作。

为实现 2030 年温室气体减排目标和 2050 年碳中和目标，该计划制定了十大中长期温室气体减排政策，具体如下。

（1）传统能源转型过渡：煤炭、核电和可再生能源脱碳组合（降低煤炭比例，提升核电和可再生能源比例）、可再生能源基础设施建设（电网、储能系统）、信息与通信技术（ICT）应用提升效率。

（2）工业：通过技术创新基金、扩大补贴贷款支持减排技术，提升排放效率标准和推进有偿分配。

（3）建筑：利用零能耗建筑、绿色改造提升性能，利用评价管理和性能公开提升效率。

（4）交通：普及电动汽车、氢能汽车。

（5）农畜水产行业：低碳农业结构转型（智能农场、低甲烷饲料）、低碳渔船和渔业设施。

（6）废弃物处理：降低废弃物排放量，促进循环利用和高附加值回收。

（7）生态碳汇：提高森林负碳能力、加强沿海湿地、城市森林碳汇。

（8）氢能：开发基于水电解的制氢核心技术，建立和扩大地方氢能集群、城市生态系统。

（9）碳捕集、利用与封存（CCUS）：颁布 CCUS 法案，促进关键技术研发。

（10）国际减排：建立商业准则、签署协议巩固实施基础，开发减排投资和采购项目。

第三节　韩国碳中和政策部署与实施路径

一、地方政府积极发布碳中和相关规划

2021 年 5 月，韩国所有地方自治团体（17 个市、道和 226 个基础城市）承诺 2050 年实现碳中和，并陆续制定温室气体减排和应对气候变化措施。其中，江原道和光州市分别于 2040 年[①]和 2045 年[②]宣布提前实现碳中和目标，光州市计划通过支持入驻企业 100% 利用可再生能源，建立能源自给城市。能源、工业、运输、建筑、山林等领域均发表 2050 年实现碳中和的共同声明。其中，能源领域明确提出禁止新建燃煤电厂，重点发展氢能、太阳能等可再生能源及碳捕集技术，发电及金融企业均宣布中止"海外煤炭火力发电"新项目的投资；工业领域提出将推进和完成氢还原炼铁等国际先进技术的研发和商业化；交通领域大力推进公共部门无公害汽车（电动汽车和氢能源汽车）义务性购买制度，并将加大投资开发利用氢、氨等环保燃料的碳中和环保型船舶；山林领域提出在未来 30 年新增树木 30 亿棵。

二、制定蓝碳发展战略以实现海洋碳中和

2023 年 5 月，韩国海洋水产部发布《蓝碳发展战略》（蓝碳：指海洋生态系统中的碳汇，包括芦苇、七面草等咸水植物，以及滩涂和海草等），旨在利用海洋生态系统实现韩国 2030 年国家自主贡献目标及 2050 年碳中和目标。《蓝碳发展战略》的主要目标是推动蓝碳的碳汇储量在 2030 年达到 106.6 万 t，在 2050

---

① UN Environment Programme. 2021. Gangwon aims to go carbon neutral by 2040. https：//www. koreahera ld. com/view. php？ ud＝20210819001011#：~：text＝Gangwon％20Province％20will％20achieve％20carbon［2024-08-20］.

② Smart City Korea. 2020. Realization of the '2045 Carbon Neutral Energy Independent City of Gwangju' in earnest，"We will overcome the climate crisis with 'Gwangju-type AI-Green New Deal'". https：//smartcity. go. kr/en/2020/08/19/2045-％ED％83％84％EC％86％8C％EC％A4％91％EB％A6％BD-％EC％97％90％EB％84％88％EC％A7％80-％EC％9E％90％EB％A6％BD％EB％8F％84％EC％8B％9C-％EA％B4％91％EC％A3％BC-％EC％8B％A4％ED％98％84-％EB％B3％B8％EA％B2％A9％ED％99％94-％EA％B8％B0/#：~：text＝The％20city％20of％20Gwangju％20is％20planning％20to［2024-08-20］.

年达到 136.2 万 t[①]。为实现这一目标，韩国海洋水产部将从以下方面开展工作。

加强海洋的碳汇能力和应对气候灾害能力。增加咸水植物和海草等的蓝碳，同时开发并保护无植被覆盖的滩涂和海藻等新的蓝碳。韩国将通过种植咸水植物和打造水下森林，使咸水植物的覆盖面积在 2050 年达到 $660km^2$、海草和海藻的覆盖面积在 2030 年达到 $540km^2$，比现有面积增加 85%。

建立新的蓝碳认证机制并长期推进。韩国正研究将无植被覆盖的滩涂纳入联合国政府间气候变化专门委员会的统计，并将在各个海域建立蓝碳研究中心，建设基础设施，提升数据质量。

扩大民间、地区和国际合作等，实现多方参与。韩国将通过开展双边和多边合作、利用国际基金、扩大政府开发援助（ODA）等国际减排力量，为实现国际减排目标作出贡献，并为民间、渔业工作者、地方政府等多元主体的参与奠定制度基础。

三、逐步完善全国统一碳交易市场

高度依赖化石能源进口的韩国是东亚第一个开启全国统一碳交易市场的国家。在全球范围内，韩国是行业及温室气体覆盖范围广泛的典型碳市场代表。在行业覆盖范围方面，将电力、工业、建筑、交通、国内航空以及废弃物行业纳入需履约行业；在温室气体覆盖范围方面，将 CO_2、CH_4、N_2O、PFCs、HFCs、SF_6 六大温室气体排放涵盖在内。得益于较为全面的行业和温室气体种类覆盖范围，韩国碳市场所覆盖的排放占本国总排放的 74%；然而从减排效果来看，其实际情况并不理想。

相对宽松的碳市场机制是韩国减排效果未能达到预期的主要原因。在韩国碳市场建立之初，对气候政策有话语权的政府组织倾向于采取行政管理手段而非碳交易机制来达到控排效果，而与政府组织联系紧密的代表性商业组织（如钢铁企业）并不支持气候相关政策的出台。在各方利益平衡下，具有较宽松的碳交易额度和可商议的企业减排目标的韩国碳市场由此形成。

韩国于 2015 年启动了全国性碳排放权交易市场，碳市场交易分为三个阶段进行（表 8-1）。2021 年，碳市场已正式进入第三阶段，73.5% 的温室气体排放纳入碳排放权交易，涵盖 69 个行业。市场配额方式逐渐从全面免费配额到以免费分配为主、有偿拍卖为辅的方式，配额方法从以历史法（又称为"祖父法"，简称 GF）为主逐渐转变为以基准线法（又称为"标杆法"，简称 BM）

① 연합뉴스.2023."해양생태계 탄소흡수 2050 년까지 136 만"…' 블루카본 추진전략'.https://www.yna.co.kr/view/AKR20230531139700003? input=1195m[2024-08-20].

为主。灵活的履约方式赋予参与碳市场的企业更大的选择弹性,允许企业使用韩国核证减排量(KCU)和国际减排项目来抵消排放。为实现碳中和目标,碳排放权交易中引进证券公司,并逐渐向个人投资者和投资公司开放市场,以更加多样化的市场主体解决交易主体少、交易时间过度集中造成的价格波动大等问题。

表 8-1   韩国碳交易市场发展阶段

项目	第一阶段	第二阶段	第三阶段
	2015~2017 年	2018~2020 年	2021~2025 年
初期配额总量/$MtCO_2e$	540.1	601	589.3
配额分配递减速率/%	-4.12(未包含政府为稳定市场预留的碳配额)	4.7	0.96
配额分配方法	免费分配历史法(大部分)	免费分配+3%拍卖历史法+标杆法	免费分配+10%拍卖历史法+标杆法
行业范围	电力、工业、建筑、国内航空、废弃物	新增公共部门	新增国内交通

韩国碳交易市场第三阶段(当前阶段)的主要特征如下所示。

(1)配额分配方式发生变化,拍卖比例从第二阶段的3%提高到10%,同时标杆法的覆盖行业范围有所增加。

(2)在第二阶段实施的做市商制度基础上,进一步允许金融机构参与抵消机制市场的碳交易,企图进一步扩大碳交易市场的流动性,同时也将期货等衍生产品引入碳交易市场。

(3)行业范围上扩大到国内大型交通运输企业。

(4)允许控排企业通过抵消机制抵扣的碳排放上限从10%降低到5%。

韩国碳交易市场有着完备的碳市场法律体系、多样化的市场稳定机制,但由于碳市场建立时间较短,故存在碳市场机制设置相对宽松、市场流动性不高等问题。韩国的碳市场法律体系由《低碳绿色增长基本法》(2010 年)、《温室气体排放配额分配与交易法》(2012 年)、《碳汇管理和改进法》及其实施条令(2013 年)、《碳排放配额国家分配计划》(2014 年)等构成,保障了韩国碳排放权交易体系的顺利运行。

韩国碳交易市场采取了多种市场稳定机制稳定碳价,韩国碳交易市场的价格一直处于较高区间内波动。主要采取的措施如下。

1）拍卖最低价限制

碳排放额的拍卖最低价与前三个月的平均价格以及上个月的平均价格等因素相关。

2）设置分配委员会

在特定情况下，分配委员会进行公开市场操作调整价格，如增加配额发放（最高可增加25%），设置碳配额储备最高与最低比例，增加或减少未来碳配额提前使用的比例，调整最高抵销比例，临时设置价格上限或下限等。

3）允许配额跨期储存和预借

某个时段内剩余配额储备在一定条件下可留到未来时段使用，允许时段内不同时期碳配额的提前使用，但对数量有限制。

韩国虽然2010年就发布了碳交易法，但正式开市是在2015年，中间主要是因为大型企业的反对，政府被迫往后延了几年。在碳市场开市后，2015～2020年碳排放配额维持在一个单边上涨的状态，最高达到了35美元/t左右。但到了2020年，也就是疫情开始后，价格便掉头向下了。其主要原因中，经济是一方面，另一个是很多行业的配额分配方式是历史法，历史法分配不会因产量降低而减少配额。所以这段时期盈余了大量配额导致价格大跌。

从2022年碳价来看，波动下跌是韩国碳价的主要趋势，从年初的3.2万韩元/t（24.05美元/t）跌至1.32万韩元/t（9.92美元/t），跌幅高达59%。在2022年3月和6月，韩国碳市场分别经历了两次大幅下跌，6月14日，2022年最低碳价出现，一度跌至1.21万韩元/t（约为9.09美元/t）。虽然2022年整体波动剧烈，但考虑到年底宣布收紧的气候目标，韩国碳市场碳价预计长期仍会呈现上涨趋势。

为了提振市场信心，韩国于2023年出台了政策，宣布2023年以前的配额将在不久后失效。该政策出台后韩国碳价迅速反弹，2023年平均碳价接近40美元/t。

四、积极参与国际合作

在第26届联合国气候变化大会（COP26）上，韩国加入《格拉斯哥突破议程》《关于森林和土地利用的格拉斯哥领导人宣言》和美欧发起的《全球甲烷承诺》，签署《全球煤炭向清洁能源转型声明》，承诺逐步淘汰煤电。此外，韩国在建成"绿色气候基金秘书处"和"全球绿色增长研究所（GGGI）"的基础上，陆续成为联合国气候技术中心与网络（CTCN）咨询委员会成员、巴黎协定履行和遵约委员会委员、清洁发展机制执行理事会委员，加入全球适应委员会（GCA），并计划为2022年在韩国成立的CTCN合作与联络办公室提供1000万美元资金支持①。

针对欧盟正式发布的碳边境调节机制的立法草案，韩国制定相关应对方案，并通过与欧盟等组织和其他国家进行对话，表明立场，争取本国利益，始终强调该机制的设计和运行应符合世界贸易组织规范，不应使这一制度成为贸易壁垒。

韩国目前已与欧盟、英国、印度尼西亚等国家和地区就碳中和、清洁能源等主题签署了战略合作协议。

2023 年 5 月，韩国和欧盟签署绿色伙伴关系协议，旨在加强气候行动、能源转型、环境保护和其他绿色转型领域的双边合作②。

2023 年 11 月，韩国和英国达成清洁能源合作伙伴关系，以扩大两国在核能、海上风电、氢能等无碳能源领域，以及低碳技术、国内气候政策等方面的合作。通过该伙伴关系，两国将扩大无碳能源倡议共识，加强清洁能源技术合作，同时开启年度高层对话作为双方沟通渠道③。

同月，韩国贸易、工业和能源部与印度尼西亚能源与矿产资源部在印度尼西亚雅加达举行了第 14 届韩国-印度尼西亚能源论坛，宣布未来将加强在关键矿产供应链以及氢能、核能、CCS 等方面的合作。启动韩国-印度尼西亚关键矿物联合研究中心，共同研究用于二次电池的高纯度镍生产工艺和废电池回收技术④。

第四节　韩国碳中和科技创新行动

一、确定面向碳中和的 10 项新兴技术

2022 年 6 月，韩国科技评估与规划研究院以碳中和为目标，确定 10 项新兴技术，助力实现 2030 年韩国国家自主贡献目标。具体技术包括：碳捕集与利用、

---

① UNEP. 2021. UN Climate Technology Centre and Network launches Partnership and Liaison Office in Korea. https：//www. unep. org/news-and-stories/press-release/un-climate-technology-centre-and-network-launches-partnership-and#：~：text＝The％20Climate％20Technology％20Centre％20and［2024-08-20］.

② European Commission. 2023. European Green Deal：EU and Republic of Korea launch Green Partnership to deepen cooperation on climate action, clean energy and environmental protection. https：//ec. europa. eu/commission/presscorner/detail/en/ip_23_2816［2024-08-20］.

③ Department for Energy Security and Net Zero and The Rt Hon Claire Coutinho MP. 2023. New UK and Republic of Korea clean energy partnership to accelerate net zero transition. https：//www. gov. uk/government/news/new-uk-and-republic-of-korea-clean-energy-partnership-to-accelerate-net-zero-transition［2024-08-20］.

④ Ministry of Trade, Industry and Energy. 2023. Korea and Indonesia discuss measures to strengthen cooperation across all energy areas. https：//english. motie. go. kr/eng/article/EATCLdfa319ada/1570/view［2024-08-20］.

生物基原材料/产品制造技术、钢铁低碳生产、高容量和长寿命二次电池、清洁制氢、氨燃料发电、电网集成系统、高效晶体硅太阳能电池、大型海上风电系统、稀土元素回收。

其中，利用碳捕集与利用技术，实现 2030 年捕集 100 万 t 煤燃烧后排放的 CO_2，燃料转化率达到 30%，将 10 万 tCO_2通过矿化制成建筑材料；在钢铁低碳生产中，到 2030 年完成高炉用碳基燃料和原料的替代技术、转炉中大量使用废钢技术的完全开发和示范，到 2040 年实现商业化应用[1]。

二、制定碳中和技术创新战略与相关路线图

2022 年 10 月，韩国政府正式成立 2050 碳中和绿色增长委员会，在发布《碳中和绿色增长促进战略》的同时，还发布了《碳中和绿色增长技术创新战略》，涉及碳中和百项核心技术，以构建碳中和研发全周期体系为重点，精准定位碳中和核心技术。百项核心技术主要包括能源领域的太阳能、小型模块化反应堆等29 项技术，重点产业中的燃料原料替代、CCUS 等 48 项技术，建筑环境领域的效率提升、减少废弃物等 14 项技术，以及交通领域的新一代电池、提高发动机效率等 9 项技术。

2022 年 11 月底，韩国科学技术信息通信部举行第 5 次碳中和技术特别委员会会议，审议通过《碳中和技术创新战略路线图》[2]。据路线图，韩国政府将在国内新设世界最大规模的二氧化碳储存库，加大氢能供给，并扩大零排放燃料的使用占比。

该路线为同年 10 月成立 2050 碳中和绿色增长委员会时发布的《碳中和绿色增长促进战略》的后续措施。据该路线图，韩国政府将在韩国国内新设世界最大规模的二氧化碳储存库，加大氢能供给，并扩大零排放燃料的使用占比。

在 CCUS 方面，韩国政府将在东海气田实施综合实证项目，争取二氧化碳全年储存量截至 2030 年和 2050 年分别达 400 万 t 和 1500 万 t。

在氢能生产与供给方面，韩国政府将为研发大量储存、远程气体运输等技术提供支持，力争实现生产与供给氢能 2030 年达 194 万 t、2050 年达 2970 万 t 的目标。为此，政府将在 2025 年评选最佳的绿氢生产模式，到 2028 年完成对该模

---

① Korea Institute of S&T Evaluation and Planning. 2022. KISTEP 10 Emerging Technologies 2022. https://www. kistep. re. kr/board. es？ mid＝a20401000000&bid＝0046&act＝view&list_no＝42744［2024-08-20］.

② 기후전략과. 2022. 윤 정부, 탄소중립·녹색성장 비전과 추진전략 발표. http://me. go. kr/home/web/board/read. do？ pagerOffset＝10&maxPageItems＝10&maxIndexPages＝10&searchKey＝&searchValue＝&menuId＝286&orgCd＝&boardId＝1556310&boardMasterId＝1&boardCategoryId＝&decorator＝［2024-08-20］.

式商用化的实证工作。

在能源结构转型方面，韩国政府将争取到 2030 年将氨混烧发电在总发电中占比提升至 3.6%，到 2050 年将利用氢能的零排放燃气涡轮占比提升至 21.5%，同时在煤炭发电中将氨气的占比从 2027 年的 20% 逐步增至 2030 年的 50%。

在氢能汽车方面，韩国政府争取到 2030 年推广 450 万辆氢能汽车，为此对下一代汽车进行实证，同时研发防止电池火灾的技术。

三、面向工业部门碳中和的技术研究与创新推进战略

2023 年 2 月，韩国产业通商资源部发布《工业部门碳中和技术研究与创新推进战略》[①]，聚焦钢铁、水泥、化工、半导体四大高碳行业，通过加快技术研发、加大投资力度、完善制度等举措，推动产业结构绿色转型。具体内容如下。

（1）在原料燃料替代、效率提高、资源循环利用等方向，开发适合各行业的最佳减排技术。

（2）针对氢还原、电加热、水泥复合材料、电子特种气体等技术，加强应用试验。

（3）构建以成果传播为目的的针对性推进体系，并减轻企业技术研发的负担。

（4）加强核心技术研发的国际合作。

（5）扩大工业领域碳中和技术投资税收抵免的范围。

（6）通过政策性金融、专项融资和科技基金等手段加大投资。

（7）改善监管制度，实现法规和技术的匹配。

（8）通过制定百项碳中和技术国家标准，加快推动碳中和技术标准的国际化。

四、发展碳中和相关的多学科交叉的新型融合项目

2023 年 7 月，韩国国家科学技术研究会宣布，将启动四个新型融合研究项目，旨在推动碳中和等目标的实现，保障韩国尖端移动设备、人工智能、尖端机

---

① The Ministry of Trade, Industry and Energy. 2023. S Korea banks on technology in industrial net zero plan. https://www.argusmedia.com/en/news- and- insights/latest- market- news/2423778- s- korea- banks- on-technology-in-industrial-net-zero-plan[2024-08-20].

器人等国家战略的稳步推进①。研究项目将以日暮型研究组织的形式运营，包括三个未来先导型课题和一个实用型课题，分别由 30~40 名研究人员展开研究。

四个新型融合研究项目如下所示。

（1）未来空中交通结构可回收材料及部件轻量化平台搭建融合项目。该项目旨在开发用于制造比金属更轻、硬度更高、可回收再利用的材料及部件的原创技术，由韩国国家科学技术研究会牵头，19 家产学研机构参与，将在 6 年内投资 434 亿韩元。

（2）超实感元宇宙触觉标准和高保真集成触觉反馈系统开发融合项目。该项目旨在基于触觉标准，开发具有触觉设备和软件的触觉反馈系统，打造更具真实感和沉浸感的元宇宙，由韩国标准科学研究院牵头，韩国电子通信研究院等 10 家机构参与，将在 6 年内投资 390 亿韩元。

（3）提高不稳定可再生能源利用度的多单元耦合核心技术开发融合项目。该项目旨在保证电力转换技术和大容量、长周期储能技术的发展，以此推动开发能源综合管理"多单元耦合"技术，将剩余电力转换并储存为热能和天然气等。该项目将在济州岛进行，由韩国能源技术研究院牵头，17 所大学参与，将在 6 年内投资 463 亿韩元。

（4）基于大数据的生态露天果树自主监测系统和防治平台搭建融合项目。该项目旨在开发露天果树服务平台，通过自动化农机随时监测病虫害，同时提供基于大数据的病虫害预测，由韩国机械材料研究院牵头，13 家机构参与，将在 3 年内投资 200 亿韩元。

第五节　韩国碳中和战略行动主要特点

韩国碳中和战略的制定与技术路线的布局覆盖全面，体现了国家层面的全面规划，地方支持以及与国际碳中和相关行动的互动；不仅在能源转型、碳捕集等热门领域进行了布局，还在海洋碳中和（即蓝碳）等特色领域，以及人工智能、尖端机器人等与碳中和融合互动的相关领域进行了布局。韩国碳中和战略行动的特征可归纳如下。

一、强力的顶层设计与战略规划

韩国在实现碳中和目标的过程中，展现了明显的顶层设计特征。从早期的

---

① 국가과학기술연구회 . 2023. 탄소중립·AI국가전략기술 확보 올인 . https://www.dt.co.kr/contents. html? article_no=20230703021099931731003&ref=naver[2024-08-20].

《新能源和可再生能源技术发展基本纲要》到《国家能源基本计划》，再到《低碳绿色增长基本法》，韩国政府通过一系列政策文件，明确了能源结构调整、绿色产业发展和温室气体减排的具体目标和路径。这种自上而下的战略规划，不仅体现了政府对气候变化问题的高度重视，也为各行业提供了清晰的发展方向和政策支持。

二、多领域协同推进

韩国的碳中和战略行动不局限于单一领域，而是涵盖了能源、工业、建筑、交通、农业等多个领域。例如，在能源领域，韩国计划通过发展风能、太阳能等可再生能源，降低对化石能源的依赖；在工业领域，推动氢还原炼铁等低碳技术的研发和应用；在交通领域，推广电动汽车和氢燃料汽车的使用。这种跨领域的协同推进，有助于形成减排的合力，提高整体的减排效率。

三、科技创新与产业转型的融合

科技创新是韩国碳中和战略的核心。韩国政府通过确定面向碳中和的新兴技术，如碳捕集与利用、清洁制氢、高效太阳能电池等，推动了相关技术的研发和应用。同时，韩国还注重产业结构的绿色转型，通过培育绿色技术产业，如可再生能源产业、低碳能源产业等，促进经济的可持续发展。这种以科技创新为驱动、以产业转型为支撑的战略，有助于韩国在全球低碳经济中占据有利地位。

四、国际合作与区域联动

韩国在推进碳中和战略的同时，积极参与国际合作，与其他国家和国际组织建立了战略合作关系。例如，韩国与欧盟、英国、印度尼西亚等国家和地区签署了关于碳中和与清洁能源的合作协议，通过双边和多边合作，共享减排技术和经验，共同应对气候变化挑战。此外，韩国还通过参与联合国气候变化大会等国际会议，表达其减排承诺和立场，展现了其在全球气候治理中的积极作用。

五、法律保障碳交易市场机制平稳运行

韩国通过立法手段为碳中和战略提供了法律保障。例如，《低碳绿色增长基

本法》《应对气候危机碳中和绿色增长基本法》等法律文件，明确了减排目标和政策措施，为实现碳中和提供了法律依据。同时，韩国还建立了碳排放权交易制度，通过市场机制激励企业和个人参与减排。这种法律与市场相结合的机制，有助于提高减排政策的执行力和效率。

六、公众参与社会动员

韩国的碳中和战略行动强调全社会的参与和动员。政府通过增强公众意识、培养青年人才等措施，鼓励民众参与到减排行动中来。例如，通过产品碳标签制度，让消费者了解产品的碳足迹，引导绿色消费；通过建立碳中和城市联盟等机制，促进地方政府和社会力量的参与。这种公众参与和社会动员，有助于形成全社会共同推进碳中和的良好氛围。

七、长期规划与动态调整的有机结合

韩国的碳中和战略具有明显的长期性和动态性。政府不仅制定了中长期的减排目标，如《2050碳中和战略》《2030年国家温室气体减排路线图》，还根据国际形势和国内实际情况，不断调整和优化减排策略。例如，韩国在2019年和2021年分别修订了减排路线图，上调了2030年的减排目标。这种长期规划与动态调整相结合的策略，有助于韩国灵活应对气候变化带来的挑战。

八、绿色金融与投资支持

为了支持碳中和战略的实施，韩国政府积极推动绿色金融的发展。通过制定财政金融方案、扩大投资、提供税收抵免等措施，鼓励金融机构和企业投资绿色产业和减排项目。这种绿色金融与投资支持，为碳中和战略的实施提供了资金保障，有助于加速绿色技术和产业的发展。

综上所述，韩国的碳中和战略行动体现了顶层设计与战略规划的系统性、多领域协同推进的全面性、科技创新与产业转型的前瞻性、国际合作与区域联动的开放性、法律保障与市场机制的规范性、公众参与与社会动员的广泛性、长期规划与动态调整的灵活性以及绿色金融与投资支持的实效性。这些特征共同构成了韩国碳中和战略行动的框架，为其实现气候变化应对和可持续发展目标提供了坚实的基础。

| 第九章 |　澳大利亚碳中和战略与实施路径

第一节　引　言

一、澳大利亚的能源结构

澳大利亚是一个由六个州（新南威尔士州、昆士兰州、南澳大利亚州、塔斯马尼亚州、维多利亚州和西澳大利亚州）与两个大陆领地（澳大利亚首都领地和北领地）共同构成的联邦国家。该国大部分国土位于中低纬度地区，能源结构和我国颇为相似相近，均以煤炭为主要的一次能源，是世界第四大煤炭生产国，产量仅次于中国、印度和美国，煤炭占其能源供应的31.6%①。

从历史上看，天然气与石油在澳大利亚能源供应中的比例日益提升，而煤炭的供能地位则有所削弱。如图9-1所示，2021年，化石燃料占澳大利亚能源供应总量的92%，其中石油约占三分之一，煤炭与天然气则分别占据了约32%与28%的份额。2015年以来，石油供能份额一直稳定在34%左右，但煤炭的供能份额在2020年却降至了30%的历史低点，天然气的份额则相应增长至29%②。

随着太阳能与风能等可再生能源的迅猛发展，澳大利亚能源供应中的可再生能源份额也在持续增长。2021年，太阳能与风能合计占据了能源供应总量的3.8%，生物能源与废弃物产能约占4%，水利能源则占据了1%的份额。

---

① International Energy Agency. 2023. Australia 2023：Energy Policy Review. https://www.iea.org/events/australia-2023-energy-policy-review[2023-04-19].

② International Energy Agency. 2023. Energy system of Australia. https://www.iea.org/countries/australia[2023-04-19].

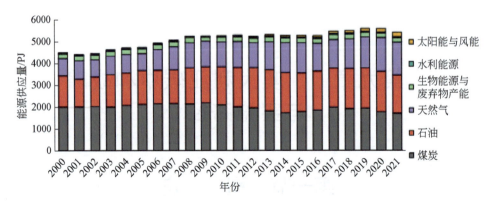

图 9-1　2000～2021 年澳大利亚能源供应结构

二、澳大利亚碳排放情况

由于化石燃料在澳大利亚总能源供应体系中的主导地位，澳大利亚亦是全球人均能源消耗量和温室气体排放量最高的国家之一，碳减排形势严峻。2000～2021 年，澳大利亚的温室气体排放量（与能源消耗相关）保持相对稳定，波动范围在 3.38 亿～3.93 亿 tCO_2e（图 9-2）。在此期间，煤炭贡献了澳大利亚近一半的温室气体排放，占比高达 44%。由于运输部门能源消耗的增长，石油的温室气体排放量持续攀升，从 2010 年的 1.22 亿 tCO_2e 跃升至 2019 年的 1.39 亿 tCO_2e。然而，在新冠疫情导致的交通受限背景下，2021 年的石油温室气体排放量回落至约 1.3 亿 tCO_2e。另外，天然气在发电领域的重要性明显提升，2010～2021 年，天然气使用的二氧化碳排放量增加了超过 30%。2021 年，天然气排放的温室气体量已达 0.75 万 tCO_2e。

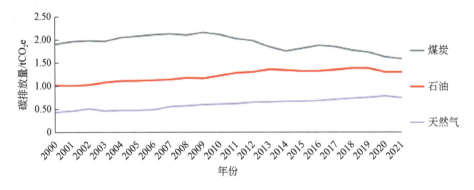

图 9-2　澳大利亚主要能源的碳排放量

澳大利亚与能源相关的温室气体排放量总体保持平稳态势。如图 9-3 所示，尽管碳排放在 2000～2021 年存在波动，但整体排放量并未出现显著增长。具体而言，2017 年澳大利亚排放了 3.93 亿 tCO_2e，相较于 2000 年的 3.38 亿 tCO_2e，排放量有所上升，但增长幅度较为有限。在各类排放源中，电力部门的碳排放份额最大，达到了 47%，这表明电力生产是澳大利亚温室气体排放的主要来源。其次是交通运输部门，占比 25%，工业部门和建筑部门则分别占比 24% 和 4%。这一比例分布反映了澳大利亚能源消费结构的特点，以及不同部门在节能减排方面所面临的挑战。据 Our World in Data 数据库，自 2017 年开始，澳大利亚的人均碳排放量已开始逐步下降，至 2022 年已降低至约 15t/人，这一水平与 1989 年大致相当[1]。

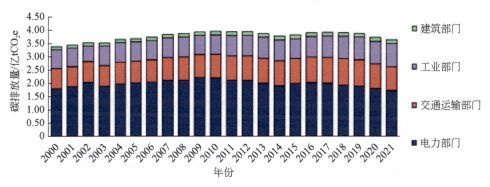

图 9-3　澳大利亚各主要产业部门的碳排放量

本章基于澳大利亚碳排放现状，梳理了澳大利亚推进碳中和目标的战略政策和脱碳行动，分析了澳大利亚碳中和科技创新行动，总结了澳大利亚碳中和战略行动主要特点，以期为我国碳中和实现路径提供参考。

第二节　澳大利亚碳中和战略顶层设计

一、碳中和目标

2019 年澳大利亚政府发布《气候解决方案》《气候变化行动战略》，标志着

① Our World in Data. 2023. Global emissions have increased rapidly over the last 50 years and have not yet peaked. https://ourworldindata. org/co2-and-greenhouse-gas-emissions? insight = global-emissions-have-increased-rapidly-over-the-last-50-years-and-have-not-yet-peaked#key-insights[2023-12-12].

该国正式开启了全面应对气候变化的新时期。澳大利亚政府强调，将以技术创新为引擎，引领低碳发展的战略潮流。通过加大对低碳技术的投资力度、制定严格的低碳排放政策法规，并加强国际合作，尽快实现澳大利亚的净零排放目标。2022年9月，澳大利亚正式通过《气候变化法案2022》，该法案确立了明确的减排目标：至2030年，将温室气体排放量较2005年基准削减至少43%，并致力于在2050年前实现净零排放。此法案不仅设定了国家层面的总体目标，还细化了各州与地区的净零排放目标及能源与气候领域的具体指标。澳大利亚政府除了提出要追上其他发达经济体承诺的减排步伐，与《巴黎协定》目标相一致，还尤为重视消费者权益的保障、能源市场的深化改革、技术的持续创新，以及为澳大利亚制造业创造更多就业机会，旨在确保能源转型的公正性与包容性。

二、碳中和政策框架

2022年9月30日，澳大利亚成立能源和气候变化部长理事会（ECMC），旨在推动国家能源转型伙伴关系协议[1]，这项于2022年8月达成的综合国家能源和排放协议涉及能源、气候变化和适应性优先事项。在战略制定层面，澳大利亚ECMC持续推动协调国家电力市场和东海岸天然气市场的能源市场改革，并推动制定了《国家电力法》《国家（南澳大利亚）天然气法（修正案）》《国家能源零售规定》等法案。

在战略与法律的执行层面，各个政府部门有着不同的分工（图9-4）。

工业、科学和资源部（Department of Industry，Science and Resources，DISR）管理着包括上游（石油/天然气/煤炭）资源、建筑以及弹性供应链在内的广泛自然资源。该部门还指导澳大利亚建筑规范委员会和科学咨询机构。澳大利亚联邦科学与工业研究组织（Commonwealth Scientific and Industrial Research Organization，CSIRO）也是该部门下属的国家科学研究机构。

国家海洋石油所有权管理局（National Offshore Petroleum Titles Administrator，NOPTA）负责管理联邦水域的石油和温室气体封存活动。国家海洋石油安全与环境管理局（National Offshore Petroleum Safety and Environmental Management Authority，NOPSEMA）是国家监管机构，负责管理监督海上可再生能源行业的基础设施。

---

[1] Department of Climate Change，Energy，the Environment and Water. 2022. National Energy Transformation Partnership. https://www.dcceew.gov.au/energy/strategies- and- frameworks/national- energy- transformation-partnership[2022-09-30].

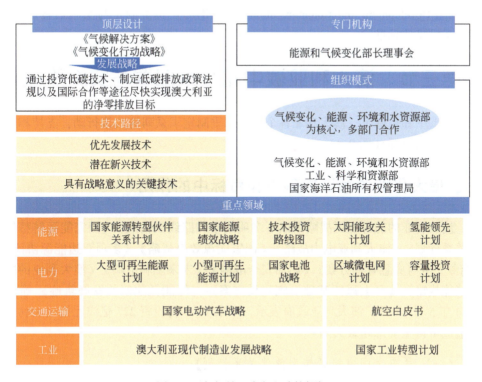

图 9-4　澳大利亚碳中和政策框架

　　气候变化、能源、环境和水资源部（Department of Climate Change, Energy, the Environment and Water, DCCEW）负责天然气、电力、能源效率、气候变化政策和监管（包括能源安全）以及净零技术创新。该部门直接参与国际能源和气候政策，其下属机构包括澳大利亚可再生能源局（Australian Renewable Energy Agency, ARENA）、清洁能源金融公司（Clean Energy Finance Corporation, CEFC）、清洁能源监管机构（Clean Energy Regulator, CER）、气候变化管理局（Climate Change Authority, CCA）和清洁能源金融公司（Clean Energy Finance Corporation, CEFC）等国家清洁能源研发与投资机构。其中，澳大利亚可再生能源局是澳大利亚联邦政府的一个独立机构，自 2012 年创立以来，始终致力于引领澳大利亚可再生能源技术的创新。其核心使命在于，在政治变革的背景下构建起更加稳固的资金保障体系，从而推动澳大利亚可再生能源的供应规模持续扩大，增加澳大利亚可再生能源的供应和竞争力。

　　外交贸易部（Department of Foreign Affairs and Trade, DFAT）负责国际气候融资政策，负责监督资源和能源部门的投资和贸易。

　　基础设施、交通、区域发展和通信部（Department of Infrastructure, Transport,

Regional Development and Communications，DITRDC）负责制定与实施运输政策，包括车辆排放标准等。

第三节　澳大利亚碳中和政策部署与实施路径

在碳中和目标下，澳大利亚各个国家部委制定了系列的政策行动，支持相关领域碳排放目标（图9-4）。

一、最大化能源领域在碳中和目标中的作用

澳大利亚的能源发展战略由以下多项战略和路线图构成：《国家能源转型伙伴关系计划》《澳大利亚电力战略》《国家能源效率战略》《多项双边能源协议》《能源安全与应急管理方案》《燃油安全战略》《未来燃料战略》《澳大利亚的国家氢能战略》《海上风能基础设施建设方案》《低能耗建筑的发展轨迹》等①。2024年5月14日，澳大利亚政府表示，未来10年将投资227亿澳元把澳大利亚打造成可再生能源超级大国②。

（一）发布《国家能源转型伙伴关系计划》

2022年8月，澳大利亚颁布了《国家能源转型伙伴关系计划》，该计划构建了联邦、州及领地政府所需遵循的短期、中期与长期行动蓝图，旨在最大化能源部门推动国家向净零排放转型过程中的积极作用。该计划是澳大利亚能源转型的纲领性文件，引领着国家能源未来的发展方向。该计划明确将"改造能源系统，确保其与净零排放目标相契合"列为2023年度的核心优先任务之一，具体行动包括改善监管和调度可再生能源、提高国家存储和输电项目的确定性和效率，并加快交付③。

此外，澳大利亚还宣布了其他多项具体的行动计划，涉及全面规划能源生产和储存、预测能源需求演变、协调天然气和电力规划、加强能源安全管理、评估

---

① Department of Climate Change，Energy，the Environment and Water. 2022. Australia's energy strategies and frameworks. https://www. dcceew. gov. au/energy/strategies-and-frameworks#toc_10［2024-12-13］.

② Department of the Prime Minister and Cabinet. 2024. Investing in a future made in Australia. https://www. pm. gov. au/media/investing-future-made-australia90［2024-12-13］.

③ Department of Climate Change，Energy，the Environment and Water. 2022. National Energy Transformation Partnership. https://www. energy. gov. au/energy- and- climate- change- ministerial- council/national- energy-transformation-partnership［2024-12-13］.

能源需求、加快国家重大输电项目建设和加强能源治理架构等①。

（二）推动需求侧减排行动

2023 年 8 月，气候变化、能源、环境和水资源部发布了《国家能源绩效战略》，旨在加速推进需求侧的减排行动，有效缓解能源需求压力，并显著增强能源安全。该战略构建了一个旨在实现 2050 年减排目标的能源效率提升框架。"能源绩效"一词概括了澳大利亚政府能源管理的宏观愿景，涵盖了提升能源效率、负载转移、燃料替代以及行为变革等多个方面。《国家能源绩效战略》为能源绩效的长期发展方向设定了明确的指导方针。

在制定该战略时，澳大利亚政府提出了"协调行动，提高整个经济体的能源绩效"的基本原则，将通过提供税收优惠和财政补贴等措施提高能源绩效，支持减少温室气体排放并转变能源供应系统②。该战略全面考虑了各产业部门的实际行动和能源效率目标，并深入探讨了住宅、商业和工业部门在提高能源绩效方面所扮演的关键角色。主要提出了以下提高能源效率的措施。

（1）制定更为严苛的能效标准与引入标签制度：澳大利亚政府计划实施更为严格的能效标准，并引入相应的标签制度，旨在为消费者提供更便捷的方式去选择更加节能的产品。

（2）支持能效投资：澳大利亚政府将采取一系列激励措施，包括税收优惠及财政补贴，积极促进企业及个人投身于相关投资中；提升能效的相关项目涵盖广泛的领域，诸如建筑节能改造与工业流程优化等。

（3）推广可再生能源：澳大利亚政府将积极推广可再生能源，如太阳能、风能等，以减少对化石燃料的依赖，降低碳排放。

（4）改革电力市场：澳大利亚政府将改革电力市场，从而鼓励可再生能源的发展，减少对化石燃料的依赖。

（5）强化能源教育与提升公众意识：澳大利亚政府将深化能源教育并强化公众对能源问题的认知与重视度。

2024 年 7 月，澳大利亚气候变化、能源、环境和水资源部发布《国家消费能源资源路线图》，其与《国家能源绩效战略》紧密相关，旨在通过具体措施来实现《国家能源绩效战略》战略目标。表 9-1 显示的是优先改革领域及对应的

---

① Department of Climate Change, Energy, the Environment and Water. 2022. National Energy Transformation Partnership. https://www. energy. gov. au/energy- and- climate- change- ministerial- council/national- energy- transformation-partn ership［2024-12-13］.

② Department of Climate Change, Energy, the Environment and Water. 2022. National Energy Performance Strategy. Coordinated action to improve energy performance across the economy. https://www. dcceew. gov. au/sites/default/files/documents/national- energy- performance- strategy. pdf［2024-12-13］.

措施。

表 9-1　澳大利亚能源系统优先改革领域及对应的措施

优先改革领域	《国家能源绩效战略》战略目标	《国家消费能源资源路线图》措施
消费者赋权与参与	提高消费者对能源使用的控制和选择权	提供智能计量和实时数据访问，帮助消费者优化能源使用
技术创新与应用	推动新兴技术的开发和应用，以提高能源效率	支持分布式能源资源（如太阳能电池板和电池存储）的集成和管理
市场机制与激励	通过市场机制促进能源效率的提高	实施动态定价和激励措施，鼓励消费者在低需求时段使用能源
电力系统优化	优化电力系统以支持可再生能源的整合	开发和实施先进的电网管理技术，以提高电网的灵活性和可靠性

（三）出台可再生能源技术投资路线图

在过去十年间，技术与创新始终占据着澳大利亚气候战略的核心地位。在《澳大利亚长期减排计划》[①] 的基础上，2020 年 5 月，澳大利亚制定了《技术投资路线图》[②]，为清洁能源技术与创新制定了六大优先发展事项，涵盖清洁氢能、能源储存、碳捕集与封存、超低成本太阳能、绿色钢铁、绿色炼铝工艺，以及土壤碳测量领域的跨部门成本突破策略。在此框架下，大规模可再生能源的投资焦点将聚焦太阳能与氢能两大领域[③]。

遵循技术投资路线图的发展方针，澳大利亚可再生能源局（ARENA）制定了四个核心投资领域，旨在通过精准施策，加速可再生能源技术的革新步伐。

1. 战略重点 1：向可再生电力过渡

澳大利亚的电力系统正在经历飞速的变革。已成为新兴大规模电力供应中成本效益最高的能源，众多澳大利亚家庭及企业正积极部署屋顶太阳能及其他分布

---

① Department of Climate Change, Energy, the Environment and Water. 2022. National Energy Performance Strategy. Consultation paper. https://www. industry. gov. au/data-and-publications/australias-long-term-emissions-reduction-plan［2024-12-13］.

② Department of Climate Change, Energy, the Environment and Water. 2020. Technology Investment Roadmap Discussion Paper. https://storage. googleapis. com/converlens-au industry/industry/p/prj1a47c947e19c97 e172db4/public_assets/technology-investment-roadmap-discussion-paper. pdf［2024-12-13］.

③ Department of Climate Change, Energy, the Environment and Water. 2021. Renewable Energy Target Scheme. https://www. dcceew. gov. au/energy/renewable/target-scheme［2024-12-13］.

式能源技术。电网规模的创新，特别是电网级电池的广泛应用，正加速推动这一转型进程。

1）实现超低成本太阳能

澳大利亚一直处于太阳能光伏技术创新的最前沿。在过去的十年里，得益于本土技术创新和太阳能规模的不断扩大，澳大利亚的太阳能光伏成本已降低了85%，目前光伏发电量已占据其总发电量的约15%。自2015年后，澳大利亚政府推出了一系列新能源发展战略，这一举措助力澳大利亚迅速成为了全球在太阳能、风能等新能源部署方面的领导者。澳大利亚清洁能源局（Australian Clean Energy Regulator，ACE）的统计信息显示，2018～2020年，澳大利亚部署的太阳能和风能总量超过了17GW，人均年发电量超过200W[①]，这一数值大约是欧盟、美国、中国、日本等国家和地区人均发电量的3～5倍，是全球平均水平的10倍。

2023年7月19日，澳大利亚可再生能源局发布《超低成本太阳能白皮书》[②]，总结了实现超低成本太阳能面临的主要障碍，并提出了创新优先事项建议。关键要点如下：超低成本太阳能为澳大利亚成为全球领先的低排放生产国提供了重大机遇。其成本效益足以支持大规模部署，有望为澳大利亚电力系统的脱碳进程作出重要贡献。通过大幅降低制造过程中的可再生能源电力成本，并使绿氢生产成本低于2澳元/kg，澳大利亚完全有能力崛起为可再生能源领域的超级大国。超低成本太阳能是澳大利亚实现2030年光伏目标的关键。澳大利亚可再生能源局设定了2030年光伏技术的"30-30-30"目标[③]，即到2030年光伏组件效率达到30%、安装成本达到30澳分/W，意味着光伏平准化度电成本（Levelized Cost of Electricity，LCOE）需要较当前水平降低2/3，达到20澳元/MW时，资金将主要投资公用事业规模的太阳能技术研发。实现超低成本太阳能的关键在于创新，从而实现成本的显著削减。这涵盖了多个方面，首先是提升光伏组件的效率，其次是通过改进制造方法来降低光伏组件的成本。此外，降低运维成本和贴现率，以及考虑诸如扩大供应链等非技术因素，都是实现这一目标的关键步骤。

2024年2月2日，澳大利亚光伏研究所（Australian Photovoltaic Institute，

---

① Clean Energy Regulator, Australian Government. 2024. Supporting Australia to reduce, offset and track our emissions. https://cer. gov. au/［2024-12-13］.

② Australian Renewable Energy Agency. 2023. The incredible potential of Ultra Low-Cost Solar in Australia. https://arena. gov. au/news/the-incredible-potential-of-ultra-low-cost-solar-in-australia/［2024-12-13］.

③ ARENAWIRE. 2022. Fresh funding strives to reduce solar cost and improve efficiency. https://arena. gov. au/blog/fresh-funding-strives-to-reduce-solar-cost-and-improve-efficiency/［2024-12-13］.

APVI）发布了由澳大利亚可再生能源局主持编写的《硅到太阳能》报告①，探讨了光伏能源在实现净零目标中的作用、集中式太阳能光伏产业供应链的风险、发展澳大利亚国内光伏供应链的潜在收益，以及澳大利亚太阳能光伏制造业发展的路线图。报告估计，澳大利亚的光伏产业如果以每年增加 300GW 产能的速度发展，将需要 5～10 年的时间发展为具有全球光伏产品供应能力的规模；预计到2050 年，光伏产业产能可能达到每年 4.5TW。为了在 2050 年前实现净零目标，需要关注 10 亿 W 规模产能的光伏技术，从而在 2030 年实现太瓦规模的年产能。此外，为了使技术成本较低并最大限度地减少排放，光伏系统必须持续运行至少25 年。研究指出硅晶片技术在发展水平、可用性方面都是更好的选择。建立一个硅晶片太阳能产业生态系统也能够促进一些其他成熟技术的发展，如铜接触、双面技术和无玻璃技术。

2）释放新的灵活需求

灵活需求的重要性体现在：可以支持电力系统的可靠性和安全性，降低向可再生能源过渡的总体成本，并通过降低峰值需求减少对火力发电和储能的依赖。澳大利亚可再生能源局的目标是通过选择性研究、试点和产业化，以及分享其投资的经验，来推动灵活需求的扩大。

提高储能的经济性。随着更多可再生能源并网和燃煤发电站开始退役，对能源存储的需求不断增加。澳大利亚可再生能源局的投资目标是降低成本并增加可用技术的多样性，以支持澳大利亚储能的广泛部署，特别是长时储能。

优化可再生电力大规模并网。为了实现 100% 可再生能源供能，澳大利亚电网需要进行重大改进，有序淘汰煤炭，确保消费者能够获得可靠且负担得起的能源。澳大利亚能源市场运营商（Australian Energy Market Operator，AEMO）、清洁能源委员会（Clean Energy Council，CEC）、澳大利亚能源监管机构（Australian Energy Regulator，AER）和澳大利亚能源市场委员会（Australian Energy Market Commission，AEMC），已经在进行一系列改革，其中包括实施澳大利亚能源市场运营商的"100% 可再生能源工程路线图"所需的关键行动。澳大利亚可再生能源局计划有针对性地支持相关研究、试验和示范，以帮助克服整合更高水平可再生能源所面临的挑战，减缓可再生能源部署的其他障碍。

2. 战略重点 2：可再生氢商业化

2019 年，澳大利亚发布了《国家氢能战略》②，确定了 15 个发展目标和 57

---

① Australian Renewable Energy Agency. 2024. Roadmap provides a pathway for domestic solar manufacturing. https：//arena. gov. au/news/roadmap- provides- a- pathway- for- domestic- solar- manufacturing/［2024-12-13］.

② Department of Industry, Science and Resources. 2022. Climate change and energy content has moved. https：//www. industry. gov. au/data-and-publications/australias-national-hydrogen-strategy［2022-07-01］.

项联合行动，目标是力争到 2030 年成为全球氢能产业的主要参与者，创建氢枢纽（大规模氢气需求的集群）并打造全球氢气供应基地。依据该战略，澳大利亚拟向七个清洁氢工业中心投资 4.64 亿美元助力氢能的工业应用。氢能枢纽将使基础设施的发展更具成本效益，从规模经济中提高效率、加速创新，并从部门耦合中实现协同效应。2021 年 7 月，澳大利亚可再生能源局推动氢能炼铝计划①，评估氢能基础设施需求，开展国家氢基础设施评估工作，联合钢铁和制铝企业研发氧化铝精炼脱碳的低排放途径、氢能储能和 CCS 基础设施设计。2024年 9 月，澳大利亚政府更新《国家氢能战略》②，作为《澳大利亚未来制造法案》计划的一部分，该战略在对 2019 年国家氢能战略进行全面审查和更新的基础上确定了 4 个发展氢能的目标和 34 项支持行动。该战略计划到 2050 年，澳大利亚的国内绿氢年产能达到 1500 万 t，其目标包括实现全球有竞争力的氢供应、助力行业脱碳、确保社区利益，以及发展全球氢贸易、投资和伙伴关系。

2023 年 2 月，能源和气候变化部长级理事会对 2019 年国家氢能战略进行了审查，指出氢能未来将应用在工业、运输、电力、化学品和金属生产等领域，将是助力澳大利亚向净零过渡的重要力量，澳大利亚目前还拥有高达 3000 亿澳元的潜在氢投资，包括专注于国内使用的项目以及大型出口项目③。

在全球氢供应方面，澳大利亚正在积极推动与日本、韩国等国家开展氢气贸易，签订氢气供应协议，同时与相关企业开展联合技术创新，完善氢能供应链，扩大供应能力，降低成本。例如，澳大利亚政府与日本氢能供应链技术研究协会（HySTRA——由川崎、岩谷、电力开发有限公司和壳牌石油日本分公司组成）合作组成联合技术研究组，开展褐煤制氢、氢气长距离输送、液氢储运等一系列试点项目。

澳大利亚可再生能源局的目标是支持该行业寻找创新解决方案，以推动澳大利亚可再生氢产业的可行性，并实现成为可再生氢或零排放产品出口国。这需要在整个氢价值链上进行技术部署和创新，包括实现稳定的可再生电力、逐步改进电解槽技术，快速检验规模化氢生产和最终使用的路径。

---

① Australian Renewable Energy Agency. 2021. Rio Tinto Pacific Operations Hydrogen Program. https://arena. gov. au/projects/rio-tinto-pacific-operations-hydrogen-program/[2024-12-13].

② Department of Climate Change, Energy, the Environment and Water. 2024. Australia's National Hydrogen Strategy. https://www. dcceew. gov. au/energy/publications/australias-national-hydrogen-strategy #: ~: text = Australia% 27s% 20National% 20Hydrogen% 20Strategy% 20sets, explores% 20Australia% 27s% 20clean% 20hydrogen% 20potential[2024-12-13].

③ Department of Climate Change, Energy, the Environment and Water. 2023. Review of the National Hydrogen Strategy. https://consult. dcceew. gov. au/review-of-the-national-hydrogen-strategy[2024-12-13].

3. 战略重点3：支持向低排放金属过渡

澳大利亚是全球钢铁、铝和关键能源矿产价值链的主要参与者，采矿业和矿物加工为澳大利亚经济做出了重大贡献。这些产业也是排放密集型产业，需要大规模技术创新实现脱碳。澳大利亚可再生能源局的投资重点在于那些有望通过脱碳产生显著影响的价值链，并会对这些优先事项不断进行评估，随着技术成熟、市场进展或新挑战的出现而进行调整。目前，澳大利亚可再生能源局重点关注的议题如下所示。

（1）加速向低排放钢铁价值链转型。澳大利亚目前的钢铁生产约占国内二氧化碳当量排放量的5%，同时澳大利亚矿石的海外加工导致境外排放约1500tCO$_2$e。澳大利亚可再生能源局旨在通过投资零排放开采和炼钢脱碳，加速国内钢铁价值链的低排放转型。

（2）加速向低排放铝价值链转型。澳大利亚的氧化铝精炼和铝冶炼目前约占国内二氧化碳排放量的6%。澳大利亚可再生能源局旨在通过投资脱碳氧化铝精炼和铝冶炼脱碳加速国内铝价值链的低排放转型。

（3）支持低排放关键能源矿产价值链的发展。澳大利亚是关键能源矿物的大型生产国，将在向世界提供足够的低排放矿物以实现全球能源转型方面发挥重要作用。澳大利亚可再生能源局旨在支持现有关键能源矿产价值链的脱碳，并推动新的净零关键能源矿产价值链的发展。澳大利亚可再生能源局正在寻找能够展示创新技术和应对脱碳难题的项目。

4. 战略重点4：交通脱碳

交通运输作为澳大利亚经济的关键推动力在国家发展中发挥着至关重要的作用。随着经济的增长，对陆地、空中和海上运输的需求预计将持续增加。到2050年，交通运输将占澳大利亚总排放量的约20%。

（1）加快轻型道路交通脱碳。轻型道路车辆的排放占澳大利亚国内交通排放的65%，为脱碳提供了关键机会。轻型道路交通脱碳的资金主要由"Driving the Nation"计划提供，具体资格标准在该计划中有详细规定。

（2）加快重型道路运输脱碳。重型道路车辆排放占澳大利亚国内交通排放的20%，为脱碳提供了重要机会。目前，澳大利亚可再生能源局正在制定重型公路运输战略，具体细节将于2023年底公布。

5. 其他能源领域行动计划

（1）澳大利亚供能计划。澳大利亚政府于2022年制定了《为澳大利亚供能计划》，专注于工业、电力和运输部门脱碳战略，促进创造新的就业机会，确保全国的能源安全和可负担性①。

（2）多项双边能源协议。2021 年以来，澳大利亚政府与各地方政府签订了多项双边能源协议，包括南澳大利亚州能源和减排协议、塔斯马尼亚州能源和减排协议②、新南威尔士州能源和减排协议③、北领地能源和减排协议④⑤，总金额超过 30 亿澳元。优先投资领域集中在互联互输的现代电网建设、碳捕集与储存技术、电动汽车、氢能源、太阳能、地热能和其他储能项目。

（3）海上风能基础设施建设方案。澳大利亚在多个地区拥有丰富优质的海上风电资源。澳大利亚政府已经建立了海上风电的监管框架，以开发世界上一些最好的风能资源的潜力⑥。

（4）低能耗建筑的发展轨迹。该发展轨迹旨在实现澳大利亚零能耗和零碳的商业和住宅建筑。这是根据国家能源生产力计划，到 2030 年实现澳大利亚40% 能源生产率提高目标的一项关键举措⑦。

二、大幅提高可再生能源发电份额

澳大利亚的电力部门几乎占该国能源相关的温室气体排放量的一半。电力部门是国家能源转型的核心，是运输和工业等其他部门减排的驱动力和推动者，澳大利亚政府计划到 2030 年在全国能源结构中将可再生能源发电量份额

① Department of Climate Change, Energy, the Environment and Water. 2024. Powering Australia. https://www. energy. gov. au/government-priorities/australias-energy-strategies-and-frameworks/powering-australia#: ~ :text = Funding%20of%20%24275. 4%20million%20over, charging%20infrastructure%20and%20hydrogen%20highways [2024-05-24].

② Department of Climate Change, Energy, the Environment and Water. 2022. Commonwealth – Tasmania Bilateral Energy and Emissions Reduction Agreement. https://www. dcceew. gov. au/sites/default/files/documents/cth-tasmania-bilateral-energy-emissions-reduction-agreement-2022. pdf[2024-05-15].

③ Department of Climate Change, Energy, the Environment and Water. 2020. Memorandum of Understanding-nsw Energy Package. https://www. dcceew. gov. au/sites/default/files/documents/memorandum-of-understanding%E2%80%93nsw-energy-package. PDF[2024-05-15].

④ Department of Climate Change, Energy, the Environment and Water. 2022. Understanding-Nsw Energy Package. https://www. energy. nsw. gov. au/sites/default/files/2022-08/Cth-NSW%20%E2%80%93%20SIGNED%20Energy%20MOU. pdf[2024-05-15].

⑤ Department of Climate Change, Energy, the Environment and Water. 2022. Commonwealth – Northern Teritory Bilateral Energy and Emissions Reduction Agreement. https://www. dcceew. gov. au/sites/default/files/documents/cth-nt-bilateral-energy-emissions-reduction-agreement_0. pdf[2024-05-15].

⑥ Department of Climate Change, Energy, the Environment and Water. 2024. Offshore wind in Australia. https://www. dcceew. gov. au/energy/renewable/offshore-wind[2024-05-15].

⑦ Department of Climate Change, Energy, the Environment and Water. 2019. Trajectory for low energy buildings. https://www. dcceew. gov. au/energy/energy-efficiency/buildings/trajectory-low-energy-buildings[2024-05-15].

提高到 82%。根据国际能源署的数据，2000～2020 年，澳大利亚电力部门的碳排放强度下降了 23%，这要归功于可再生能源目标（Renewable Energy Target, RET）的快速部署，特别是太阳能光伏和不断变化的发电经济，这加速了煤电厂的关闭①。可再生能源目标包括小型可再生能源计划和大型可再生能源项目。截至 2022 年 10 月 31 日，30.1GW 的大规模可再生能源产能已获得认证，18.4GW 小型太阳能光伏产能已获得认可。小型可再生能源计划主要针对的是小规模发电系统，通常在 100kW 以下，如居民安装在自家屋顶上的屋顶光伏发电系统；这些系统可以产生小规模技术证书（Small-scale Technology Certificate, STC），并可以通过出售这些证书获得收入②。

大型可再生能源项目（Large-scale Renewable Energy Projects, LREP）于 2022 年 12 月通过，包括太阳能、风能、水力发电和地热能等③。除了推动可再生能源发电，澳大利亚政府于 2023 年 11 月又宣布了容量投资计划（Capacity Investment Scheme, CIS），目标是在全国范围内实现 9GW 的可再生能源电力的可调度容量和 23GW 的可变容量，使全国总装机容量达到 32GW④。该计划将提供资金支持可再生能源发电设施和储能系统的开发⑤。

2024 年 5 月 23 日，澳大利亚政府发布国家电池战略（National Battery Strategy, NBS)⑥，旨在推动电池行业竞争与多元化，增强经济弹性和能源安全。战略包含多项资金行动计划，涉及生产制造激励、技术研究、技能培训及创新部署等，以促进电池制造能力的发展。国家电池战略全面梳理了澳大利亚在电池技术研发、生产制造、市场应用等方面的优势与不足，提出了一系列切实可行的政策措施和行动计划。战略着重强调了创新驱动的重要性，鼓励企业加大研发投

① Clean Energy Regulator, Australian Government. 2024. Renewable Energy Target. https://www.cleanenergyregulator.gov.au/RET[2024-09-09].

② Clean Energy Regulator, Australian Government. 2024. Small-scale technology percentage. https://www.cleanenergyregulator.gov.au/RET/Scheme-participants-and-industry/the-small-scale-technology-percentage [2024-03-28].

③ Climateworks Centre. 2023. Delivering freight decarbonisation: Strategies for reducing Australia's transport emissions. https://www.climateworkscentre.org/resource/delivering-freight-decarbonisation-strategies-for-reducing-australias-transport-emissions/[2023-10-19].

④ Department of Climate Change, Energy, the Environment and Water. 2023. Capacity Investment Scheme. https://www.dcceew.gov.au/energy/renewable/capacity-investment-scheme[2024-09-04].

⑤ Department of Infrastructure, Transport, Regional Development. 2021. National Strategic Airspace. https://www.infrastructure.gov.au/sites/default/files/documents/national-strategic-airspace-national-aviation-policy-issues-paper.pdf[2024-05-15].

⑥ Department of Industry, Science and Resources. 2024. National Battery Strategy. https://www.industry.gov.au/sites/default/files/2024-05/national-battery-strategy.pdf[2024-05-15].

入，推动电池技术的突破和升级。同时，政府还将通过提供税收优惠、资金支持等方式，吸引国内外优秀企业和人才投身澳大利亚电池产业，形成产业链上下游的紧密合作，实现产业协同发展。

三、通过电动汽车和绿色航空为交通运输行业减排

（一）电动车

澳大利亚四分之一的能源相关温室气体排放源于交通运输部门。2023 年 10 月 19 日，气候工作中心（Climate Works Centre，CWC）发布报告指出[①]，澳大利亚货运行业排放量在交通运输行业排放总量中的占比略小于 40%，货运行业排放中公路运输排放占 83%，现有的短途货运脱碳方案可以减少 51% 的货运排放量。澳大利亚正在制定政策和措施，以促进低排放或零排放车辆、低排放燃料、运输部门效率和模式转变，包括考虑引入轻型车辆燃油效率标准，以及收紧重型（欧 VI）和轻型车辆（欧 6d）的有害排放标准。根据《为澳大利亚供能》计划，澳大利亚为联邦政府车队设定了到 2025 年新购买和租赁 75% 的低排放汽车的目标。

2023 年 4 月，澳大利亚发布《澳大利亚国家电动汽车战略》，该战略是更全面的电动汽车运输系统减碳一揽子政策[②]，提出了以下目标和措施。

1. 目标 1：提升电动汽车可用性

主要措施包括：①制定澳大利亚首个轻型汽车燃油效率标准，不准污染严重的车辆进入市场；②为电动汽车的回收、再利用和管理工作做好准备；③联邦政府与各州、地方政府合作，统一各级政府电动汽车目标、激励措施和承诺；④到 2030 年实现澳大利亚公共服务净零排放。继续深入实施已有措施，包括澳大利亚制造电池计划、国家重建基金和关键矿产战略等。

2. 目标 2：打造适于电动汽车市场发展的基础设施体系

主要措施包括：①开发国家测绘工具，以支持电动汽车充电基础设施的最佳投资和部署；②使现有多处住宅的居民能够使用电动汽车的工具和指南；③支持

---

① Climateworks Centre. 2023. Delivering freight decarbonisation：Strategies for reducing Australia's transport emissions. https：//www. climateworkscentre. org/resource/delivering-freight- decarbonisation- strategies- for- reducing- australias-transport-emissions/［2023-10-19］.

② Department of Climate Change，Energy，the Environment and Water. 2023. National Electric Vehicle Strategy. https：//www. dcceew. gov. au/sites/default/files/documents/national- electric- vehicle- strategy. pdf［2024- 08-02］.

世界领先的电动汽车指导、演示和紧急服务人员培训。继续深入实施已有措施，包括在澳大利亚各地建设充电基础设施以提供方便的电动汽车充电点、新能源学徒制和新能源技能计划、总投资 5 亿澳元的 "Driving the Nation" 等。

3. 目标 3：扩大澳大利亚国内对电动汽车的需求

澳大利亚已经推出了一系列优惠政策，如 2022 年新推出了电动汽车折扣政策，对符合条件的电动汽车，该政策将减免附加福利税，此外澳大利亚还取消了 5% 的电动汽车进口关税。这有助于降低前期购置成本，使电动汽车更加实惠。澳大利亚清洁能源金融公司（CEFC）提供 2050 万澳元的绿色汽车贷款，对于符合条件的售价为 9 万澳元以下的电动汽车购车人，可提供 1% 左右的贷款利率。

（二）绿色航空

2021 年 9 月，澳大利亚发布《航空白皮书》，旨在勾画出国家航空部门的战略方向和政策框架[1]。其中，优先事项之一是最大限度地提高航空部门对实现净零碳排放的贡献，主要手段是使用可持续航空燃料和新兴技术。保障机制也适用于国内交通运输部门，特别是航空、铁路和海运。

四、投资国内清洁制造能力，提升供应链韧性

2022 年 1 月，澳大利亚政府公布了《先进制造业路线图》，宣布向现代制造业投资 15 亿澳元，旨在创造更多就业机会，推动澳大利亚经济转型，并使澳大利亚的制造业在全球市场上更具竞争力、韧性和规模[2]。该战略涉及 6 个关键领域，包括资源技术与关键矿物加工、食品与饮料、医疗产品、物质循环与清洁能源和国防，这些领域被认为是澳大利亚在全球市场中具有竞争优势的产业。通过一系列资金和政策支持，帮助企业扩大规模，提升竞争力和创新能力。通过拨款、贷款计划和税收优惠，促进企业投资先进制造技术和基础设施。

2024 年，澳大利亚启动 10 年期 "澳大利亚未来制造计划"，助力清洁能源

---

① Department of Infrastructure, Transport, Regional Development. 2021. National Strategic Airspace. https://www. infrastructure. gov. au/sites/default/files/documents/national-strategic-airspace-national-aviation-policy-issues-paper. pdf[2024-12-13].

② Commonwealth Scientific and Industrial Research Organisation. 2021. Advanced Manufacturing Roadmap. http://www. csiro. au/en/Do-business/Futures/Reports/Advanced-manufacturing-roadmap[2024-12-13].

技术制造并强化关键矿产供应链[①]。重点包括五个方面：①投资创新：未来十年澳大利亚将筹集 32 亿澳元支持净零排放技术的商业化，优先部署的创新技术和设施包括绿色金属、电池和低碳液体燃料等。②税收激励：实施氢能生产税收激励措施，在 2027~2028 年至 2039~2040 年，为每公斤可再生氢提供 2 澳元的激励措施，每个项目最长可达 10 年，中期预算成本约为 67 亿澳元；投入 13 亿美元支持可再生氢能行业的先行者；投入 1710 万澳元用于实施澳大利亚的国家氢能战略；投入 1540 万澳支持绿色金属生产的发展。③标准建立：加快原产地担保计划初始阶段的实施，以衡量和认证关键产品供应链的排放强度，并额外提供 3230 万澳元，以支持该计划扩展到绿色金属和低碳液体燃料领域；投入 4800 万澳元用于推行澳大利亚碳信用单位计划。④消费端改革：投入 2770 万美元将消费者能源资源（如屋顶太阳能和家用电池）整合到电网中；通过持续推行容量投资计划，释放 650 亿澳元的可再生能源潜力。⑤跨部门合作：投入 6380 万澳元用于减少农业和土壤的碳排放。4800 万澳元用于澳大利亚碳信用单位（ACCU）改革。通过加强国内制造能力和供应链韧性，以减少对国际供应链的过度依赖，增强自给自足能力。推动澳大利亚制造企业进入国际市场，支持出口增长，并加强与国际合作伙伴的关系。该计划将通过最大限度地提高净零排放的经济和工业效益，确保澳大利亚在不断变化的全球经济和战略格局中的地位，并创造新的就业岗位和机遇。

五、重视保持关键矿产全球优势

澳大利亚将关键矿产定义为对现代技术、经济和国家安全至关重要的金属或非金属材料。澳大利亚有着左右全球经济发展的重要矿产资源，作为全球最重要的资源与矿产出口商，澳大利亚采矿设备、技术和服务部门创造了 970 亿美元的收入，支持了大约 200 000 个工作岗位[②]。资源技术与关键矿物加工行业具有极大的减排潜力，许多稀有金属是电动汽车制造、移动电话和可再生能源系统中不可或缺的原材料。澳大利亚的资源技术与关键矿物加工行业涉及多个低碳产业发展的关键环节，以电池价值链为例，锂矿石从挖掘到加工成氢氧化锂或金属，直到组装均属于资源技术与关键矿物加工的范畴，因此这一行业的技术进步会显著推动全球的低碳产业发展。

① Primme Minister of Australia. 2024. Investing in a future made in Australia. https://www. pm. gov. au/media/investing-future-made-australia[2024-12-13].

② Austmine. 2020. Austmine 2020 Annul Review. https://austmine. com. au/common/Uploaded% 20files/News/Publications/Austmine% 20Annual% 20Review% 202020. pdf[2024-12-13].

澳大利亚于 2019 年首次发布《澳大利亚关键矿产战略 2019》，并于 2022 年、2023 年两次更新[①]，强调定期审查并更新关键矿产清单，增补锂电池、半导体所需的高纯氧化铝和硅，共包括稀土、锂、石墨、镁、锰、硅、钛等 26 种矿物。澳大利亚目标到 2030 年，成为全球重要的矿产强国和首选供应国、国际关键矿产供应链不可或缺的一部分，以及拥有对全球经济至关重要的技术。在关键矿物加工产业发展方面，澳大利亚政府提出要采取以下三类措施，包括挖掘原材料的附加值、构建创新商业模式，以及塑造符合环境、社会和政府预期的一流产品标准。2023 年 5 月，工业、科学和资源部宣布投入近 5000 万澳元，支持 13 个清洁能源关键矿产项目，以建立清洁能源产业链，这些项目包括：建立前驱体阴极活性材料的试验制造工厂；开展开采、分离、提炼和生产关键矿物的技术研究；建设生产高价值的镍钴锰前驱体阴极活性材料的综合电池材料生成设施；测试和扩大新型浮选分离添加剂，目标是在不增加碳排放的情况下回收更多关键矿物；生产用于制造航空航天、医疗、能源和国防产品的钨铁粉末；建设一家镁精炼试验工厂，并将澳大利亚联邦科学与工业研究组织清洁提取金属镁的技术商业化；设计全尺寸炼油厂；石墨生成设施认证与石墨电池材料研究；矿山废料中的钴回收研究；建设太阳能光伏驱动的石英砂加工和金属硅生产设施的预可行性研究；重稀土精矿生产项目；钨产品的测试工作等，这些澳大利亚关键矿产项目都得到了资金支持，用于技术研发与产业升级（表 9-2）。

表 9-2　澳大利亚关键矿产项目（部分）

项目名称	资金来源	贷款或拨款/澳元	项目内容
埃内巴项目 （Eneabba Project）[①]	关键矿产设施	12.5 亿（贷款）	该项目将生产镨（Pr）、镝（Dy）、钕（Nd）和铽（Tb）等用于电动汽车清洁能源与国防等领域的稀土材料
西维尔石墨项目 （Siviour Graphite Projecet）[②]	关键矿产设施	1.85 亿（贷款）	项目目标是开发垂直整合型石墨矿，生产用于锂离子电池的高纯度石墨
HPA 第一项目 （HPA First Project）[③]	关键矿业加速倡议	1.550 万（拨款）	项目在昆士兰州格拉慎思通开发高纯氧化铝生产设备，用于生产锂离子电池材料

---

①　Department of Industry, Science and Resources. 2023. Critical Minerals Strategy 2023- 2030. https://www.industry.gov.au/publications/critical-minerals-strategy-2023-2030[2024-12-13].

项目名称	资金来源	贷款或拨款/澳元	项目内容
布罗克山钴矿项目（Broke Hill Cobalt Project）④	关键矿业加速倡议	1.500 万（拨款）	项目生产可直接或间接用于电池生产的钴产品，资金用于加快其钴项目的最终可行性研究
芒特卡宾项目（Mount Carbine Project）⑤	关键矿业加速倡议	600 万（拨款）	项目在昆士兰州芒特卡宾通过回收矿山废料和恢复露天采矿活动生产钨，用于制造用于国防、运输和其他领域的金属合金
蒙林纳普石墨项目（Munglinup Graphite Project）⑥	关键矿业加速倡议	394 万（拨款）	项目是一个专注于石墨开采和生产的工业项目，旨在开发石墨矿资源以满足电池级石墨的生产需求

① Iluka. ENEABBA Western Australia. https://www.iluka.com/community-engagement/eneabba/ [2024-12-13].

② Renascor Resources. Renascor secures a $185m EFA loan for Siviour Graphite Project. https://renascor.com.au/renascor-secures-a185m-efa-loan-for-siviour-graphite-project/ [2024-12-13].

③ Alpha HPA. Alpha awarded up to $15.5m federal government grant critical minerals accelerator initiative. https://alphahpa.com.au/wp-content/uploads/2024/10/2373912.pdf [2024-12-13].

④ Cobalt Blue. Broken Hill Cobalt Project awarded $15m Critical Minerals Accelerator Initiative Grant. https://cobaltblueholdings.com/assets/2374184.pdf [2024-12-13].

⑤ EQ Resources. Federal government funding for MT Carbine Critical Minerals Program. https://www.eqresources.com.au/site/PDF/4b20cdc4-5bce-4021-84c9-ff8dc9cc7d9e/GovernmentFundingforMtCarbineCriticalMineralsProgram#:~:text=The%20Federal%20Government's%20Critical%20Minerals%20Accelerator%20Initiative%20%28CMAI%29,at%20Mt%20Carbine%20with%20a%20246%20million%20grant [2024-05-15].

⑥ ASX: MRC. Critical Minerals Grant Funding. https://www.mineralcommodities.com/wp-content/uploads/2022/09/MRC-EXE-ASX-2022-Critical-Minerals-Grant-Funding.pdf [2024-05-15].

澳大利亚在 2024 年"澳大利亚未来制造计划"中提出增加资源价值，加强经济安全，包括：①支持强大的资源行业，实施关键矿产生产税收激励措施，2027～2028 年至 2039～2040 年为澳大利亚 31 种关键矿产提供加工和精炼成本的 10% 的可退还税收抵免，每个项目最长十年，中期预算估计成本为 70 亿澳元；1020 万澳元用于与各州和各地区合作，开展公共基础设施的预可行性研究，以提升关键矿产部门的竞争力和生产力。②加强供应链，1.657 亿澳元用于支持企业扩大规模并交付国防军工国防工业范围优先项目；1430 万澳元用于与贸易伙伴合作，加强澳大利亚全球竞争力，支持高质量关键矿产贸易基准。

第四节　澳大利亚碳中和科技创新行动

一、低碳技术发展战略

2020 年《技术投资路线图》① 提出到 2030 年累计在低排放技术方面的新投资达到 200 亿美元。依据该技术投资路线图，澳大利亚的低碳技术发展将包含 8 个基本步骤。

第 1 阶段：设定清晰的愿景；

第 2 阶段：新兴技术调查；

第 3 阶段：澳大利亚的技术需求和比较优势；

第 4 阶段：确定优先技术；

第 5 阶段：确定最有效的实施路径并设定经济目标；

第 6 阶段：平衡整体投资组合；

第 7 阶段：实施投资；

第 8 阶段：评估技术投资的效果。

2020～2022 年，澳大利亚先后发布了《关键技术蓝图和行动计划》和《澳大利亚现代制造倡议和国家制造优先》②，以及一系列具体行业或技术的发展战略，详细描述了澳大利亚未来的低碳产业的重点投资技术和产业发展战略。澳大利亚在过去 20 年中专注于部署低排放技术，用于低碳转型的 210 亿澳元的政府总支出中，72% 用于低碳技术商业化，6% 用于产业示范，余下用于新能源研发。政府和国有能源研发预算在 2013 年达到 1.24 亿澳元的峰值，但此后有所下降，2021 年达到 4.6 亿澳元，2020 年用于能源研发的公共资金占国内生产总值的 0.019%，是国际能源署统计的全球平均水平的一半。2021 年 10 月，澳大利亚又推出《净零排放计划·澳大利亚模式》③ 碳中和方案，计划称政府未来二十年在低碳技术领域投入的 200 亿美元将会撬动 800 亿美元的私有企业或州政府的投

① Department of Industry, Science and Resources. 2023. Technology Investment Roadmap. https://www. industry. gov. au/data-and-publications/technology-investment-roadmap［2024-05-15］.

② Department of Industry, Science and Resources. 2020. Modern Manufacturing Initiative and National Manufacturing Priorities announced. https://www. industry. gov. au/news/modern-manufacturing-initiative-and-national-manufacturing-priorities-announced［2020-10-01］.

③ Anne Webster. 2021. The plan to deliver net zero: The Australian way. https://www. annewebster. com. au/issues/the-plan-to-deliver-net-zero-the-australian-way/［2021-10-28］.

资，且由低碳技术驱动的低碳产业会为整个经济带来活力，预计到 2050 年，低碳产业会使澳大利亚的人均收入增加近 2000 美元，并创造 100 000 个新的就业机会。澳大利亚将要投资的重点技术可分为三类，即优先发展技术、潜在新兴技术、具有战略意义的关键技术。

（一）优先发展技术

《技术投资路线图》作为澳大利亚长期减排计划中的重要战略组成部分，体现了澳大利亚政府未来数十年低碳产业发展的重点领域。依据该路线图，澳大利亚将发展新能源作为新型经济的基础，低排放炼钢炼铝也要依赖新能源的发展，另外碳封存也是澳大利亚未来投资的重点领域。配合《技术投资路线图》，澳大利亚政府每年还会公布一份年度低排放技术声明，用于说明政府和私营企业在低碳产业与低碳技术领域的投资重点，以期降低关键低排放技术的成本。目前，澳大利亚政府分别在 2020 年和 2021 年各发布了一份年度低排放技术声明，指出了优先发展低碳技术和其他新兴低碳技术。

2020 年，澳大利亚政府发布的《年度低排放技术声明 2020》阐述了五项优先发展的低碳技术，这些技术均是具有成熟理论基础并开展了一定实践的低碳技术，包括氢能技术、低成本储能技术、低碳材料（钢和铝）技术、碳捕集与封存技术和土壤碳测量技术；2021 年发布的《年度低排放技术声明 2021》则又新增了低成本太阳能发电技术。如表 9-3 所示，澳大利亚政府为其中最重要且最有经济前景的项目设定了明确的研发目标，其中控制成本是评价各项技术的重要指标。各类低成本低碳技术最早将在 2025 年实现，最晚也不超过 2035 年，即澳大利亚旨在用不到十五年的时间实现低碳技术驱动的新经济。

表 9-3　优先发展技术战略目标与预期达标时间

优先发展技术	预期成本	预期达标时间
清洁氢生产	低于 2 澳元/kg	蒸汽甲烷重整路径：最早 2025 年，最晚 2030 年；电解水：最早 2027 年，最晚 2030 年
低成本太阳能发电技术	低于 15 澳元/（MW·h）	最早 2030 年；最晚 2035 年
低成本储能技术	低于 100 澳元/（MW·h）	锂离子电池：最早 2025 年；最晚 2030 年
低碳炼钢技术	低于 700 澳元/t	氢基炼钢和直接还原铁：最早 2030 年，最晚 2040 年
低碳炼铝技术	低于 2200 澳元/t	最早 2035 年，最晚 2040 年
碳捕集与封存技术	低于 20 澳元/tCO$_2$	最早 2025 年，最晚 2030 年
土壤碳测量技术	低于 3 澳元/hm^2	最早 2025 年，最晚 2030 年

（二）潜在新兴技术与具有战略意义的关键技术

潜在新兴技术是指那些具有变革潜力的低排放技术，需要全世界共同研究、观测和投资。《年度低排放技术声明2020》列出了10项新兴低碳技术，包括车辆充电和加油基础设施、高性能电网、新型高能效太阳能技术等。《年度低排放技术声明2021》又详细探讨了两种新兴的低排放技术，即可减少农业甲烷排放的牲畜饲料补充剂和低排放水泥。这些新兴低碳技术有望在未来成为优先考虑发展的技术，并得到相应投资。

这类技术是指对澳大利亚国家利益具有重大意义的新兴技术，这些技术可能会对澳大利亚的经济发展、国家安全和社会凝聚稳定带来极大影响。依据2021年11月澳大利亚政府发布的《关键技术蓝图和行动计划》《现代制造倡议和国家制造优先》，能源与环境领域的生物质能和发电用氢气/氨气是具有战略意义的低排放技术。生物质能技术是指生产由生物或有机体产生的固体、液体或气体燃料的技术，包括沼气、来自植物的生物柴油，以及来自玉米和甘蔗等农作物的生物乙醇。发电用氢气/氨气技术是指用于供热和发电的氢气和氨气的生产、储存、运输和使用。

二、重大科技计划与项目部署

澳大利亚可再生能源局自成立以来，已为653个项目提供了2.04亿澳元的赠款资金，为澳大利亚可再生能源行业带来了近9.06亿澳元的总投资。近年来，由澳大利亚可再生能源局推动的主要能源转型项目分布在光伏、可再生氢能、生物能源和电力系统的低碳转型升级等领域。

（一）太阳能攻关计划

澳大利亚可再生能源局致力于资助大规模太阳能项目，以提高澳大利亚的太阳能光伏发电能力。2024年3月28日，澳大利亚可再生能源局宣布投入10亿澳元设立太阳能攻关计划，旨在加速推进发展本国光伏供应链，使太阳能成为澳大利亚最经济的能源形式[①]。太阳能攻关计划旨在为整个太阳能光伏供应链提供支持，扩大组件制造能力并探索供应链的其他领域，包括多晶硅、硅锭和晶圆、电池、模块组装以及其他部分，如太阳能玻璃等。

---

① Australian Renewable Energy Agency. 2024. $1 billion boost for Australian solar PV manufacturing. https://arena.gov.au/news/1-billion-boost-for-australian-solar-pv-manufacturing/［2024-03-28］.

技术研发的主攻方向有三个。

（1）提高太阳能光伏系统的效率、降低成本：澳大利亚的研究人员致力于开发高效的太阳能电池技术，包括多晶硅太阳能电池、薄膜太阳能电池、有机太阳能电池等，以提高太阳能光伏系统的能量转换效率。澳大利亚政府和太阳能行业组织合作推出了太阳能光伏回收计划，以确保废弃的太阳能光伏板得到正确处理和回收，减少对环境的影响。澳大利亚政府同步制定了太阳能光伏回收和处理的相关法规和标准；提供了一系列的补贴和奖励计划，以鼓励人们安装太阳能光伏系统，从而提高太阳能光伏的普及率，降低成本。

（2）集成光伏系统与能源存储技术：澳大利亚可再生能源局一方面致力于推动太阳能存储系统与其他能源系统的整合应用技术，包括与太阳能光伏系统、风能发电系统、微电网系统等的整合应用，以实现对可再生能源的高效利用和电力系统的稳定运行；另一方面还积极开展新型储能技术的研究与开发工作，包括钠离子电池、固态电池、超级电容器等新型储能技术，以提高太阳能存储系统的能量密度、循环寿命和安全性。

（3）提高太阳能的可持续性和稳定性：澳大利亚可再生能源局基于大型太阳能光伏发电计划、太阳能光伏研究计划和尖端太阳能研发等项目，推动研究机构和企业致力于研究太阳能光伏系统的集成技术，包括智能控制系统、故障诊断技术、预测性维护、智能逆变器等，以提高太阳能光伏系统的整体性能和可靠性；另外，还致力于研究太阳能存储系统的智能控制与管理技术，包括储能系统的充放电控制、能量管理系统的优化调度、与电网的互联互通等方面，以实现对太阳能存储系统的智能化管理和优化运行。

（二）氢能领先计划

2023 年 5 月 9 日，澳大利亚可再生能源局宣布投入 20 亿澳元启动氢能领先计划，拟支持 2 ~ 3 个旗舰项目，目标是到 2030 年实现 1GW 的电解槽容量[①]。这是迄今为止澳大利亚政府对可再生氢最大规模的投资，该计划的目标是：大规模生产可再生氢，为加快可再生氢生产和使用的技术和商业可行性提供便利；支持国内脱碳，建立行业能力，并为制造业和出口业提供新的经济机会；为可再生氢及其衍生品技术的当前经济性和未来预测提供相关价格指导；通过发展专业知识、熟练劳动力、知识产权以及吸引关键设备制造商和私营部门资本（债务、股权和承购），减少未来部署障碍；促进整个行业的知识共享，助力澳大利亚可再

---

① Australian Renewable Energy Agency. 2023. $2 billion for scaling up green hydrogen production in Australia. https://arena. gov. au/news/2-billion-for-scaling-up-green-hydrogen-production-in-australia/[2023-05-09].

生氢产业走向成熟。氢能领先计划旨在推进可再生氢能向市场化部署迈进，使澳大利亚成为可再生氢行业的全球领导者。

2023年12月，澳大利亚可再生能源局公布了入围氢能领先计划的公司，最终电解槽总产能超过3.5GW，是世界上最大的可再生氢项目之一①。公司的详情如表9-4所示。

表9-4 氢能领先计划的项目详情①

申请人	电解槽尺寸/MW	最终用途
bp低碳澳大利亚有限公司 （bp Low Carbon Australia Pty Ltd）	105	氨、可持续航空燃料、矿物加工
HIF亚太有限公司 （HIF Asia Pacific Pty Limited）	144	合成燃料
韩国电力公司澳大利亚有限公司 （Kansas Electric Power Cooperative, Inc.）	750	合成氨
起源能源未来燃料有限公司 （Origin Energy Future Fuels, Inc.）	50（第1期）； 200（第2期）	合成氨
斯坦威尔有限公司 （Stanwell Corporation Limited）	720	合成氨

（三）区域微电网计划

澳大利亚的电力部门几乎占该国能源相关的温室气体排放量的一半。电力部门是国家能源转型的核心，是运输和工业等其他部门减排的驱动力和推动者，澳大利亚政府计划到2030年在全国能源结构中将可再生能源发电量份额提高到82%。

2023年8月，澳大利亚启动区域微电网计划，投入1.25亿澳元开发和应用微电网技术，以解决最终投资和全面应用微电网所面临的障碍，主要目标是开发和部署创新设备和技术解决方案，推动分布式可再生能源技术的协调应用；提高偏远地区电力供应的弹性和可靠性；解决部署微电网的障碍。2024年3月25日，澳大利亚可再生能源局宣布在区域微电网计划下投入285万澳元②，支持在西澳大利亚地区偏远微电网测试两种新型长期储能技术。该投资将支持西澳大利亚地区能源供应商Horizon Power公司分别在西澳大利亚州纳拉金和卡那封的微电网安

---

① Australian Renewable Energy Agency. 2023. Six shortlisted for ＄2 billion Hydrogen Headstart funding. https://arena. gov. au/news/six-shortlisted-for-2-billion-hydrogen-headstart-funding/［2023-12-21］.

② Australian Renewable Energy Agency. 2024. New battery technologies tested at regional WA microgrids. https://arena. gov. au/news/new-battery-technologies-tested-at-regional-wa-microgrids/［2024-03-25］.

装并试用 Redflow 公司的锌溴液流电池（100kW/400kW·h）和巴斯夫公司的钠硫电池（250kW/1450kW·h）。项目将测试两种电池存储屋顶太阳能在白天产生的电力并用于满足夜间需求的能力，并示范与锂离子电池混合运行，以实现最佳的电网服务交付。

（四）电网容量投资计划

澳大利亚政府于 2023 年 11 月宣布了电网容量投资计划[①]，目标是在全国范围内实现 9GW 的可再生能源电力的可调度容量和 23GW 的可变容量，使全国总装机容量达到 32GW。该计划将提供资金支持可再生能源发电设施和储能系统的技术研发。电网容量投资计划将与各州和地区政府合作实施，通过竞争性招标获得"差价合同"，为开发可再生能源发电设施和储能系统的投资提供担保。合同设定了项目的收入下限和上限，以确保投资者的基本收入并分享超出预期的利润。

（五）可持续航空燃料资助计划

2023 年 7 月，澳大利亚可再生能源局宣布投入 3000 万澳元启动可持续航空燃料资助计划，支持使用可再生原料生产航空燃料相关技术开发[②]。该计划的目的是：①提高可持续航空燃料技术大规模部署的技术成熟度（TRL）和商业准备指数（CRI）；②发展利用可再生原料生产可持续航空燃料的技术并提高其商业可行性；③在澳大利亚建立用可再生原料生产可持续航空燃料的工业体系。计划资助项目类型包括：①验证商业或商业前规模的工程可行性、前端工程设计（FEED）研究或其他项目开发活动；②可验证的新型可持续航空燃料生产技术的中试规模或商业前示范；③示范建立未来可持续航空燃料产业供应链的新型和可扩展方法。

（六）国家工业转型计划

2023 年 11 月，澳大利亚可再生能源局宣布投入 1.5 亿澳元启动工业转型计划首轮资助，以支持澳大利亚地区现有工业设施减排。该计划总预算 4 亿澳元，将支持从研究到示范、部署的各类项目，具体领域包括：提高能效、提高电气化

---

① Department of Climate Change, Energy, the Environment and Water. 2024. Capacity Investment Scheme. https://www.dcceew.gov.au/energy/renewable/capacity-investment-scheme [2024-09-04].

② Department of Climate Change, Energy, the Environment and Water. 2023. Sustainable Aviation Fuel Funding Initiative. https://www.energy.gov.au/news-media/news/sustainable-aviation-fuel-funding-initiative [2023-07-03].

水平和任何支持工业脱碳的可再生能源技术。此外，还将考虑储能或负荷灵活性/需求侧管理等辅助技术，以及支持工业现场脱碳的关键基础设施。2023 年启动了首轮资助，资助主题包括工业过程热脱碳和非道路运输脱碳，具体如下。

（1）工业过程热脱碳：①使用电气化、能效、太阳能供热或可再生燃料，如可再生氢或生物能源，以促进或推动新技术与现有工业过程的整合；②安装相关的清洁设备，如电锅炉、煅烧炉、热泵、太阳能供热系统、储热或其他清洁设备；③储能技术（包括储热）以及负荷灵活性或需求侧管理技术；④可再生燃料（包括可再生氢和生物燃料）的生产、存储和分配，由区域工业设施承购，以实现工艺热加工过程脱碳。

（2）非道路运输脱碳：旨在通过消除采用零排放车辆的障碍，支持和加快非道路运输脱碳。重点支持以下技术：①与工业应用相关的燃油车辆或机车的燃料转换技术；②纯电动车辆、氢燃料电池车辆和充电解决方案的试用、集成和使用；③创新整合充电和燃料加注解决方案。

第五节　澳大利亚碳中和战略行动主要特点

在碳中和政策体系中，澳大利亚将能源转型视为战略核心，全面规划了能源生产与储存、能源需求演变精准预测、天然气与电力规划与协调、能源安全管理加强、能源需求精准评估、国家重大输电项目建设加速及能源治理架构优化等关键任务。其关键优先行动聚焦改造能源系统，确保其与净零排放目标保持一致；强化监管以促进可再生能源的可调度性；提升国家存储与输电项目的确定性及效率，并加速其交付进程。

在支撑碳中和的科技创新行动方面，澳大利亚政府大规模投资多个清洁能源和低碳转型产业前沿领域，具体如下。

（1）超低成本太阳能技术：聚焦提升光伏组件效率、革新制造方法、削减运维成本及降低贴现率等关键环节。

（2）可再生氢商业化技术：支持大规模可再生能源制氢项目，旨在达成1GW 电解槽容量的目标，并推动可再生氢的生产与使用技术的商业化进程。

（3）社区电池和微电网技术：通过部署社区电池、研发与应用微电网技术，以增强社区电池项目的经济性并克服微电网部署的障碍。

（4）可持续航空燃料技术：投资利用可再生原料生产航空燃料的相关研究项目，以加速可持续航空燃料技术的大规模部署与商业化布局。

（5）工业转型计划：投资支持工业设施减排，提升能效、提高电气化水平和任何有助于工业脱碳的可再生能源技术水平。

（6）清洁能源相关的关键矿产项目：构建清洁能源产业链，建设前驱体阴极活性材料的试验制造工厂，以及开展关键矿物的开采、分离、提炼与生产技术研究等。

深入分析澳大利亚保障碳中和战略目标政策行动，可总结如下几个特点。

（1）规划先行，目标明确：澳大利亚政府通过法律手段明确了减排目标与时间表，并制定了详尽的计划，如《技术投资路线图》《净零排放计划：澳大利亚模式》等，为各产业部门提供了清晰的碳中和实施路径。

（2）优势领域，持续投入：尽管澳大利亚是煤炭与天然气的主要出口国，但其煤炭供能比例逐年下降，2020 年已降至 30% 的历史低点。同时，澳大利亚在太阳能与风能等可再生能源领域表现强劲，不仅继续在低成本太阳能技术领域继续大力投资，还通过基础设施建设、国际合作、贸易协议等渠道力图构建完整的全球光伏产业供应链。

（3）政府牵引，市场为主：澳大利亚政府将低碳产业技术视为科技投资的重点领域，为各项技术研发设立了明确的目标，并通过技术突破与竞争市场机制的建立推动低碳产业发展。政府既加快了零碳、可靠且经济性的电能系统建设，又积极投资绿氢、碳捕集与封存、土壤碳封存、交通低碳化储能技术及低排放或零排放钢铝等潜力技术领域，以政府项目带动商业投资，旨在吸引多样化的技术投资机会。

（4）金融护航，产学研联动：为确保碳中和目标的实现，澳大利亚政府推出了一系列低碳产业金融支撑政策，涵盖低碳技术的研发、示范、商业化及基础设施建设等环节。同时，政府通过提供金融支持鼓励企业采用低碳技术并减少碳排放，促进产学研深度融合与市场自发减碳行为的形成。

第十章 | 我国"双碳"行动与实施路径

第一节 引 言

一、碳排放现状

目前，煤炭等传统能源仍是我国终端消耗的主要贡献者。根据中国统计年鉴的数据，分析 1980 年以来我国能源消费结构的变化趋势可以发现，煤炭和石油等能源在终端能源消费中的占比始终保持在 50% 以上。2023 年，我国一次电力及其他能源仅占终端能源消费总量的 17.9%（图 10-1）[①]。1980~2023 年，煤炭消费占比整体呈现上升→波动下降→上升→波动下降趋势，比如，2005~2023年，其占比由 72.5% 下降至 55.3%，下降了 17.2 个百分点；天然气消费占比总体呈现波动上升趋势，比如，由 2005 年的 2.4% 增加至 2023 年的 8.5%，增加了6.1 个百分点；一次电力及其他能源消费占比总体呈现波动上升趋势，由 2005 年

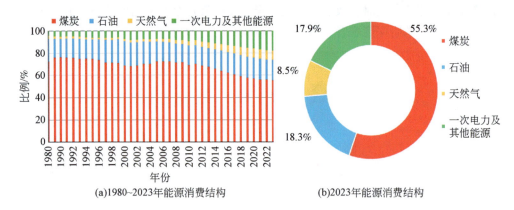

(a)1980~2023年能源消费结构　　　　(b)2023年能源消费结构

图 10-1　我国能源消费结构变化情况

---

① 国家统计局. 2024. 中国统计年鉴 2024. 北京：中国统计出版社.

的 7.4% 增加至 2023 年的 17.9%，增加了 10.5 个百分点。天然气、一次电力及其他能源占比呈波动上升趋势，但仍需注意的是，其占比份额依然较低。

20 世纪 90 年代开始，我国碳排放量快速增长；但从人均碳排放视角，我国还远低于发达国家[①]。我国碳排放主要来源于传统能源消耗，1980 ~ 2020 年，煤炭消耗产生的碳排放占比一直处于 70% 以上[②]。从不同省域来看，1980 ~ 2020 年，我国大部分省份碳排放量均呈现明显增长趋势，但增长速度差异较大，西藏、海南、青海始终为碳排放最低的 3 个省（自治区）。根据国际能源署（IEA）数据，2022 年，我国碳排放总量为 106.1 亿 tCO_2，人均碳排放量为 $7.04tCO_2$[③]。我国碳排放强度（单位 GDP 二氧化碳排放量）呈现逐步下降趋势。

二、碳汇现状

根据《中华人民共和国气候变化第二次两年更新报告》，在已公开的最新温室气体清单中，我国 2014 年温室气体排放总量（包括 LULUCF）为 111.86 亿 tCO_2e。其中，二氧化碳、甲烷、氧化亚氮、氢氟碳化物、全氟化碳和六氟化硫所占比例分别为 81.6%、10.4%、5.4%、1.9%、0.1% 和 0.6%。如不考虑温室气体吸收汇，其总量为 123.01 亿 tCO_2e。我国 2014 年 LULUCF 吸收二氧化碳 11.51 亿 tCO_2e，湿地排放甲烷 172.0 万 tCO_2e，总计净吸收 11.15 亿 tCO_2e。林地、农地、草地、湿地分别吸收 8.40 亿 tCO_2e、0.49 亿 tCO_2e、1.09 亿 tCO_2e、0.45 亿 tCO_2e，建筑用地排放 253.0 万 tCO_2e，林产品吸收 1.11 亿 tCO_2e，全国碳汇量约占碳排放量的 1/9，实现碳中和愿景任重道远。根据 2014 年国家温室气体排放清单，来自林地、草地和林产品的碳汇贡献量最大，林草是提升碳汇能力的关键领域。2010 ~ 2016 年，我国生态系统碳吸收约为 11.1 亿 tCO_2e/a（约占同期人为碳排放量的 45%）[④]。

本章基于我国碳排放现状，梳理了我国推进碳中和目标的政策和脱碳行动，分析了我国实现碳中和面临的主要问题，并在总结国际经验基础上提出对我国实现碳中和目标的启示建议。

---

① 丁仲礼，张涛，等. 2022. 碳中和：逻辑体系与技术需求. 北京：科学出版社.

② 石岳，杨晨，朱江玲，等. 2024. 中国及省域碳排放、陆地碳汇及其相对减排贡献，1980 ~ 2020. 中国科学：生命科学，54（12）：2459-2478.

③ IEA. 2023. How much CO_2 does China emit? https://www.iea.org/countries/china/emissions.

④ Wang J, Feng L, Palmer P, et al. 2020. Large Chinese land carbon sink estimated from atmospheric carbon dioxide data. Nature，586：720-723.

第二节　我国"双碳"政策行动

一、政策框架

习近平总书记指出，要把碳达峰、碳中和纳入生态文明建设整体布局，坚定不移走生态优先、绿色低碳的高质量发展道路。我国基本建立了"双碳""1+*N*"政策体系，有序推进各领域重点工作，"双碳"工作取得良好开局①。2021 年 9 月 22 日发布的《中共中央 国务院关于完整准确全面贯彻新发展理念做好碳达峰碳中和工作的意见》② 等文件在贯穿"双碳"阶段的顶层设计中起到引领作用，设定了主要目标，首次提出到 2060 年非化石能源消费占比达到 80% 以上的目标。"*N*"包括能源、工业、交通、城乡等分领域、分行业碳达峰实施方案，以及科技支撑、能源保障、碳汇能力、财政金融、标准计量、督察考核等保障性计划。

二、政策行动

国家层面围绕"1+*N*"政策体系，分别从能源、工业、交通、城乡等不同领域，制定以下十大行动。

（一）能源绿色低碳转型行动

2022 年 1 月以来，国家发展和改革委员会、国家能源局等相关部门就如何推进能源领域绿色低碳转型提出规划，发布多份政策文件或行动方案（图 10-2）。2022 年 1 月 29 日，国家发展和改革委员会、国家能源局出台《"十四五"现代能源体系规划》③，加快推动能源绿色低碳转型，为构建新型电力系统作出部署和规划。2022 年 1 月 30 日，国家发展和改革委员会等部门出台了《关于完善能

---

① 人民日报 . 2022. 我国碳达峰碳中和"1+*N*"政策体系已基本建立 . https://baijiahao. baidu. com/s? id = 1738670975078026719&wfr = spider&for = pc［2022-07-18］.

② 中华人民共和国中央人民政府 . 2021. 中共中央 国务院关于完整准确全面贯彻新发展理念做好碳达峰碳中和工作的意见 . https://www. gov. cn/gongbao/content/2021/content_5649728. htm［2021-09-22］.

③ 中华人民共和国国家发展和改革委员会 . 2022. 国家发展改革委 国家能源局两部门关于印发《"十四五"现代能源体系规划》的通知 . 发改能源〔2022〕210 号 . https://www. ndrc. gov. cn/xxgk/zcfb/ghwb/202203/t20220322_1320016. html? state = 123&code = &state = 123［2022-01-29］.

源绿色低碳转型体制机制和政策措施的意见》①。2022 年 3 月 23 日印发《氢能产业发展中长期规划（2021—2035 年）》，提出氢能产业助力绿色低碳转型远景规划，并提出阶段性目标②。2024 年 5 月 28 日发布《国家能源局关于做好新能源消纳工作 保障新能源高质量发展的通知》③，2024 年 7 月 25 日发布《加快构建新型电力系统行动方案（2024—2027 年）》④，2024 年 8 月 2 日印发《配电网高质量发展行动实施方案（2024—2027 年）》⑤，就能源消纳、新型电力、配电网等方面如何转型和高质量发展进行布局。

图 10-2　能源绿色低碳转型行动相关政策梳理

（二）节能降碳增效行动

2022 年 1 月以来，国务院、国家发展和改革委员会等相关部门发布了关于节

①　中华人民共和国国家发展和改革委员会.2022. 国家发展改革委 国家能源局关于完善能源绿色低碳转型体制机制和政策措施的意见. 发改能源〔2022〕206 号. https://www. ndrc. gov. cn/xxgk/zcfb/tz/202202/t20220210_1314511. html？code=&state=123［2022-01-30］.

②　中华人民共和国国家发展和改革委员会.2022. 国家发展改革委 国家能源局联合印发《氢能产业发展中长期规划（2021—2035 年）》. https://www. ndrc. gov. cn/xxgk/zcfb/ghwb/202203/t20220323_1320038. html？code=&state=123［2022-03-23］.

③　中华人民共和国中央人民政府.2024. 国家能源局关于做好新能源消纳工作 保障新能源高质量发展的通知. 国能发电力〔2024〕44 号. https://www. gov. cn/zhengce/zhengceku/202406/content_6956401. htm［2024-05-28］.

④　中华人民共和国中央人民政府.2024. 国家发展改革委 国家能源局 国家数据局关于印发《加快构建新型电力系统行动方案（2024—2027 年）》的通知. 发改能源.〔2024〕1128 号. https://www. gov. cn/zhengce/zhengceku/202408/content_6966863. htm［2024-07-25］.

⑤　中华人民共和国中央人民政府.2024. 国家能源局关于印发《配电网高质量发展行动实施方案（2024—2027 年）》的通知. 国能发电力〔2024〕59 号. https://www. gov. cn/zhengce/zhengceku/202408/content_6969919. htm［2024-08-02］.

能降碳增效行动的多份政策文件或行动方案，就能源领域如何实现节能降碳增效提出解决方案（图10-3）。2022年1月24日印发《"十四五"节能减排综合工作方案》①，围绕实施节能减排重点工程提出明确目标和具体任务。2022年2月3日印发《高耗能行业重点领域节能降碳改造升级实施指南（2022年版）》②，聚焦炼油、水泥、钢铁、铁合金等17个行业，提出重点领域节能降碳改造升级工作方向和具体目标。2022年6月10日印发《减污降碳协同增效实施方案》③，提出到2025年和到2030年减污降碳协同推进的具体工作和目标。2024年5月23日印发《2024—2025年节能降碳行动方案》，旨在通过一系列措施，确保实现节能降碳约束性指标，同时推动高质量发展④。

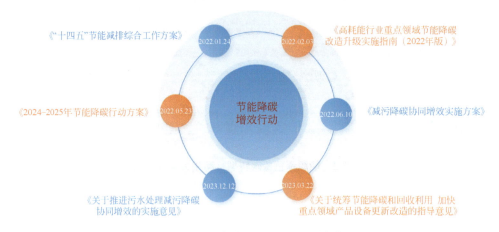

图10-3　节能降碳增效行动相关政策梳理

（三）工业领域碳达峰行动

2021年11月以来，工业和信息化部等相关部门发布了关于工业领域碳达峰行动的多份政策文件或行动方案，就工业领域如何实现碳达峰提出解决方案（图10-4）。

---

① 中华人民共和国中央人民政府．2022．国务院关于印发"十四五"节能减排综合工作方案的通知．国发〔2021〕33号．https：//www．gov．cn/zhengce/content/2022-01/24/content_5670202．htm［2022-01-24］．

② 中华人民共和国国家发展和改革委员会．2022．关于发布《高耗能行业重点领域节能降碳改造升级实施指南（2022年版）》的通知．发改产业〔2022〕200号．https：//www．ndrc．gov．cn/xwdt/tzgg/202202/t20220211_1315447．htm［2022-02-11］．

③ 中华人民共和国生态环境部．2022．关于印发《减污降碳协同增效实施方案》的通知．环综合〔2022〕42号．https：//www．mee．gov．cn/xxgk2018/xxgk/xxgk03/202206/t20220617_985879．html［2022-06-13］．

④ 中华人民共和国中央人民政府．2024．国务院关于印发《2024—2025年节能降碳行动方案》的通知．国发〔2024〕12号．https：//www．gov．cn/zhengce/content/202405/content_6954322．htm［2024-05-23］．

2021 年 11 月 15 日印发《"十四五"工业绿色发展规划》①，提出到 2025 年工业领域碳排放强度持续下降目标。2022 年 1 月 20 日，工业和信息化部、国家发展和改革委员会、生态环境部发布《关于促进钢铁工业高质量发展的指导意见》②，提出钢铁行业到 2025 年和 2030 年阶段目标。2022 年 6 月 23 日发布《工业能效提升行动计划》③，提出到 2025 年重点工业行业能效全面提升及重点领域能效明显提升等目标。2022 年 8 月 1 日发布《工业领域碳达峰实施方案》④，提出到 2025年工业领域产业结构与用能结构优化取得积极进展，确保在 2030 年前实现碳达峰。2024 年 2 月 4 日印发《工业领域碳达峰碳中和标准体系建设指南》⑤，提出到 2025 年和到 2030 年建设目标，旨在发挥标准体系在工业领域实现"双碳"目标的引领规范作用。

图 10-4　工业领域碳达峰行动相关政策梳理

①　中华人民共和国工业和信息化部.2021.工业和信息化部关于印发《"十四五"工业绿色发展规划》的通知.工信部规〔2021〕178 号.http://www.gov.cn/zhengce/zhengceku/2021-12/03/content_5655701.htm〔2021-11-15〕.

②　中华人民共和国工业和信息化部.2022.关于促进钢铁工业高质量发展的指导意见.工信部联原〔2022〕6 号.http://www.gov.cn/zhengce/zhengceku/2022-02/08/content_5672513.htm〔2022-01-20〕.

③　中华人民共和国工业和信息化部.2022.工业和信息化部等六部门关于印发工业能效提升行动计划的通知.工信部联节〔2022〕76 号.https://www.miit.gov.cn/zwgk/zcwj/wjfb/tz/art/2022/art_d07d6da4c3c043f89cc3715df96bddf8.html〔2022-06-29〕.

④　中华人民共和国工业和信息化部.2022.工业和信息化部 国家发展改革委 生态环境部关于印发工业领域碳达峰实施方案的通知.工信部联节〔2022〕88 号.https://www.miit.gov.cn/jgsj/jns/wjfb/art/2022/art_9984665dbb904976a064a69be1b03f06.html〔2022-07-07〕.

⑤　中华人民共和国工业和信息化部.2024.工业和信息化部办公厅关于印发工业领域碳达峰碳中和标准体系建设指南的通知.工信厅科〔2024〕7 号.https://www.gov.cn/zhengce/zhengceku/202402/content_6933519.htm〔2024-02-04〕.

（四）城乡建设碳达峰行动

2021 年 10 月以来，中共中央办公厅、国务院办公厅等相关部门发布了关于城乡建设碳达峰行动的多份政策文件或行动方案，就城乡建设领域如何实现碳达峰提出解决方案（图 10-5）。2021 年 10 月 21 日印发《关于推动城乡建设绿色发展的意见》[①]，提出推动城乡建设转型形成绿色发展和生活方式等目标。2022 年 3 月 1 日印发《"十四五"建筑节能与绿色建筑发展规划》[②]，提出到 2025 年城镇新建建筑在能源利用、结构优化、排放控制等方面具体目标。2022 年 5 月 7 日印发《农业农村减排固碳实施方案》[③]，提出到 2025 年和 2030 年农业农村领域减排固碳、粮食安全、乡村振兴、现代化统筹等目标。2022 年 6 月 30 日印发《城乡建设领域碳达峰实施方案》[④]，从低碳城市、低碳乡村、保障措施和组织实施四个方面就如何推进城乡建设碳达峰进行部署。2024 年 3 月 27 日印发《推进建筑和市政基础设施设备更新工作实施方案》[⑤]，旨在通过大规模设备更新促进城市高质量发展。

图 10-5 城乡建设碳达峰行动相关政策梳理

① 中华人民共和国中央人民政府 . 2021. 中共中央办公厅 国务院办公厅印发《关于推动城乡建设绿色发展的意见》. https：//www. gov. cn/zhengce/2021-10/21/content_5644083. htm［2021-10-21］.

② 中华人民共和国中央人民政府 . 2022. 住房和城乡建设部关于印发"十四五"建筑节能与绿色建筑发展规划的通知 . 建标〔2022〕24 号 . https：//www. gov. cn/zhengce/zhengceku/2022- 03/12/content_5678698. htm［2022-03-01］.

③ 中华人民共和国农业农村部 . 2022. 农业农村部 国家发展改革委关于印发《农业农村减排固碳实施方案》的通知 . 农科教发〔2022〕2 号 . http：//www. kjs. moa. gov. cn/hbny/202206/t20220629_6403713. htm［2022-06-29］.

④ 中华人民共和国中央人民政府 . 2022. 住房和城乡建设部 国家发展改革委关于印发城乡建设领域碳达峰实施方案的通知 . 建标〔2022〕53 号 . https：//www. gov. cn/zhengce/zhengceku/2022-07/13/content_5700752. htm［2022-06-30］.

⑤ 中华人民共和国中央人民政府 . 2024. 住房和城乡建设部关于印发推进建筑和市政基础设施设备更新工作实施方案的通知 . 建城规〔2024〕2 号 . https：//www. gov. cn/zhengce/zhengceku/202404/content_6944067. htm？ddtab=true［2024-03-27］.

（五）交通运输绿色低碳行动

2021 年 1 月以来，国务院、交通运输部、国家铁路局等相关部门发布了关于交通运输绿色低碳行动的多份政策文件或行动方案，就交通运输领域如何实现碳达峰提出解决方案（图 10-6）。2021 年 9 月 22 日发布《中共中央 国务院关于完整准确全面贯彻新发展理念做好碳达峰碳中和工作的意见》①，提出形成绿色低碳交通运输方式，推进低碳交通运输体系建设。2021 年 12 月 9 日印发《"十四五"现代综合交通运输体系发展规划》②，提出到 2025 年综合交通运输基本实现一体化融合发展，智能化与绿色化取得实质性突破目标。2023 年 6 月 8 日印发《关于进一步构建高质量充电基础设施体系的指导意见》③，提出促进新能源汽车广泛使用助力实现"双碳"目标。2023 年 12 月 13 日发布《关于加强新能源汽车与电网融合互动的实施意见》④，提出车网融合互动，支持新型电力系统高效

图 10-6　交通运输绿色低碳行动相关政策梳理

①　中华人民共和国中央人民政府. 2021. 中共中央 国务院关于完整准确全面贯彻新发展理念做好碳达峰碳中和工作的意见. https://www. gov. cn/gongbao/content/2021/content_5649728. htm［2024-03-27］.

②　中华人民共和国中央人民政府. 2021. 国务院关于印发"十四五"现代综合交通运输体系发展规划的通知. 国发〔2021〕27 号. https://www. gov. cn/zhengce/content/2022- 01/18/content _5669049. htm［2022-01-18］.

③　国务院. 2023. 国务院关于进一步构建高质量充电基础设施体系的指导意见. 国办发〔2023〕19 号. https://www. gov. cn/zhengce/content/202306/content_6887167. htm［2023-06-19］.

④　中华人民共和国中央人民政府. 2023. 国家发展改革委等部门关于加强新能源汽车与电网融合互动的实施意见. 发改能源〔2023〕1721 号. https://www. gov. cn/zhengce/zhengceku/202401/content _6924347. htm［2023-12-13］.

经济运行。2024 年 5 月 31 日印发《交通运输大规模设备更新行动方案》①，旨在推动交通运输行业高质量发展，服务构建交通强国新发展格局。

（六）循环经济助力降碳行动

2022 年 2 月以来，工业和信息化部等相关部门发布了关于循环经济助力降碳行动的政策文件或行动方案，就各领域如何实现经济循环利用提出解决方案（图 10-7）。2022 年 1 月 27 日印发《关于加快推动工业资源综合利用实施方案》②，提出到 2025 年钢铁、有色、化工等重点行业在固废综合利用、资源循环利用等方面的目标。2022 年 3 月 25 日印发《关于加快建设全国统一大市场的意见》③，提出具体工作原则和目标，为构建高水平社会主义市场经济体制提供支撑。2023 年 2 月 6 日印发《质量强国建设纲要》④，提出要建设质量强国，提升国家整体质量水平，确保人民群众生命财产安全，提供保障全面建设社会主义现代化国家。2023 年 10 月 19 日印发《温室气体自愿减排交易管理办法（试行)》⑤，旨在通过市场机制控制和温室气体排放减少为温室气体自愿减排交易市场提供基础性制度保障，促进我国碳达峰碳中和目标实现。2023 年 12 月 31 日印发《"数据要素×"三年行动计划（2024—2026 年)》⑥，旨在通过数据要素的放大、叠加、倍增作用，推动经济社会的高质量发展，构建以数据为关键要素的数字经济新格局。2024 年 2 月 6 日印发《国务院办公厅关于加快构建废弃物循环利用体系的意见》⑦，强调构建这一体系是保障国家资源安全和推进碳达峰碳中和的重要举措。2024 年 3 月 27 日印发《关于进一步强化金融支持绿色低碳发展

---

① 中华人民共和国中央人民政府．2024．交通运输部等十三部门关于印发《交通运输大规模设备更新行动方案》的通知．交规划发〔2024〕62 号．https：//www.gov.cn/zhengce/zhengceku/202406/content_6956170.htm？ddtab=true［2024-05-31］.

② 中华人民共和国工业和信息化部．2022．工业和信息化部等八部门关于印发《关于加快推动工业资源综合利用实施方案》的通知．工信部联节〔2022〕9 号．http：//www.gov.cn/zhengce/zhengceku/2022-02/11/content_5673067.htm［2022-01-27］.

③ 中华人民共和国国务院公报．2022．中共中央 国务院关于加快建设全国统一大市场的意见．国务院公报 2022 年第 12 号．https：//www.gov.cn/gongbao/content/2022/content_5687499.htm［2022-03-25］.

④ 中华人民共和国国务院公报．2023．中共中央 国务院印发《质量强国建设纲要》．国务院公报 2023 年第 5 号．https：//www.gov.cn/gongbao/content/2023/content_5742204.htm［2023-02-06］.

⑤ 中华人民共和国生态环境部．2023．《温室气体自愿减排交易管理办法（试行)》．生态环境部 市场监管总局令第 31 号．https：//www.gov.cn/zhengce/zhengceku/202310/content_6910691.htm［2023-10-19］.

⑥ 国家数据局．2024．国家数据局等部门关于印发《"数据要素×"三年行动计划（2024—2026 年)》的通知．国数政策〔2023〕11 号．https：//mp.weixin.qq.com/s/YyhLQo4lZIFNMiyupdvO1A［2024-01-04］.

⑦ 中华人民共和国国务院公报．2024．国务院办公厅《关于加快构建废弃物循环利用体系的意见》．国办发〔2024〕7 号．https：//www.gov.cn/zhengce/content/202402/content_6931079.htm［2024-02-09］.

的指导意见》①，旨在推动绿色金融发展，建立金融机构碳核算方法和数据库，提升碳核算规范性和透明度，助力实现"双碳"目标。2024 年 7 月 31 日印发《关于加快经济社会发展全面绿色转型的意见》②，强调构建绿色低碳高质量发展空间格局、加快产业结构绿色低碳转型，旨在推动中国经济社会全面绿色转型。

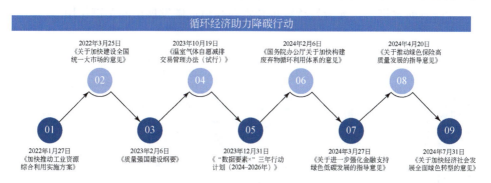

图 10-7　循环经济助力降碳行动相关政策梳理

（七）绿色低碳科技创新行动

2022 年 4 月以来，科学技术部、生态环境部等相关部门陆续发布了关于绿色低碳科技创新行动的政策文件和行动方案，提出各领域通过科技创新实现绿色低碳的解决方案（图 10-8）。2021 年 11 月 29 日印发《"十四五"能源领域科技创新规划》③，围绕创新协同机制、创新平台体系、成果示范应用等 8 个方面提出保障措施。2022 年 8 月 18 日印发《科技支撑碳达峰碳中和实施方案（2022—2030 年)》④，提出 10 项具体行动加强基础研究、技术研发、应用示范、人才培

①　中国人民银行 . 2024. 中国人民银行 国家发展改革委 工业和信息化部 财政部 生态环境部 金融监管总局 中国证监会关于进一步强化金融支持绿色低碳发展的指导意见 . https：//www. gov. cn/zhengce/zhengceku/202404/content_6944452. htm［2024-03-27］.

②　中华人民共和国国务院公报 . 2024. 中共中央 国务院关于加快经济社会发展全面绿色转型的意见 . 国务院公报 2024 年第 24 号 . https：//www. gov. cn/gongbao/2024/issue_11546/202408/content_6970974. html［2024-07-31］.

③　中华人民共和国国家能源局 . 2021. 国家能源局 科学技术部关于印发《"十四五"能源领域科技创新规划》的通知 . 国能发科技〔2021〕58 号 . http：//zfxxgk. nea. gov. cn/2021-11/29/c_1310540453. htm［2021-11-29］.

④　中华人民共和国科学技术部 . 2022. 科技部等九部门关于印发《科技支撑碳达峰碳中和实施方案（2022—2030 年)》的通知 . 国科发社〔2022〕157 号 . https：//www. most. gov. cn/xxgk/xinxifenlei/fdzdgknr/qtwj/qtwj2022/202208/t20220817_181986. html［2022-08-18］.

养等方面科技支撑。2022 年 9 月 19 日印发《"十四五"生态环境领域科技创新专项规划》①，旨在解决我国主要生态环境问题与重大科技需求，为提升生态环境治理能力和生态文明建设提供有力的科技支撑。2022 年 12 月 13 日印发《关于进一步完善市场导向的绿色技术创新体系实施方案（2023—2025 年)》②，加快节能降碳技术研发推广，充分发挥绿色技术在绿色低碳发展中的关键作用。

图 10-8　绿色低碳科技创新、碳汇能力巩固提升及绿色低碳全民行动相关政策梳理

（八）碳汇能力巩固提升行动

2021 年 12 月以来，自然资源部、国家发展和改革委员会等部门陆续发布了多项关于增强碳汇能力的政策文件或行动方案，以促进生态系统的固碳增汇能力（图 10-8)。2021 年 12 月 31 日我国首个林业碳汇国家标准《林业碳汇项目审定和核证指南》（GB/T 41198—2021）发布，为林业碳汇核算提供了规范化依据。2022 年 9 月 13 日印发《全国国土绿化规划纲要（2022—2030

① 中华人民共和国科学技术部. 2022. 关于印发《"十四五"生态环境领域科技创新专项规划》的通知. 国科发社〔2022〕238 号. https://www.gov.cn/zhengce/zhengceku/2022-11/02/content_5723769.htm〔2022-09-19〕.

② 中华人民共和国国家发展和改革委员会. 2022. 国家发展改革委 科技部印发《关于进一步完善市场导向的绿色技术创新体系实施方案（2023—2025 年)》的通知. 发改环资〔2022〕1885 号. https://www.gov.cn/zhengce/zhengceku/2022-12/28/content_5733971.htm〔2022-12-13〕.

年)》①，旨在科学推进高质量国土绿化，提升生态系统碳汇功能，强化支撑体系建设。2023 年 4 月 22 日印发《生态系统碳汇能力巩固提升实施方案》②，通过系列举措增强森林、草原、湿地和海洋等生态系统的固碳效益。2024 年 1 月 11 日印发《蓝碳生态系统保护修复项目增汇成效评估技术规程（试行）》③，为蓝碳生态系统修复和增汇效果评估提供技术指导，为实现海洋生态文明与"双碳"目标提供支撑。

（九）绿色低碳全民行动

2022 年 5 月以来，教育部及相关部门陆续出台了一系列政策文件和行动方案，倡导在居民生活领域推行绿色低碳理念（图 10-8）。2022 年 4 月 19 日印发《加强碳达峰碳中和高等教育人才培养体系建设工作方案》④，提出绿色低碳教育、建设科技攻关平台、培养急需人才等 22 项重要任务。2022 年 10 月 26 日印发《绿色低碳发展国民教育体系建设实施方案》⑤，旨在将绿色低碳理念融入国民教育体系各个环节，培养青少年绿色低碳意识，助力实现"双碳"目标。2023 年 5 月 31 日印发《公民生态环境行为规范十条》⑥，倡导公民积极参与环保活动，提升公众环保意识，鼓励公民践行绿色行为，守护生态环境。

（十）各地区梯次有序碳达峰行动

2022 年 7 月以来，我国 31 个省（自治区、直辖市）陆续发布了关于碳达峰行动相关的政策文件或行动方案，就如何实现碳达峰提出解决方案。就达峰时间来看，上海、北京、江苏等多个省（直辖市）提出争取率先或提前实现碳达峰目标；就减排行业来看，优化产业和能源结构成为各地实现碳达峰工作的"重头戏"。各地根据经济模式、碳排放结构、行动进展等方面的差异，制定了因地制

① 中华人民共和国国家林业和草原局.2022.《全国国土绿化规划纲要（2022—2030 年）》发布.https://www.gov.cn/xinwen/2022-09/13/content_5709591.htm［2022-09-13］.

② 中华人民共和国自然资源部.2023.生态系统碳汇能力巩固提升实施方案.https://news.cctv.com/2023/04/22/ARTI5YEeo76QnpRDIVNDhwq4230422.shtml［2023-04-22］.

③ 中华人民共和国自然资源部.2024.蓝碳生态系统保护修复项目增汇成效评估技术规程（试行）.https://www.iziran.net/news.html?aid=5295047［2024-01-11］.

④ 中华人民共和国教育部.2022.教育部关于印发《加强碳达峰碳中和高等教育人才培养体系建设工作方案》的通知.教高函〔2022〕3 号.http://www.moe.gov.cn/srcsite/A08/s7056/202205/t20220506_625229.html［2022-04-24］.

⑤ 中华人民共和国教育部.2022.教育部关于印发《绿色低碳发展国民教育体系建设实施方案》的通知.教发〔2022〕2 号.https://www.gov.cn/zhengce/zhengceku/2022-11/09/content_5725566.htm［2022-10-26］.

⑥ 中华人民共和国生态环境部.2023.关于发布《公民生态环境行为规范十条》的公告.公告 2023 年第 17 号.https://www.mee.gov.cn/xxgk2018/xxgk/xxgk01/202306/t20230605_1032476.html［2023-05-31］.

宜的碳达峰策略与实施路径（图 10-9）。例如，上海、浙江等经济相对发达地区注重绿色金融和科技创新；河北、江苏等工业基础较强的省份重点推进工业绿色化；宁夏、四川等西部省（自治区）依托资源优势，着力发展新能源与清洁电力。

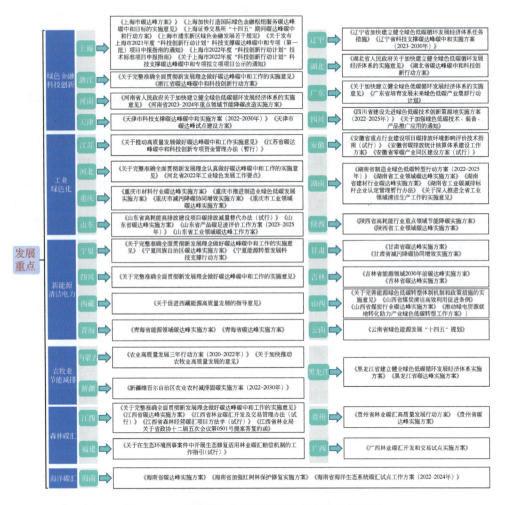

图 10-9 各地区梯次有序碳达峰行动相关政策梳理

此外，要实现碳达峰碳中和目标，需要推动经济社会全面转型，各行业也积极投入行动。例如，2020 年 9 月我国提出"双碳"目标以来，电力、油气、钢铁、石化、铝业、建筑、汽车、金融、通信、互联网等企事业及社会组织也陆续发布了碳达峰工作的战略规划和路线图（图 10-10）。

图 10-10　社会组织/机构实现碳达峰行动相关政策梳理

在电力行业，国家电网有限公司[①]、中国南方电网有限责任公司[②]和中国大唐有限公司[③]等企业着重于清洁能源的替代和能源结构的优化，通过供给侧的清洁替代和消费侧的电能替代，逐步减少对化石能源的依赖，并提出了 2030 年非化石能源占比目标。

在油气行业，国家落实"四个革命、一个合作"能源安全新战略[④]，推动供给侧结构性改革，注重科技创新和资源节约，以促进炼油行业的绿色创新发展。中国海洋石油集团有限公司已启动碳中和规划，提升天然气供给和新能源开发的

---

① 中国电力发展促进会. 2021. 国家电网公司发布"碳达峰、碳中和"行动方案. http://www.ceppc. org. cn/fzdt/hyqy/2021-03-02/963. html［2021-03-02］.

② 南方电网报. 2022. "八大行动"全力服务支撑碳达峰 先行先试打造二十五项新型电力系统样板标杆. https://www.csg.cn/newzt/2022/lh/nwdj/202203/t20220311_326302. html［2022-03-11］.

③ 中国大唐集团有限公司. 2021. 行稳致远 目标必达 中国大唐发布碳达峰碳中和行动纲要. https://www.china-cdt.com/dtwz/showNewsForSiteControlAction！showNews. action？site = dtwz_site&news = B269540B-CA16-220D-8F67-96E1B3271508［2021-06-23］.

④ 中华人民共和国中央人民政府. 2023. 国家发展改革委等部门关于促进炼油行业绿色创新高质量发展的指导意见. 发改能源〔2023〕1364 号. https://www.gov.cn/zhengce/zhengceku/202310/content_6911599. htm［2023-10-10］.

比例，提升清洁能源的比例。中国核工业集团有限公司则致力于安全有序发展核能，巩固其在清洁能源方面的主力地位。

在钢铁行业，中国宝武钢铁集团有限公司[①]、河钢集团有限公司[②]、鞍钢集团有限公司[③]等企业均已发布碳达峰与碳中和的具体目标，明确在创新、技术和生产过程优化方面的措施路径。

在建筑行业，国家出台相关政策推动建筑行业向绿色低碳方向转型，促进经济社会发展全面绿色转型[④]。中国建筑第八工程局有限公司制定碳中和发展计划及实施措施，提出通过建设低能耗建筑项目、提升建筑绿化碳汇水平、应用绿色施工技术等措施实现建筑碳达峰与碳中和[⑤]。

在金融行业，江苏银行、上海证券交易所等机构通过气候融资支持清洁能源，扩大绿色债券和绿色专项投资，积极发展绿色金融。2024年，中国人民银行联合六部委发布文件[⑥]，推动金融机构提升碳核算能力，加大绿色信贷支持力度，推动绿色金融发展。

在通信行业，中国移动、中国电信、中国联通等企业提出多份行动计划，主要通过节能、洁能、赋能三条行动主线，推动通信基站能效提升、深化通信节能技术应用、促进通信绿色产业发展，发挥信息技术的杠杆作用，积极推动数字智能化转型，助力社会减排。

在互联网行业，多家互联网企业抢占"双碳"赛道。深圳市腾讯计算机系统有限公司、阿里巴巴集团控股有限公司、百度在线网络技术（北京）有限公司、上海哈啰普惠科技有限公司等企业主要通过降低运营能耗、提高清洁能源使用比例、碳抵消等方式实现"双碳"目标。

---

① 中国宝武报.2021.《中国宝武碳中和行动方案》发布. https://i. xpaper. net/baowu/news/6538/40403/198651-1. shtml［2021-11-30］.

② 中国日报中文网.2021. 河钢集团发布低碳绿色发展行动计划：2022年实现碳达峰 2050 年实现碳中和. https://heb. chinadaily. com. cn/a/202103/12/WS604b3295a3101e7ce9743c5d. html［2021-03-12］.

③ 鞍钢日报.2021.《鞍钢集团碳达峰碳中和宣言》正式发布. http://www. ansteel. cn/news/xinwenzixun/2021-05-28/b9e91e0ec6afbd19daf5f80918d5d4ca. html［2021-05-28］.

④ 国务院办公厅.2024. 国务院办公厅关于转发国家发展改革委、住房城乡建设部《加快推动建筑领域节能降碳工作方案》的通知. 国办函〔2024〕20号. https://www. gov. cn/zhengce/content/202403/content_6939606. htm［2024-03-15］.

⑤ 澎湃新闻.2022. 落实"双碳"行动！中建八局这家单位公布碳中和路线图. https://www. thepaper. cn/newsDetail_forward_19124353［2022-07-21］.

⑥ 中国人民银行网站.2024. 中国人民银行 国家发展改革委 工业和信息化部 财政部 生态环境部 金融监管总局 中国证监会 关于进一步强化金融支持绿色低碳发展的指导意见. https://www. gov. cn/zhengce/zhengceku/202404/content_6944452. htm［2024-03-27］.

第三节　重点领域减排措施

本节通过对上述我国及各省（自治区、直辖市）"双碳"行动相关政策文件进行文本挖掘，对能源、工业、交通、建筑、农业和全民行动等重点领域的减排措施进行梳理（图 10-11），并在此基础上进行分析，旨在为推进我国"双碳"进程提供参考①。

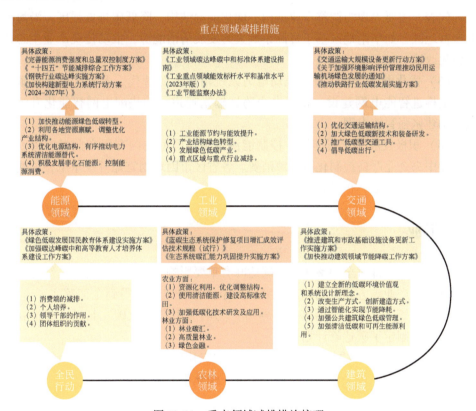

图 10-11　重点领域减排措施梳理

一、能源

能源消耗是我国二氧化碳排放主要来源，是减排降碳关键领域，能源减排措

---

① 刘莉娜，刘燕飞，秦冰雪，等 . 2023. "双碳"背景下我国重点领域的减排措施及建议 . 双碳情报动态，1：1-5.

施部署是实现"双碳"目标的重中之重。未来我国需要加大力度发展非化石能源，如氢能产业绿色低碳转型，构建新型电力系统，实现煤炭清洁高效利用等，加快推动能源绿色低碳转型。

（1）加快推动能源绿色低碳转型。工业大省，如广东、黑龙江等推动发电能源转型，扩大可再生能源发电比例，研发启用先进能源技术。高原省区，如青海、甘肃、西藏等推动能源清洁低碳安全高效利用，建设清洁能源基地。

（2）利用各地资源禀赋，调整优化产业结构。建材重要生产地，以华中地区为代表，主要表现为调整产业结构、优化能源结构，降低碳排放强度。沿海资源丰富地区，如华南地区基于资源禀赋大力发展清洁能源，推动传统产业生态化绿色化改造。

（3）优化电源结构，有序推动电力系统清洁能源替代。多省区市提出碳达峰方案推进智能电网建设，拓展电力跨区输送通道；加快配电网智能化升级改造，构建坚强智能电网。

（4）积极发展非化石能源，控制能源消费。国务院国有资产监督管理委员会指导中央企业严格控制化石能源消费。各省区市因地制宜地开发水电，加快发展风电、光伏发电，积极有序发展核电。

二、工业

工业领域减排对全国整体实现碳达峰有重要影响。通过提高能效、绿色转型和发展低碳产业等方式，我国工业领域的节能减排工作将得到全面落实。云南、陕西、宁夏等多个省（自治区、直辖市）为响应国家"双碳"行动，相继在各自工业领域制定了碳达峰计划。

（1）工业能源节约与能效提升。加强重点用能单位节能管理、组织实施节能重点工程、加大节能先进技术推广力度、强化节能法律法规和标准约束，实施能源消耗强度和总量双控制度。

（2）产业结构绿色转型。继续严格控制盲目扩大高耗能、高排放项目，依法依规淘汰落后产能，促进过剩产能加快淘汰。建立完善的制度和监管体系，严格落实钢铁、铁合金、炼焦等13个行业准入条件。

（3）发展绿色低碳产业。关注能源或资源消耗低、环境污染少、附加值高、市场需求旺盛的产业；加快发展新能源、新材料等战略性新兴产业，推动新兴技术与绿色低碳产业深度融合。

（4）重点区域与重点行业减排。优化重点区域绿色低碳发展布局，分类实施绿色转型升级工程。强化钢铁、建材、化工、有色等重点行业能源消费及碳排放管控目标,推行绿色制造,推进工业绿色化改造。

三、交通

交通运输是碳排放的重要领域之一。我国在交通减排方面将节约能源作为降碳的首要途径,主要通过优化交通运输结构、加大先进绿色低碳新技术和装备的研发和应用力度、推广节能低碳型交通工具、倡导低碳出行等方式节能降碳。

(1)优化交通运输结构。完善铁路、公路、水运、民航、邮政等基础设施网络,降低运输能耗和二氧化碳排放强度。例如,山东计划耗资 2700 亿元用于全省综合立体交通网建设;湖北依托长江黄金水道通江达海的优势,开展铁水联运"一单制"综合试点。

(2)加大绿色低碳新技术和装备研发。推动交通运输领域低碳前沿技术攻关,降低运输工具平均油耗和废气排放。鼓励支持科研机构、高等学校和企业事业单位开展低碳交通技术和装备研发,培育和建设创新基地与平台,加强创新成果转化应用。

(3)推广低碳型交通工具。修订适应"双碳"要求的交通工具能耗限值准入标准,引导行业选择和使用高能效车船。发展新能源和清洁能源运输工具,加强绿色基础设施建设,比如广东茂名已落地国内首个可持续航空燃料产业基地。

(4)倡导低碳出行。完善城市公共交通服务网络,指导各地加快城市轨道交通等大容量城市公共交通系统发展。大力建设自行车、步行等城市慢行系统,宣传低碳出行,加快推动形成绿色生活方式。

四、建筑

住房和城乡建设部印发《"十四五"建筑节能与绿色建筑发展规划》,提出总体发展目标:到 2025 年,城镇新建建筑全面建成绿色建筑,建筑能源利用效率稳步提升,建筑用能结构逐步优化,建筑能耗和碳排放增长趋势得到有效控制,基本形成绿色、低碳、循环的建设发展方式,为城乡建设领域 2030 年前碳达峰奠定坚实基础。

(1)建立全新的低碳环境价值观和系统设计新理念。建筑设计策略强调个性化、自然化、健康化,形成以低碳建材为主的建筑新格局,减少高碳建材的使用,鼓励使用低碳建材。

(2)转变生产方式,创造建造方法。促进建筑企业加快技术迭代和创新应用,向全产业链模式转型,形成一体化全产业链工作模式,包括现场施工装配式建筑和后期装修创新改造方式。

（3）通过智能化实现节能降耗。加强人工智能等技术运用，促进包括基于"数字孪生"和虚拟空间环境能耗整体优化的现有建筑智能运维，通过数据挖掘实现绿色人居环境。

（4）加强公共建筑绿色低碳管理。按照建筑能耗限额管理要求，严格按照约束值控制公共建筑能耗指标，使公共建筑处于节能、稳定、高效的运行状态，保持良好运维。

（5）加强清洁低碳和可再生能源利用。北方供暖地区需调整供暖用能结构，减少煤炉使用，提高热电联产、可再生能源供暖比例；农村地区扩大可再生能源、光伏应用比例，并建立屋顶光伏试点。

五、农林

农业和林业是国民经济的重要组成部门，其中农业是重要的温室气体排放源，林业将在"双碳"目标实现过程中发挥巨大潜力。农业方面，中国低碳农业与国际较高水平经济体相比尚有差距，适应与缓解气候变化的动植物新品种研发进程较慢、农业生产用清洁能源替代不足、粮食损失与浪费导致的温室气体排放依然严重等问题亟须解决。综合已颁布的农业碳达峰行动一系列实施方案，我国的农业减排固碳重点围绕农业废弃物资源化利用、优化调整种植业与养殖业结构、促进农户住宅及种养设施使用清洁能源、实施高标准农田建设、推进生产技术低碳化5个方面。

（1）合理利用资源。开展废弃物资源化利用、推进农药化肥减量增效行动、推广高效施肥绿色防控技术、促进农田残膜循环利用行动。在粪污处理利用环节，推进畜禽标准化规模养殖，降低温室气体排放。

（2）结构调整优化。因地制宜确定发展方向，引导产业分工协作，促进特色优势产业提质增效，根据区域资源特点和市场调节，合理配置资源和生产要素。

（3）使用清洁能源。推进农村生物质能源多元化利用、光伏风电开发，构建以可再生能源为基础的能源利用体系。例如，吉林在推动农村用能低碳转型方面，大力推广生物质区域性锅炉取暖炉具。

（4）高标准农田。实施耕地地力保护工程，推广用地养地结合的培肥固碳模式，提升土壤有机质含量；加强水利化建设，增加有效灌溉面积和高效节水灌溉面积，因地制宜地提高农业机械化水平。

（5）加强低碳化技术研发及应用。选择高产低碳品种、优化种植方式以提高农业生产效益。采取粪污干湿分离、粪肥深施还田等代化肥施用,同步实现增产与减排。利用秸秆地表覆盖、免耕播种,配套应用病虫草害防治技术,增强土壤固碳能力。

林业方面,基于自然的解决方案(Nature-based Solutions,NbS)是我国实现"双碳"目标的重要手段,林业固碳是实现我国"双碳"愿景的重要路径,开展林业碳汇、发展高质量林业产业和发挥绿色金融助推作用是林业发展的重点。

(1)林业碳汇。顶层设计上,明确提出固碳增碳,从国家到地方的"十四五"规划,均表示要在稳定现有森林碳汇、提升森林质量、构建监测体系和碳汇项目等方面采取措施。在碳汇项目方面,内蒙古、四川和江西等发布了专项文件,内蒙古在包头开展碳汇先行先试工作,四川将推进碳汇计量和潜力评估、固碳增汇项目建设;江西明确林业碳汇开发及交易管理办法。

(2)高质量林业。保护方面,通过实施草原植被恢复、石漠化综合治理、天然林保护修复、生态公益林功能提升等林草生态建设重大工程,积极推进以国家公园为主体的自然保护地体系建设,强化森林资源保护管理。功能方面,通过森林经营,修复和增强森林的供给、调节、服务、支持等多种功能,保护森林生态系统。发展方面,保证林木生长速度与森林资源消耗速度同步,丰富人工造林的林种,并在造林之前进行综合性评估以降低成本,以信息化、网络化和数字化等高技术为辅助,推广林业科技,构建现代化林业治理体系。

(3)绿色金融。通过市场化融资模式吸引国有银行、商业银行等社会资本进入林业。例如,福建打造"林业+金融服务"模式,在森林资源培育、流转、交易、收储等领域全面深化"林银合作"。陕西就绿色金融支持新型林业经营主体发展采取多项措施,推进林农小额免抵押信用贷款和林权抵押贷款等优惠政策,加大国家储备林项目信贷支持,积极构建新型林业经营主体诚信体系和营造良好林业投资环境。

六、全民行动

城乡居民绿色生活方式的形成对建设美丽城市和美丽乡村具有重大意义,同时居民生活消费是未来减碳的重点领域,消费变革在碳中和领域大有可为。

(1)居民消费端碳减排。2022年5月,《公民绿色低碳行为温室气体减排量化导则》正式实施,为消费端碳减排量化提供了标准。

(2)人才培养。推动全国高校加强绿色低碳教育,打造高水平科技攻关平台,加快紧缺人才培养,促进传统专业转型升级,深化产教融合协同育人,加强国际交流与合作。

第四节　我国"双碳"科技创新行动

2022 年，科学技术部等九部门联合印发《科技支撑碳达峰碳中和实施方案（2022—2030 年)》[①]，提出将通过科技创新行动支撑碳达峰碳中和，涉及基础研究、技术研发、应用示范、成果推广、人才培养、国际合作等多个方面以及十项具体行动，是科技支撑碳达峰碳中和的一份顶层设计，同时也是实现"双碳"目标的基础工作之一。针对我国各重点行业碳排放基数和到 2060 年的减排需求预测，系统提出科技支撑碳达峰碳中和的创新方向，统筹低碳科技示范和基地建设、人才培养、低碳科技企业培育和国际合作等措施，推动科技成果产出及示范应用，为实现碳达峰碳中和目标提供科技支撑。此外，我国从能源、工业、交通、建筑、农林和全民行动等重点领域均提出了科技研发促进减排的重点方向（图 10-12）。

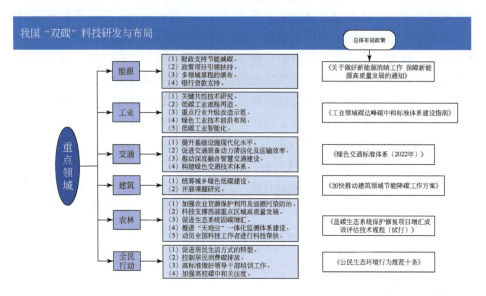

图 10-12　双碳科技研发与布局相关内容梳理

（1）在能源领域，科技研发与布局聚焦绿色低碳转型、优化电源结构、推动清洁能源发展。基于传统能源的基础，国家加速推进煤炭清洁高效利用和新

---

① 中华人民共和国科学技术部.2022. 科技部等九部门关于印发《科技支撑碳达峰碳中和实施方案（2022—2030 年)》的通知 .https://www.most.gov.cn/xxgk/xinxifenlei/fdzdgknr/qtwj/qtwj2022/202208/t20220817_181986.html[2022-08-18].

能源消纳能力的提升，促进煤炭与新能源的优化组合，推动能源消费结构的转型升级，以保障能源安全与降低碳排放。政策引导、财政支持及银行贷款的协同作用，为"双碳"目标提供前瞻性和系统性的支撑，赋能能源领域的持续优化与创新①。

（2）在工业领域，科技研发与布局主要集中于节能提效、产业结构的绿色转型及低碳产业的发展。国家多部门协同出台了一系列规划和实施方案，围绕关键低碳技术、智能低碳工业流程、前沿绿色工业技术进行科学布局。通过实施能源强度和总量双控制度，强化重点用能单位的节能管理，加速低碳工艺革新与数字化转型，推动绿色工业示范产品的开发②。

（3）在交通领域，科技研发与布局致力于优化运输结构、推动绿色低碳技术研发、推广低碳交通工具、鼓励绿色出行等。实现绿色交通转型是节能减排的重要抓手，核心包括建设绿色基础设施、构建可持续智慧交通体系，注重科技成果的高效转化应用。持续推进低碳前沿技术攻关，构建全生命周期绿色交通技术体系，以提升交通领域的创新能力，完善交通科技创新机制和平台③。

（4）在建筑领域，从科技研发与布局来看，城乡建设绿色低碳技术研究以支撑城乡建设绿色发展和碳达峰碳中和为目标，从多个重点领域以及不同尺度、不同层次加强绿色低碳技术研发，如能源系统优化、市政基础设施低碳运行、低碳建筑及低碳社区、城市生态空间增汇减碳等重点领域，以及研究超低能耗建筑等关键技术，推广绿色建材应用，强化建筑领域碳排放核算与测评。同时，推动相关课题研究项目，引导龙头企业联合科研院所等构建科技创新联合体，促进学研用融通创新；支持企业申报省级科技创新平台，推动平台在各领域发挥科技支撑引领作用；培育科技创新领军人才、技术带头人及青年科技人才，形成绿色、低碳、循环的建筑行业发展模式④。

（5）在农林领域，科技研发与布局主要着重于资源化利用、调整优化结构、人才培养等方面，旨在推动农林业高质量发展，充分发挥固碳增汇作用。

---

① 中华人民共和国中央人民政府.2021.关于印发《"十四五"能源领域科技创新规划》的通知.国能发科技〔2021〕58号.https://www.gov.cn/zhengce/zhengceku/2022-04/03/content_5683361.htm[2021-11-29].

② 中华人民共和国中央人民政府.2024.工业和信息化部等七部门关于推动未来产业创新发展的实施意见.工信部联科〔2024〕12号.https://www.gov.cn/zhengce/zhengceku/202401/content_6929021.htm[2024-01-18].

③ 中华人民共和国中央人民政府.2022.交通运输部 科学技术部关于印发《交通领域科技创新中长期发展规划纲要（2021—2035年）》的通知.交科技发〔2022〕11号.https://www.gov.cn/zhengce/zhengceku/2022-04/06/content_5683595.htm[2022-01-24].

④ 浙江省住房和城乡建设厅.2024.省建设厅 省科技厅关于加快推进住房城乡建设领域科技创新的指导意见.https://jst.zj.gov.cn/art/2024/9/29/art_1229159347_58936713.html[2024-09-29].

在科技支撑下，加强农业与科技融合的重要性，鼓励发展各类社会化农业科技服务组织，创新市场化农技推广模式，让农林业生产向着智能化、自动化方向前进，生态环境日趋健康化、生产效率日益提高，最大化发挥其社会效益、经济效益和生态效益。此外，地方政府需要与高校、技术机构结合对人才和技术进行引进，形成完整成熟的农林业教育培训体系，推动全国高校加强绿色低碳教育，打造高水平科技攻关平台，加快培养专业技术型人才，推动农林业建设采用农林科研成果。同时，在应用技术的过程中提炼总结基层经验、发现问题，推动科研工作的进一步深入，形成优势互补、可操作的农林业技术应用体系[①]。

（6）在全民行动领域，公众行为是影响温室气体减排的重要组成部分。社会全面动员、企业积极行动、全民广泛参与均可作为实现生活方式和消费模式绿色转变的重要推动力。例如，通过加大绿色低碳产品推广力度，在社区组织开展各类宣传活动，向全民普及节能理念和节能知识，鼓励公众绿色出行，优先选择公共交通、自行车和步行等绿色出行方式。同时，关注高校科研人才和领导干部的相关工作，加强顶层设计，确保"双碳"行动的顺利实施。

第五节　我国实现"双碳"目标面临的主要问题

"双碳"目标的实现是一场深刻的经济社会变革。本章通过对我国源汇现状、政策行动、减排举措及研发布局进行梳理，发现我国在实现"双碳"目标中仍存在一些挑战和不足，涉及能源、工业、交通、建筑、农林和全民行动等多个方面。

（1）能源转型与供应链安全压力并重。能源领域是碳排放主要来源，其转型是实现"双碳"目标的关键，面临结构调整、技术创新及成本控制等综合挑战[②③]。一是能源结构调整较难。我国能源结构长期以煤炭为主，尽管近年来清洁能源占比有所提升，但煤炭消费仍占主导地位[④]。例如，2023年，煤炭消费占

---

① 人民日报.2024. 科技助力，农业发展更有活力（经济聚焦）. https://www.gov.cn/yaowen/liebiao/202402/content_6933115.htm［2024-02-22］.

② 王戎，陈祉叶，曾嘉伟，等.2024. "双碳"目标下中国能源转型的战略思考. 科技导报，42（19）：10-19.

③ 武强，涂坤，曾一凡.2023. "双碳"目标愿景下我国能源战略形势若干问题思考. 科学通报，68（15）：1884-11898.

④ 国家统计局.2024. 中国统计年鉴2024. 北京：中国统计出版社.

比仍超过 55%，能源转型过程中如何平衡经济发展与能源安全仍是一大难题，这意味着到 2060 年前完全实现能源脱碳转型升级面临巨大挑战。二是新能源规模化利用存在成本和技术挑战。我国风电、光伏、光热等新能源发展迅速，但其发电并网面临着效率低、储能技术不足、电网适应性差等问题；同时缺乏针对氢能、核电等可再生能源安全性的安全技术与管理[1][2]。在扩大新能源规模和高质量发展过程中，这些问题不可避免地抬高了可再生能源成本，制约其长期健康发展[3]。我国电力长期以省域平衡为主，跨省跨区配置能力不足，制约可再生能源大范围优化配置，新能源消纳受限于系统调节能力。此外，能源系统的智慧化发展处于起步阶段，多类型综合能源系统的示范应用也仍在探索，Power-to-X、微电网、微能网等新技术形态需要进一步克服技术挑战实现规模化。三是清洁能源关键矿产资源供应存在较大风险。我国战略性矿产资源对外依存度高达 67%，其中，镍、钴等对外依存度已经超 70%，而回收提取技术尚需破除成本制约，现阶段回收成本和处理成本仍然较高[4]。与此同时，美国等西方国家在确定各自关键矿产清单的同时，不断组建各种资源联盟或供应链联盟，试图将中国排除在全球供应链以外。

（2）产业升级与技术创新仍具挑战。工业领域是实现 "双碳" 目标的重点领域，需要通过产业结构优化和技术创新，实现高碳向低碳转变。一是产业结构调整较难。近年来，第二产业消耗能源约 70%，其中煤炭能源占比约 80%；而第三产业消耗能源约 15%，其中煤炭能源占比只有 35% 左右，这意味着产业转型有助于减排[5]。"双碳" 行动为我国优化产业结构、推进绿色产业发展提供重要机遇。同时，我国传统产业如钢铁、水泥等高耗能、高排放行业占比大，向智能化、高端化、绿色化转型过程中面临着技术、资金、市场等多重挑战。一方面，传统产业发展存在碳锁定效应和路径依赖；另一方面，新兴市场有待进一步激发[6]。二是技术创新不足。我国正处于工业化和城镇化关键阶段，同时面临美国等发达国家对我国进行的技术制约与封锁，在关键核心技术领域面临 "卡脖

① 郗捷，宋洁，王剑晓，等. 2023. 支撑中国能源安全的电氢耦合系统形态与关键技术. 电力系统自动化，47（19）：1-15.

② 国家统计局. 2024. 中国统计年鉴 2024. 北京：中国统计出版社.

③ 张永超. 2022. 电力系统低碳转型面临哪些挑战. 中国城市报.

④ 动力电池退役日增 回收利用体系亟待规范. http://www.xinhuanet.com/fortune/2021-07/07/c_1127629878.htm[2024-12-13].

⑤ 江深哲，杜浩峰，徐铭梽. 2024. "双碳" 目标下能源与产业双重结构转型. 数量经济技术经济研究，2：109-130.

⑥ 陈诗一，许璐，吴海鹏. 2024. "双碳" 目标下中国产业链绿色低碳转型的理论阐释与实现路径. 广东社会科学，5：63-74.

子"技术自主创新不足及技术限制问题。例如，部分高端新型核能材料、光伏组件部分关键原材料如低温银浆、太阳能跟踪支架、PET 基膜等均被国外垄断。质子交换膜、燃料电池膜、电极和关键材料仍以进口居多。我国 CCUS 技术发展及应用水平参差不齐，整体水平滞后于欧美等发达国家和地区。三是国际竞争压力大，国际合作存在障碍。例如，全球产业链中，我国部分高耗能产品出口面临碳关税等贸易壁垒，无形中增加转型压力。受到地缘政治紧张局势和贸易限制的影响，国际合作的深度和广度仍然有限。这种限制不仅影响了技术交流与转移，还增加了中国获取全球前沿技术和资源的难度。

（3）绿色出行与基础设施亟须优化。交通领域是实现"双碳"目标的重要一环，面临能源结构调整、交通方式转变等调整，需要通过推广绿色交通方式、升级改造基础设施来降低交通领域碳排放。一是交通领域能源结构调整面临困难。一方面，交通领域主要依赖石油等化石能源，清洁能源在交通领域的应用还没有普及。另一方面，清洁能源需要突破技术瓶颈和成本问题，才能在交通领域实现规模化应用①。二是交通方式转变缓慢。我国交通方式以公路和铁路运输为主，航运和海运等低碳交通发展相对滞后，从而交通领域不同出行方式的碳排放量存在显著差异。此外，推动交通方式转变需要政府、企业和社会等多方面努力，如加强基础设施建设、优化交通网络布局、提高低碳出行便捷性和舒适性等②。三是公众低碳出行意识不足。尽管政府、社会各界推广低碳出行，但不同地区公众低碳出行意识不同，部分公众低碳出行意识仍然不足③。

（4）绿色建筑与节能减排力度不足。建筑领域是实现"双碳"目标的重点领域之一，面临建筑能耗高和建筑材料低碳化不足等问题，需要通过提高建筑能效和推广绿色建筑，降低建筑全生命周期碳排放。一是建筑能耗高、能效低。例如，我国建筑能耗占全社会总能耗比例较高，且呈现逐年增长趋势；同时，仍存在既有建筑未达到节能标准，新建建筑节能设计执行不严等现象，从而导致能源浪费严重④。二是绿色建材缺乏、材料低碳化不足。例如，我国建筑材料产业仍以高耗能、高排放传统材料为主，低碳材料应用不足。同时，绿色建材成本高、

---

① 许冰，赖风波．2024．交通运输结构优化与城市绿色转型：来自地铁扩建的证据．浙江工商大学学报，1：97-109.

② 张书瑞，谢晓敏，张庭婷，等．2024．"双碳"目标下中国道路交通部门低碳转型路径研究．环境科学学报，（11）：430-442.

③ 刘莉娜，曲建升，曾静静．2024．中国居民生活碳排放时空格局及影响机制研究．北京：气象出版社.

④ 蔡伟光，刘奇琪，李睿，等．2023．碳排放"双控"背景下的建筑能耗总量省际分配——基于公平与效率耦合的视角．干旱区资源与环境，37（11）：100-108.

市场接受度低，且标准体系不完善，限制其推广应用①。三是仍存在建筑废弃物处理不当等问题。例如，建筑拆除和改造过程中产生大量废弃物，其回收利用率低，会增加碳排放和其他生态环境问题②。

（5）生态保护与碳汇功能仍待提升。农林领域中重要的碳汇，面临土地利用变化、农业生产方式转变、森林资源保护等方面问题，需要通过生态保护、植树造林、农业碳汇项目来进一步实现碳汇功能。一是面临生态退化严重问题。例如，青藏高原地区、西北地区长期处于寒旱环境，自然植被以草地为主，挖掘修复退化草地等相关生态系统碳汇功能大有可为③④。此外，森林砍伐、森林火灾、森林虫害等问题会导致森林资源损失严重，从而降低碳汇功能。二是土地利用变化导致碳排放增加。随着城市化进程加速和农业用地减少，土地利用方式改变会导致土壤碳储存能力下降、植被破坏等问题，从而降低碳汇效应⑤。三是农业生产方式转变缓慢。我国仍以高投入、高排放传统农业生产方式为主，低碳农业发展仍面临创新政策、创新动力、创新协同不足等问题⑥。

（6）公众认知和社会参与相对不足。全民行动是实现"双碳"目标的重要保障之一，面临公众认知不足、参与度低和低碳生活方式推广困难等问题，需要政府、企业和社会共同努力推动。一是公众认知不足。尽管政府和社会各界在推广"双碳"目标方面做了大量工作，但公众对于"双碳"目标的认知仍然不足，这会限制全民在推动实现"双碳"目标方面的作用⑦。二是参与度不够。尽管一些大型企业积极进行低碳转型，但中小企业及全民的参与度仍待加强。三是低碳生活方式广泛推广困难。我国传统生活方式惯性相对较大，难以短时间转变，同时绿色生活方式制度支持、供需发展等方面仍很薄弱，全民绿色转型依然存在困难⑧。

---

① 杨子艺，胡珊，徐天昊，等 . 2023. 面向碳中和的各国建筑运行能耗与碳排放对比研究方法及应用 . 气候变化研究进展，19（6）：749-760.

② 卢浩洁，刘宇鹏，宋璐璐，等 . 2022. 福、厦、泉城市群住宅保有量与建筑垃圾产生量多情景预测研究 . 北京师范大学学报（自然科学版），58（2）：253-260.

③ 汪涛，王骁睽，刘丹，等 . 2023. 青藏高原碳汇现状及其未来趋势 . 中国科学：地球科学，53（7）：1506-1516.

④ 冯起，白光祖，李宗省，等 . 2022. 加快构建西北地区生态保护新格局 . 中国科学院院刊，37（10）：1457-1470.

⑤ 易丹，欧名豪，郭杰，等 . 2022. 土地利用碳排放及低碳优化研究进展与趋势展望 . 资源科学，44（8）：1545-1559.

⑥ 费聿珉，赵忠伟 . 2024. 加快构建低碳农业科技创新体系 . 宏观经济管理，9：55-61.

⑦ 刘莉娜，曲建升，曾静静 . 2024. 中国居民生活碳排放时空格局及影响机制研究 . 北京：气象出版社 .

⑧ 徐嘉祺，佘升翔，刘雯 . 2021. "双碳目标"引领生产生活方式绿色转型研究 . 理论探讨，6：132-137.

第六节　国际经验对我国实现"双碳"目标的启示

根据前几章美国、加拿大、欧盟、英国、德国、日本、韩国、澳大利亚在碳中和领域政策行动框架、重点减排措施、科技研发布局等方面的梳理和分析，结合我国实现碳中和目标存在的六方面问题和挑战，本部分提出以下政策建议（图 10-13）。

图 10-13　国际政策启示梳理

一、能源

美国、欧盟、英国等发达国家（地区）通过推广前沿技术、加强能源安全保障等措施，制定了分领域、分阶段的能源领域中长期减排目标，取得了一定成效。借鉴这些国家（地区）的经验和教训，并结合我国自身能源结构特点和发展需求，提出以下四点政策启示。

（1）提升战略谋划和部署水平。美国[①]、欧盟[②]、英国[③]等国家（地区）已经或计划在不同领域制定中长期减排目标和应对气候变化的具体实施路径。我国可对关键细分领域进行科学考量，制定 5 年或 10 年的中长期、阶段性详细目标，并每年对优先发展方向进行全面评估和更新，引导各领域、各主体全力推进，针对前瞻性技术方向不断根据发展进度适时调整、提前布局。

（2）推动前沿技术发展。借鉴欧盟等国家和地区经验，我国需要加快配套制定并完善低碳前沿技术研发保障措施，部署不同层面的科学计划和研发项目，重点支持零碳电力技术、氢能技术、新型储能技术、化石能源清洁开发与利用技术等低碳技术的研发与示范。同时，深化 AI 技术与未来能源产业的有机融合，催生新质生产力。能源领域的 AI 应用正在从初步探索阶段向系统集成与规模化部署迈进。通过加强数据治理、打造多模态专用大模型、加强能源系统数字化转型等方式，推动全产业链数字化、信息化、智能化转型升级，加快推动 5G、大数据等信息技术与能源基础设施互联融合，打造数字能源价值创造体系。此外，加大中国与欧盟等国家和地区在科技方面的交流合作，积极跟进碳中和新兴技术与产业方向，与欧盟开展绿色低碳技术创新和研发合作，着力推动关键低碳技术攻关，形成我国低碳技术创新优势，支撑碳中和目标的实现。

（3）加强能源安全保障。过度强调清洁能源而忽视安全，易导致能源严重依赖别国或某一能源品种，造成能源不安全的局面。目前，德国已确定了以可再生能源、氢能与聚变能为核心的能源安全转型战略。我国仍缺乏面向 2050 年的能源革命路线图。因此，我国应始终将能源安全放在第一位，充分考虑客观现实情况，先立后破、循序渐进，切忌搞 "运动式" 减碳、"一刀切" 式做法。要立足以煤为主的基本国情，在大力发展可再生能源的同时，加强煤炭清洁高效利用，推进水电、核电等多元化供给，加强煤炭和新能源优化组合，走出一条中国特色的清洁能源之路。应充分重视天然气作为过渡能源的作用，推动天然气来源的多渠道、多品种，增强能源战略储备和应急能力。此外，强化风险应对能力，增强我国清洁能源供应链的全球优势。一是利用 G20 和新 "金

① U. S. Department of Energy. 2024. Hydrogen and Fuel Cell Technologies Office Multi- Year Program Plan. https：//www. energy. gov/eere/fuelcells/hydrogen-and-fuel- cell- technologies- office- multi- year- program- plan［2024-05-04］.

② European Commission. 2023. Updated Strategic Energy Technology Plan for Europe's clean， secure and competitive energy future. https：//ec. europa. eu/commission/presscorner/detail/en/ip_23_5146［2023-10-20］.

③ Plans unveiled to decarbonise UK power system by 2035. https：//www. gov. uk/government/news/plans-unveiled-to- decarbonise- uk- power- system- by-2035［2025-01-13］.

砖十一国"等多边协调机制及缔约方会议等机会倡议促进能源转型供应链全球化，打破美国拉拢盟友形成的圈层壁垒，维护全球供应链韧性与稳定。二是深化与中东、非洲、东盟国家在关键矿产开采、部件生产、材料循环、市场开发等领域的全产业链合作，同时为应对中美竞争对区域合作可能造成的冲击做好充分准备。三是持续投资研发，保持我国在动力电池、太阳能光伏、风力涡轮机等清洁能源制造领域的技术和成本优势。四是突破关键原材料（锂、钴、镍、铂族金属等）高质、高纯、高值制备及回收关键技术，提升高端应用保障能力和产业综合竞争力。

（4）完善能效监管机制。德国等欧洲国家遭遇能源危机后[①]，将"能效第一"原则作为其能源和气候政策的指导原则。借鉴其经验，我国须进一步深化节能优先理念，在能源基础设施建设、供热等固定项目投资前优先考虑节能措施，强化固定资产投资节能审查，在源头杜绝浪费。将先进节能降碳资金落到实处，加强对先进技术推广应用的激励引导，扩大企业覆盖范围，加大数据中心等新型高能耗领域的余热余能利用。增强各级政府、企业对能源审计、节能诊断等工作的重视程度，完善设备能效监管机制。

二、工业

国际上不同国家针对工业碳减排提出了多样化的策略和行动，这为我国带来了重要启示。基于欧盟、法国和英国等发达国家和地区针对工业领域发布的相关战略，我国应综合国际经验，总结其推进工业低碳发展的举措和经验，制定符合国情的工业碳减排政策，推动工业绿色转型和可持续发展。

（1）加大循环经济投资，推动工业结构优化升级。2020 年 11 月 18 日，英国政府颁布《绿色工业革命十点计划》，投资约 120 亿英镑以推进绿色工业革命[②]。2022 年 4 月 2 日，法国发布"工业脱碳"加速战略，投资超过 50 亿欧元以支持工业脱碳，尤其用于钢铁、化工、铝和建筑材料等行业[③]。由此可见，工业领域脱碳是实现各国"双碳"目标的重要路径。我国应加大政策引导，通过提供税收优惠、财政补贴、绿色信贷等方式，鼓励企业投资绿色产业，推进绿色技术研发和应用，促进产业发展。同时，加大工业脱碳的资金投入，为工业脱碳

---

① 德国 2050 年能源效率战略 . https://www. chinanecc. cn/upload/File/1594780530797. pdf[2024-05-15].

② The Ten Point Plan for a Green Industrial Revolution. https://assets. publishing. service. gov. uk/government/uploads/system/uploads/attachment_data/file/936567/10_POINT_PLAN_BOOKLET. pdf[2024-05-15].

③ Décarbonation de l'industrie. https://www. info. gouv. fr/actualite/la- decarbonation- de- l- industrie [2024-05-15].

项目引入社会资本，建立绿色信贷评估体系，鼓励银行和金融机构为企业提供信贷支持。

（2）制定具体减排目标，推动全球合作共赢。针对钢铁、化工、建材等重点行业，应制定明确的减排目标，推动技术创新体系建设。同时，以企业为主体加大清洁能源、节能减排和循环经济领域的研发投入。例如，美国《工业脱碳路线图》提出了减少制造业排放的四个关键路径，并为碳密集行业设定了 2050 年净零排放目标；欧盟委员会的《绿色协议产业计划》则强调在全球合作和公平竞争框架下，推动净零技术发展，保障供应链安全，实现绿色转型①②。

三、交通

交通运输作为碳排放的重要领域之一，推动其绿色低碳转型，对我国实现 "双碳" 目标至关重要。基于对美国、日本、欧盟等发达国家和地区交通运输领域碳排放特征与趋势的分析，总结其推进交通低碳发展的举措和经验，为我国交通运输业低碳发展提供以下建议。

（1）注重低碳技术创新、政策引导。美国、日本和欧盟在交通运输新能源和清洁能源应用上制定了详尽的蓝图。例如，美国通过《迈向 2050 年净零排放的长期战略》大力推广电动车、扩充充电网络，并设定航空业 2050 年净零排放目标；日本以 "领跑者" 计划和智能交通设施提升效率、减少碳排放；欧盟则利用碳排放交易和氢能源战略推广低碳技术，推动海运、航空转向净零排放。因此，我国交通运输业应以科技创新为驱动，加速电力、氢能、天然气等清洁能源应用，广泛推广生物燃料，通过完善政策引导新能源和绿色技术发展，增强交通系统清洁性和可持续性。

（2）注重以交通数字化转型推动交通绿色低碳发展。美国、日本、欧盟为显著提高运输效率、安全性和可持续发展水平，在交通系统数字化改造方面积极推进。例如，欧盟依托 5G、物联网、大数据技术，逐步实现 "可持续与智能交通战略" 下的数字化管理及便捷服务，致力于打造一体化多式联运网络，连接铁路、航空、公路、海运，促进货物运输高效化。日本通过加速出行即服务（MaaS）、ETC2.0、先进安全车辆和自动驾驶技术的发展，构建开放融合的低碳交通生态。我国可借鉴这些经验，加快推动交通领域 5G、人工智能、物联网的

---

① The Green Deal Industrial Plan: putting Europe's net-zero industry in the lead. https://ec. europa. eu/commission/presscorner/detail/en/ip_23_510[2025-01-13].

② 欧盟发布《绿色协议产业计划》. http://www. casisd. cn/zkcg/ydkb/kjzcyzxkb/2023/zczxkb202304/202305/t20230512_6753290. html[2025-01-13].

深度应用，提升智能交通基础设施水平。

四、建筑

美国、日本、德国等发达国家在建筑节能减碳方面具有丰富经验，采取的优化建筑设计、灵活应用低碳技术、推进老旧建筑的节能改造等措施取得了显著成效。结合我国建筑结构特点和气候多样性，提出以下对策建议。

（1）综合应用多项技术措施。相比于安装通风照明设备和新能源发电等主动节能措施，优化建筑布局、增强围护结构隔热、利用自然采光和通风等被动节能措施成本更低。因此，德国、日本和美国在建设超低能耗建筑时更注重低成本的被动节能手段，因地制宜，充分利用自然条件，灵活运用多种节能降碳技术，实现节能环保和环境的和谐融合效果。我国在自然通风、采光、地热等被动节能措施的灵活应用上还有较大提升空间，须结合区域特点优化建筑设计，以实现更高效的节能效果和可持续发展。

（2）因地制宜推进老旧小区低碳改造。荷兰"能源之跃"项目通过政府与社会资本合作，将20世纪70年代的排屋改造成净零能耗建筑，采用"装配式外墙+电气化一体设备"方案，将改造周期缩短至一周。美国加利福尼亚州和马萨诸塞州在经济适用房的零碳改造中创新了合作和融资模式。我国在借鉴成功经验的同时，还应根据我国实际情况优化减碳路径，如北方城市重点进行围护结构改造、屋顶光伏及集中供暖的脱碳升级，南方城市以设备节能降碳和屋顶光伏为主，更新高效空调设备[①]。

五、农林

在全球应对气候变化的背景下，绿色低碳发展已成为各国关注的核心议题。立足我国当前形势，从农林业的减排潜力和绿色经济体系的构建等方面，提出对策建议。

（1）深化农林业减排作用。欧盟等发达国家和地区将发展低碳农林业作为绿色发展的重要方向和重要事项，并陆续发布《2030年欧盟新森林战略》[②]和《从农场到餐桌计划》[③]等战略与行动，明确提出各项绿色发展目标以及低碳农

---

① 碳中和背景下我国建筑领域发展的新机遇. https://www.fhyanbao.com/rpview/1465971[2025-04-13].

② New EU Forest Strategy for 2030. https://environment.ec.europa.eu/strategy/forest-strategy_en[2025-04-13].

③ Farm to Fork Strategy. https://food.ec.europa.eu/horizontal-topics/farm-fork-strategy_en[2025-04-13].

林业相关行动计划。我国作为农业大国，不可忽视农业在降低温室气体排放方面的作用，应进一步开发和管理稻田甲烷减排技术、旱地氧化亚氮减排技术和畜禽养殖业温室气体减排技术等。并且，林业作为实现"双碳"目标的重要载体，我国应充分发挥其碳汇功能，多元化发展林木碳汇产业，提升森林资源固碳的循环能力。

（2）构建绿色经济体系。与英国碳中和战略体系相比较，我国仍在立法约束、领域中长期行动计划、战略咨询体系等方面存在不足。英国已出台中长期计划《自然恢复网络》①，而我国仅出台了《农业农村减排固碳实施方案》② 作为中期计划。因此，面向农林等主要排放部门，我国应持续更新完善具体部门的远期行动计划和减排战略。

六、全民行动

国民行动在碳减排方面扮演着至关重要的角色。基于日本、韩国和法国等国家发布的针对全民行动的相关战略和政策，总结其低碳发展的举措和经验，以期为全球气候行动提供参考。

（1）注重提升公众参与意识。例如，日本通过组织环保活动、讲座和实地考察等形式，在教育体系中对气候变化和可持续发展方面加强教育，加深学生对气候变化影响的认知③。韩国正在积极开展碳减排和地区社会分享活动，促进公众参与碳减排实践，鼓励市民改变生活习惯，倡导以村寨、社区为主导的碳中和模式来减少温室气体排放④⑤。我国可通过教育和公共宣传进一步提高公民环保意识，借鉴国际经验，提升公众对气候变化的认知。同时，通过建立社区减碳工程、鼓励居民参与节能减碳活动，加强社区参与度。

（2）重视低碳生活方式发展。法国颁布的《交通未来导向法》维护了现有交通网络，为市民提供更安全的出行环境，以促进民众选择公共交通、自行车等

---

① The Nature Recovery Network. https://www.gov.uk/government/publications/nature-recovery-network/nature-recovery-network[2025-04-13].

② 农业农村部 国家发展改革委关于印发《农业农村减排固碳实施方案》的通知. http://www.kjs.moa.gov.cn/hbny/202206/t20220629_6403713.htm[2025-04-13].

③ "SDGs宣言"旨在将学生培养成为构建更美好社会的践行者～日本学校在教育中落实SDGs举措的事例～. https://education.jnto.go.jp/zh/news/2023/02/sdgs-takeda/[2025-04-13].

④ https://www.mk.co.kr/cn/business/11145744[2025-04-13].

⑤ 韩国釜山市推进温室气体减排认证，打造市民参与型"碳中和"城市. http://www.tanpaifang.com/tanguwen/2023/1127/102459.html[2025-04-13].

绿色出行方式①。联合国气候变化组织为提高民众对消费品气候影响的认识，在使用 2030 碳足迹计算器工具的基础上，促进低碳生活方式②。我国可继续推广自行车、步行和公共交通等绿色出行方式，进一步扩建自行车道，提供公交补贴，优化交通网，以提高公众对个人碳足迹的认知。

---

① 法国颁新法鼓励绿色交通出行. http://www.xinhuanet.com/world/2020-01/21/c_1210447042.htm［2025-04-13］.

② 人民日报：应对气候变化需要"低碳达人"，算算你的碳足迹. https://www.thepaper.cn/newsDetail_forward_1402301［2025-04-13］.